# LA ROUTE DU FUTUR

BILL GATES
NATHAN MYHRVOLD et PETER RINEARSON

# LA ROUTE DU FUTUR

ROBERT LAFFONT

Titre original

*THE ROAD AHEAD*

Traduit de l'américain par
Yves Coleman, Guy Fargette, Michèle Garène
et Léon Mercadet


ISBN : 2-266-07515-2

*À mes parents*

# PRÉFACE À LA DEUXIÈME ÉDITION

Dans l'industrie du logiciel, le changement est roi. Il suffit qu'un logiciel – encyclopédie électronique, traitement de texte, banque de données d'un système en ligne, etc. – se vende bien pour que soit lancée une nouvelle version, avec fonctions inédites et améliorations multiples. Microsoft perfectionne au maximum ses créations ; nous écoutons donc les critiques et les demandes de nos clients et nous explorons les nouvelles possibilités technologiques.

Pour la présente édition de *La Route du futur*, j'ai procédé de la même façon : j'ai effectué de nombreuses modifications et relu chaque paragraphe, afin de l'actualiser. Et, surtout, j'ai modifié l'orientation de mon livre en le centrant sur Internet – tout comme ma société, Microsoft. C'est l'incroyable engouement général pour le Net qui m'a conduit à introduire dans cette édition la plupart des données nouvelles, à refondre totalement les chapitres 5, 7, 9 et 11, et à ajouter une postface.

Dans la première édition, je disais que la connexion entre les micro-ordinateurs et les autres appareils électroniques provoquerait une révolution des communications. Je suis surpris à la fois par la rapidité avec laquelle cette révolution s'est produite et par la façon dont elle s'est déroulée. En utilisant la première version d'Internet – dans les années 70, quand j'étais étudiant –, j'étais loin d'imaginer que les protocoles d'Internet deviendraient la norme d'un réseau pour lequel le monde se passionnerait près de vingt ans plus tard.

Avant même que le premier micro-ordinateur ait été inventé, j'entrevoyais avec enthousiasme le potentiel des réseaux globaux qui relieraient des millions de PC. Je prédisais qu'ils se trouveraient « sur chaque bureau et dans chaque foyer ». Je pressentais qu'un jour même les ordinateurs domestiques seraient reliés entre eux, qu'ils pourraient communiquer les uns avec les autres et puiser des informations dans le monde entier. Quelle ne fut pas ma surprise quand, dans les années 80 et 90, j'ai constaté que les services en ligne n'intéressaient pas grand monde ! Je me suis alors demandé de quelle façon il fallait combiner largeur de bande et contenu pour que la communication électronique devienne la norme.

Au cours d'une visite à l'université Cornell, à la fin de l'année 1993, mon assistant Stefen Sinofsky fut impressionné par la façon dont tous les universitaires – et pas seulement les étudiants en informatique – utilisaient Internet. Diffusion des horaires des cours, annuaires, listes des élèves et de leurs travaux personnels, dates des conférences, des expositions, des événements universitaires. Des réseaux à haut débit reliaient les micro-ordinateurs mis à la disposition des étudiants. Les clubs et les organisations universitaires menaient une grande partie de leurs activités par l'intermédiaire d'Internet. Les étudiants vérifiaient même les factures de leurs frais de scolarité sur le Net. Chacun d'entre eux avait une adresse électronique. Quand Steve me décrivit ce qui se passait à Cornell, je commençai à prendre Internet très au sérieux.

Au printemps 1994, Microsoft paria qu'Internet allait acquérir une importance fondamentale. À nous, donc, d'accompagner et de soutenir son évolution. À l'époque, nous dépensions cent millions de dollars pour la recherche et le développement des réseaux interactifs de toute sorte, mais nous ne nous attendions pas à ce que, en l'espace de deux ans, Internet séduise industriels et grand public. Qu'un nombre restreint de personnes s'intéressent à l'interactivité totale nous semblait aller de soi – au moins jusqu'à ce que la technologie permette d'organiser des vidéoconférences et l'émergence d'applications telles que la vidéo à la demande. Cela sans évoquer les problèmes posés par la sécurité, le respect de la vie privée, la fiabilité et l'adaptation au goût de chacun. Nous étions très optimistes : depuis plusieurs années nous attendions que les services en ligne deviennent populaires. Mais nous n'avions pas prévu la rapidité avec laquelle les réseaux interactifs conquerraient le monde.

Quand Internet démarra vraiment, nous fûmes surpris, fascinés, ravis. Presque du jour au lendemain des millions d'entre vous se sont branchés sur le Net, faisant preuve d'une patience étonnante : vous vous êtes plaints de ses défauts – nombreux –, mais vous avez persisté à explorer ce passionnant moyen de communication. Il avait suffi que les modems deviennent plus rapides, les commutateurs de communication moins chers, les micro-ordinateurs plus répandus et plus puissants et le contenu du Web plus riche...

Désormais, il est impossible de faire marche arrière. Quand le point de non-retour a-t-il été atteint ? Je ne peux le préciser avec exactitude. Mais je sais que, fin 95, nous avons franchi la ligne de partage des eaux : le nombre des utilisateurs, en constante augmentation, obligeait à enrichir les contenus, et l'enrichissement des contenus attirait de plus en plus d'utilisateurs. Internet explosait.

Curieusement, quand une technologie atteint un tel niveau, ses faiblesses et ses limites deviennent presque une force : les entreprises qui essaient de s'approprier une parcelle de la mine d'or mettent tout en œuvre pour en détecter les défauts et pour les corriger. C'est ce qui s'est passé avec le premier IBM PC. Il avait des faiblesses faciles à identifier. Les ingénieurs de nombreuses sociétés y ont jeté un coup d'œil puis se sont exclamés : « Ouaouh, cette machine a des problèmes ! » Quand ils ont essayé d'éliminer les défauts du PC – afin de s'enrichir rapidement –, ils ont déclenché un cycle vertigineux d'investissements qui influença l'évolution de la structure des PC pendant quinze ans. Internet se trouve dans une position similaire : il pêche par bien des côtés, mais parce qu'il est destiné à devenir l'autoroute de l'information mondiale, il ouvre de merveilleux horizons aux entreprises qui parviennent à l'améliorer.

Le Net se trouve dans une position plus forte que le PC il y a quinze ans. Ceux qui participent à sa progression sont plus nombreux. Le rythme de son évolution est si rapide qu'il change tous les trois, quatre mois ; même ceux qui sont le plus étroitement associés à son développement en sont impressionnés.

À l'heure actuelle, Microsoft fait partie des milliers d'entreprises qui contribuent à l'évolution d'Internet ; je n'exagère pas en affirmant que nous y portons pratiquement tous nos efforts.

Le succès de ce réseau se vérifie dans tous les domaines. Qui n'a vu des publicités télévisées mentionnant des sites sur le Web, ou des cartes de visite comportant au moins une adresse électronique ? Des milliers de nouvelles pages apparaissent chaque jour sur le Web. À Seattle, un homme qui faisait la manche m'a affirmé qu'il avait un site sur le Web. Je me suis dit : « Nom d'un chien, le Net a fait un sacré bout de chemin ! » Peut-être m'a-t-il menti, mais tant pis, j'ai été assez impressionné pour lui donner ce qu'il me demandait.

Les investissements portant sur le Net sont considérables, d'autant plus que, pour le moment, les profits sont minimes. Évidemment, la cotation de certaines actions baisse – pour atteindre des taux plus réalistes – et certaines Cassandre en profitent pour affirmer qu'Internet est une mode éphémère, déjà moribonde. Ne les croyez pas ! Nous sommes en train d'assister aux premiers jours d'une révolution des communications. Une révolution qui durera longtemps et s'étendra à tous les domaines. Avant la dernière mouture du réseau interactif, bien des surprises nous attendent : nombreux sont les domaines inexplorés ; les goûts des utilisateurs sont encore mal cernés ; le rôle des États est un problème non résolu et préoccupant ; il nous est impossible d'anticiper tous les progrès techniques à venir... Mais les réseaux interactifs sont installés pour longtemps. Et nous n'en sommes qu'aux balbutiements.

# JUSTE UN MOT

Depuis vingt ans, je vis une aventure incroyable. Tout a commencé dans la cour de Harvard, où j'étais alors en deuxième année. Avec mon ami Paul Allen, nous étions plongés dans la description d'un ordinateur en kit que publiait la revue *Popular Electronics* : le premier véritable ordinateur personnel. Ni Paul ni moi ne savions exactement à quoi il pourrait servir mais, ce jour-là, nous avons eu la certitude qu'il allait tout changer : notre vie et le monde de l'informatique. Nous avions raison. La révolution de l'ordinateur individuel a bouleversé la vie de millions d'individus. Ses conséquences ? Nous les avions à peine imaginées.

Aujourd'hui, un nouveau voyage commence. Où va-t-il nous mener ? Je l'ignore. Les changements majeurs vont concerner notre façon de communiquer. Les avantages et les problèmes soulevés par cette révolution imminente – que nous appellerons la « révolution de l'Internet » – auront plus d'impact encore que celle des PC.

Il n'existe pas de cartes fiables des territoires inexplorés, mais nous pouvons tirer quelques leçons de l'histoire des ordinateurs personnels, une industrie de 120 milliards de dollars. Le PC – son matériel en constante évolution, ses applications au monde des affaires, les systèmes en ligne, les connexions Internet, le courrier électronique, les œuvres multimédias, les logiciels auteurs, les jeux – est la pierre de touche de la prochaine révolution.

Au début de l'industrie des PC, les grands médias

n'ont prêté qu'une oreille distraite à ce qui se passait au sein de cet univers flambant neuf. Ceux d'entre nous qui étaient ensorcelés par les ordinateurs et leurs promesses n'attiraient guère l'attention en dehors de notre petit milieu. Nous n'étions pas à la mode.

En revanche, la prochaine aventure, celle des « autoroutes de l'information », est un thème inépuisable pour les journaux, les magazines, la radio et la télévision. Ces dernières années, elle a suscité un prodigieux intérêt, à l'intérieur comme à l'extérieur de l'industrie informatique. Cet intérêt ne se confine pas aux pays développés et déborde largement le nombre déjà grand des utilisateurs d'ordinateurs personnels.

Des milliers de gens, informés ou non, spéculent à tout va sur l'avenir des autoroutes de l'information. Pour certains, les autoroutes – « le réseau » – se réduisent à Internet ou à la distribution simultanée de 500 chaînes de télévision. Mais la révolution des communications s'étendra sur plusieurs décennies et s'appuiera sur de nouvelles « applications » – de nouveaux outils –, qui, souvent, combleront des besoins que nous n'avons pas encore prévus. Dans les prochaines années, gouvernements, entreprises et individus auront à prendre des décisions capitales qui influenceront la construction du réseau et les bénéfices qu'on pourra en tirer. Il est important qu'une majorité d'entre nous – et pas seulement des techniciens ou des acteurs de l'industrie informatique – participent au débat sur la mise en forme de ces technologies et sur la façon dont elles modèleront la société.

J'apporte, par ce livre, ma contribution personnelle à ce débat. Je le fais avec beaucoup d'enthousiasme. On a tous souri devant ces prédictions du passé devenues ridicules. Il suffit de feuilleter de vieux numéros de *Popular Science* pour tomber sur des articles louant les avantages de l'hélicoptère familial ou de l'énergie nucléaire « si bon marché qu'on n'aura plus besoin de compteurs électriques ». L'Histoire est pleine d'exemples risibles : en 1878, un professeur d'Oxford traita de gadget la lumière électrique ; en 1942, un professeur affirma que pour franchir le mur du son un avion devait battre des ailes. J'écris un livre sérieux, même si on ne le considérera peut-être pas ainsi dans dix ans. Les vérités que j'y énonce paraîtront évidentes, les erreurs feront rire.

À mon avis, la révolution des communications va reproduire, sous bien des aspects, celle des micro-ordinateurs. Pour tenter de tirer des leçons du passé et éclaircir quelques idées, je rapporte ici des éléments de mon parcours personnel – oui, je parle de la fameuse maison –, et je m'étends sur l'histoire de l'industrie des micro-ordinateurs. Ceux qui s'attendent à une autobiographie ou à des réflexions sur « l'impression que ça fait d'avoir autant de chance » seront déçus. Un jour peut-être, quand je prendrai ma retraite, écrirai-je ce livre-là. Celui-ci s'intéresse d'abord au futur.

Ceux qui s'attendent à un traité de technologie seront déçus, eux aussi. Tout le monde sera touché par la révolution des communications. Tout le monde doit en comprendre les implications. Voilà pourquoi, dès le début, j'ai voulu écrire un livre destiné au plus grand nombre.

Il m'a fallu plus de temps que prévu pour concevoir et rédiger *La Route du futur*. Établir le calendrier d'un livre s'est révélé aussi difficile qu'imaginer le rythme de développement d'un projet de logiciel. Même avec l'aide de Peter Rinearson et de Nathan Myhrvold, ce livre m'a demandé beaucoup de travail. La seule chose facile a été la photo de couverture par Annie Leibovitz, bouclée très en avance sur les délais. J'adore rédiger des discours et j'imaginais qu'un livre ne posait guère plus de problèmes. Pour moi, écrire un chapitre revenait à écrire un discours. Je raisonnais mal, comme souvent les développeurs de logiciels – un programme dix fois plus long est cent fois plus compliqué à écrire. J'aurais dû me méfier. Pour terminer ce livre, j'ai dû prendre un congé et m'isoler dans mon pavillon d'été avec un PC.

Voici le résultat. J'espère qu'il fera réfléchir. Qu'il suscitera le débat. Les idées neuves. Pour que nous profitions au maximum des changements qui s'annoncent déjà.

## 1

# UNE RÉVOLUTION EN MARCHE

J'ai écrit mon premier programme à l'âge de treize ans. Pour jouer au morpion. Sur un ordinateur énorme, lent, mais totalement fascinant.

Tout a commencé par une idée du Club des mères de Lakeside, l'école de Seattle que je fréquentais : laisser une bande d'adolescents jouer librement avec un ordinateur. Nos mères avaient décidé de consacrer les bénéfices d'une vente de charité à l'installation d'un terminal et à l'achat d'un temps machine pour les élèves. Laisser un ordinateur entre des mains de collégiens, à la fin des années 1960, était une initiative étonnante – dont je leur serai éternellement reconnaissant.

Le terminal n'avait pas d'écran. Pour jouer, on tapait les coups sur un clavier type machine à écrire, puis on s'asseyait et on attendait que les résultats sortent, tchouc-tchouc, d'une bruyante imprimante. On se précipitait pour voir qui avait gagné et jouer le prochain coup. Une partie de morpion, qui prenait trente secondes avec un papier et un crayon, pouvait nous occuper pendant toute la pause déjeuner. Et alors ! L'important, c'était la machine.

J'ai compris par la suite qu'une part de notre fascination tenait à la taille et au prix de l'appareil : une machine d'adultes dont nous, les enfants, étions les maîtres. Nous étions trop jeunes pour conduire ou nous adonner aux activités, apparemment si distrayantes, des grands, mais nous pouvions donner des ordres à ce monstre. Et il obéissait ! Le grand avantage des ordinateurs : vous obtenez des résultats immédiats qui vous disent si votre programme fonctionne ou non. Un feedback dont peu d'objets sont capables. Voilà d'où vient ma fascination pour les logiciels. La réponse d'un ordinateur à des programmes simples est d'une clarté absolue. Aujourd'hui encore, je suis ému de penser qu'un programme bien fait va fonctionner à la perfection, en toute occasion, exactement comme je le lui ai demandé.

Peu à peu, avec mes amis, nous nous sommes mis à bricoler l'ordinateur, à le faire tourner plus vite quand c'était possible, à compliquer les jeux. Un copain de Lakeside a développé en Basic un programme de simulation de Monopoly. Le Basic (Beginner's All-purpose Symbolic Instruction Code), est, comme son nom l'indique, un langage de programmation d'accès relativement simple, utilisé pour élaborer d'autres programmes nettement plus complexes. Ce copain s'est débrouillé pour rendre l'ordinateur capable de gérer des centaines de jeux à toute vitesse. Nous chargions des instructions pour tester de nouvelles variantes, et, surtout, pour découvrir les stratégies gagnantes. Et – tchouc-tchouc-tchouc – l'ordinateur nous répondait.

Comme tous les enfants, nous ne nous contentions pas de nous amuser avec ces jouets : nous les transformions. À l'aide d'une caisse en carton et d'une trousse de crayons, un enfant crée un vaisseau spatial – avec écrans de contrôle s'il vous plaît ! Il invente des règles : « On dirait que les voitures rouges sauteraient par-dessus les autres. » Ce désir incessant de repousser les limites d'un objet se trouve au cœur de l'imagination ludique des enfants. C'est aussi l'essence de la créativité.

À l'époque, nous nous amusions ; c'est du moins ce que nous pensions. Mais le jouet dont nous disposions n'était pas un jouet comme les autres – avouons-le. À Lakeside, nous étions quelques-uns à ne plus lâcher l'ordinateur. Pour la plupart de nos camarades d'école, nous ne faisions qu'un avec la machine, et elle avec nous. Un professeur m'a demandé de l'aider pour les cours de programmation, et personne n'a émis d'objection. Mais, quand on m'a confié le premier rôle dans la pièce de l'école, *Black Comedy*, des élèves ont protesté : « Pourquoi ils ont pris le mec de l'ordinateur ? » Et cette identité me colle encore à la peau.

1968, À Lakeside. Bill Gates (debout) et Paul Allen travaillant sur le terminal ordinateur.

Une génération, en grandissant, n'a pas su se séparer de son jouet favori et l'a emporté avec elle dans l'âge adulte. Nous avons ainsi déclenché une sorte de révolution – pacifique ! – et l'ordinateur a élu domicile dans les bureaux et les maisons. Les ordinateurs ont fondu en taille et grandi en puissance. Leur prix a baissé dans des proportions spectaculaires. C'est arrivé très vite. Pas autant que je l'aurais cru, mais vite tout de même. On trouve aujourd'hui des microprocesseurs à bas prix dans les moteurs, les montres, les systèmes de freinage, les fax, les ascenseurs, les pompes à essence, les appareils photos, les thermostats, les métiers à tisser, les distributeurs automatiques, les alarmes... Il existe même des cartes de vœux parlantes ! Les écoliers réalisent des choses étonnantes avec des ordinateurs personnels de la taille d'un cahier mais nettement plus performants que les grosses machines du temps de leurs parents.

Avec des ordinateurs bon marché et présents dans tous les recoins de la vie quotidienne, nous voici au seuil d'une nouvelle révolution. Elle mettra en jeu un système de communication à des prix jamais vus. Tous les ordinateurs seront reliés entre eux pour communiquer avec nous et pour nous. Interconnectés à l'échelle mondiale, ils constitueront un réseau, appelé parfois « autoroutes de l'information ». Son précurseur est l'actuel Internet, qui évolue rapidement dans la bonne direction.

La portée de ce futur réseau, les usages qu'on en fera, ses promesses et ses dangers sont le sujet de ce livre. De quelque côté qu'on le regarde, cet avènement imminent excite l'imagination. À dix-neuf ans, j'ai eu une vision du futur, j'ai bâti ma carrière dessus, et il s'est avéré que j'avais vu juste. Mais le Bill Gates que j'étais à dix-neuf ans se trouvait dans une situation très différente. À cette époque, j'avais toute l'assurance d'un adolescent doué, et, de plus, personne n'avait les yeux fixés sur moi. Que je me trompe... et alors ? Aujourd'hui, je suis dans la position des géants de l'informatique des années 1970. Mais j'espère avoir tiré la leçon de leurs erreurs.

À l'université, je visais la licence d'économie. J'ai finalement changé d'avis, mais, en un sens, toute mon expérience dans l'industrie informatique n'a été qu'une longue série de cours d'économie. J'étais aux premières loges pour admirer les effets des spirales positives et des modèles industriels implacables. J'ai vu la façon dont les normes industrielles évoluaient. J'ai été témoin de l'importance de la compatibilité entre les technologies, du feed-back et de l'innovation constante.

Pourtant, je ne me sers pas de ces leçons pour théoriser sur l'avenir : je parie sur lui. Je n'avais pas vingt ans quand j'ai visualisé l'impact qu'auraient les ordinateurs à bas prix : « Un ordinateur sur chaque bureau et dans chaque foyer » est devenu la mission de Microsoft. Et nous avons tout fait pour rendre ce rêve possible. Maintenant que les ordinateurs sont connectés entre eux, nous élaborons les logiciels – les instructions qui disent à la machine ce qu'elle doit faire – qui vous aideront à profiter de cette puissance de communication.

Il est impossible de prédire avec certitude en quoi consisteront les utilisations du réseau. Il semble que nous communiquerons par le truchement de différents supports : les uns ressembleront à des téléviseurs, d'autres aux PC actuels, ou au téléphone, et certains auront la taille et la forme d'un portefeuille. Au cœur de chacun, un ordinateur puissant, relié par des fils invisibles à des millions d'autres.

Un jour viendra, pas si lointain, où vous pourrez

mener vos affaires, étudier, explorer le monde et ses cultures, vous brancher sur n'importe quel spectacle, lier de nouvelles connaissances, faire les courses dans votre quartier, montrer des photos à des parents de province... sans quitter votre bureau ou votre fauteuil. Vous ne laisserez pas votre connexion au réseau au bureau ou en classe : elle sera plus qu'un objet à transporter ou qu'un accessoire à acquérir. Elle sera votre passeport pour un nouveau mode de vie, dans un monde *médiatisé.*

Les expériences concrètes – et le plaisir qu'elles procurent – sont personnelles et non médiatisées. Personne, au nom du progrès, ne vous empêchera de vous allonger sur une plage, de marcher dans les bois, de vous asseoir dans un café-théâtre ou de chiner aux Puces.

Nous devons une bonne part du progrès à ceux qui ont inventé des outils plus simples et plus adaptés. Les outils physiques accélèrent le travail et déchargent les hommes des tâches pénibles. La charrue et la roue, la grue et le bulldozer amplifient la force physique de ceux qui les manient.

Les outils d'information sont des intermédiaires symboliques qui amplifient l'intellect et non les muscles. En lisant ce livre, vous vivez une expérience médiatisée : nous ne sommes pas dans la même pièce, et pourtant vous pouvez imaginer ce que j'ai en tête. Désormais, nombre d'activités impliquent, au premier rang, le savoir et l'art de la décision. Les inventeurs se sont donc concentrés sur les outils d'information ; et ils le feront de plus en plus à l'avenir. Tout comme n'importe quel mot peut être figuré par une suite de lettres, n'importe quelle information pourra être délivrée sous forme numérique, via une combinaison d'impulsions électriques aisément manipulables par les ordinateurs. On compte aujourd'hui dans le monde plus de cent millions d'ordinateurs dont la fonction est de traiter l'information. Ils nous aident à stocker et transmettre l'information déjà numérisée. Dans un futur proche, ils nous permettront d'accéder à quasiment l'ensemble des informations existant dans le monde.

Aux États-Unis, on a comparé l'interconnexion de cette masse d'ordinateurs à un autre projet de grande envergure : le réseau des autoroutes inter-États, commencé à l'époque d'Eisenhower. D'où le surnom de ce nouveau réseau : « autoroutes de l'information ».

Cependant, la métaphore autoroutière n'est pas tout à fait juste. Elle suggère un paysage, une géographie, des distances. Elle implique qu'il faut se déplacer pour passer d'un endroit à un autre. Pourtant, l'un des traits les plus remarquables de la nouvelle technologie des communications est qu'elle élimine les distances. Vous cherchez à joindre une personne dans la pièce d'à côté ou à l'autre bout du monde ? Rien de plus facile ! Ce supersystème médiatique fera fi des kilomètres.

Le mot « autoroute » suggère aussi que tout le monde est embarqué dans le même flux. Le terme « réseau » rappelle davantage ces départementales où chacun est à peu près libre d'évoluer comme il lui plaît. « Autoroute » suggère que les gouvernements pourraient se charger de sa construction, ce qui, à mon avis, serait dans la plupart des pays une erreur grave. Mais le principal inconvénient de cette métaphore, c'est qu'elle met en avant l'infrastructure plutôt que ses applications. Chez Microsoft, nous parlons d' « information au bout des doigts ». Ainsi, ce sont les avantages du réseau que nous soulignons, plus que le réseau lui-même.

Une autre métaphore, plus proche de la réalité, consisterait à parler de « marché ultime ». Le marché – des bureaux aux galeries marchandes – est un élément constitutif des sociétés humaines. Je crois que le réseau interactif deviendra un jour le grand magasin planétaire. L'endroit où les animaux sociaux que nous sommes vendront, négocieront, investiront, marchanderont, choisiront, débattront, flâneront, se rencontreront. Quand vous pensez au réseau interactif, pensez place ou Bourse. Imaginez la foule remuante de Wall Street ou d'une foire aux bestiaux. Ou bien une librairie remplie de clients en quête d'informations et d'histoires palpitantes. Dans ce « marché ultime » se croiseront toutes les facettes de l'activité humaine, de la négociation d'un milliard de dollars au flirt. Les transactions s'y feront en monnaie numérique et non plus en devises. L'information numérique sous toute ses formes, et pas seulement monétaire, sera le nouveau médium.

Le marché global de l'information combinera tous les modes possibles d'échange de biens, de services et d'idées. Nous profiterons d'un choix accru dans tous les domaines : comment gagner et investir notre argent, quoi acheter et à quel prix, comment nous faire des amis, où sortir avec eux, quel logement choisir, comment assurer l'existence de notre famille. Les lieux de travail et la conception de l'éducation seront transformés au-delà de tout ce que l'on peut imaginer. La perception de l'identité et des différentes communautés s'élargira. Bref, tout va se passer autrement.

Vous avez du mal à me croire ? Vous avez le droit de vous retirer du jeu. Vous n'avez pas envie de me croire ? Vous avez le droit d'être effrayés par ces nouvelles techniques qui bouleversent nos confortables habitudes. À ces débuts, la bicyclette était un engin absurde ; l'automobile, un intrus bruyant ; la calculatrice de poche était considérée comme une menace pour l'enseignement des mathématiques, et la radio comme la mort du livre.

Puis, avec le temps, les machines trouvent leur place dans la vie quotidienne : elles sont pratiques, elles allègent le travail, elles renouvellent la créativité. On finit par leur faire confiance... Nos enfants, qui ont grandi à leurs côtés, les modifient, les humanisent. Et s'amusent avec elles.

« Pièce par pièce, la machine devient une part de l'humain », a écrit Saint-Exupéry dans *Terre des hommes*. Il y décrit la façon dont on a tendance à réagir devant les nouvelles techniques et prend comme exemple la lente progression du chemin de fer au XIXe siècle. Au début, on appelait « monstres d'acier » les premières locomotives qui crachaient des nuages de fumée dans un fracas infernal. Puis, à mesure qu'on posait les rails et construisait des gares, les biens et les services se sont multipliés. Des métiers neufs sont apparus. Le nouveau moyen de transport a engendré une culture. Le mépris a fait place à l'acceptation. Puis à l'enthousiasme. Le monstre d'acier d'antan était devenu le puissant pourvoyeur des bonnes choses de la vie. Une nouvelle fois, ce changement de perception s'est reflété dans la langue : on s'est mis à parler du « cheval d'acier ». « Qu'est-ce que le chemin de fer aujourd'hui, pour le villageois, sinon l'humble compagnon dont on entend l'appel tous les soirs à six heures ? » demande Saint-Exupéry.

Le téléphone a été un progrès majeur dans la communication interactive. Mais, au début, on l'a considéré comme un fléau. Il envahissait les foyers et mettait les gens mal à l'aise. Finalement, hommes et femmes ont compris qu'ils n'avaient pas seulement acheté une nouvelle machine : ils expérimentaient un nouveau type de communication. Parler au téléphone leur prenait moins de temps et était moins formel qu'une discussion en face à face. Expérience déroutante pour beaucoup. Avant le téléphone, pour toute discussion sérieuse on se rendait visite, et souvent on y consacrait un repas. Cela pouvait prendre un après-midi ou une soirée entière.

Une fois équipée la quasi-totalité des bureaux et des foyers, les usagers ont inventé mille façons d'exploiter les avantages uniques du téléphone. Ils ont créé pour ce nouveau médium une culture, un idiome, des astuces, une étiquette qui lui sont propres. Alexander Graham Bell aurait-il pu imaginer que « Passez-le d'abord à ma secrétaire » deviendrait l'une des expressions favorites des patrons ? Et, tandis que j'écris, une toute nouvelle forme de communication – le courrier électronique – suit la même évolution : il élabore ses propres lois et coutumes.

Le seul autre événement à avoir eu un impact aussi puissant sur l'évolution des communications a eu lieu en 1450, quand Gutenberg, un orfèvre de Mayence en Allemagne, a inventé le caractère mobile et introduit la première presse à imprimer en Europe (la Chine et la Corée la possédaient déjà). Cet événement a modifié le cours de la culture occidentale. Gutenberg a mis deux ans à composer les caractères de sa première Bible, mais, une fois ce travail fait, il a pu imprimer des centaines d'exemplaires. Avant lui, on recopiait tous les livres à la main. Les moines, chargés de la copie, produisaient rarement plus d'un texte par an.

La presse à imprimer a fait beaucoup plus que doter l'Occident d'un moyen de reproduction rapide des livres. Jusqu'à cette date, génération après génération, la vie était communale et presque immuable. La plupart des gens ne connaissaient que ce qu'ils avaient vu de leurs yeux ou entendu dire. Seule une minorité s'éloignait des villages, en partie parce que l'absence de cartes sûres rendait le voyage de retour aléatoire. Comme le dit James Burke, un de mes auteurs préférés : « Dans ce monde, toute expérience était personnelle : l'horizon était proche, la communauté tournée sur elle-même. Le monde extérieur n'existait que par ouï-dire. »

L'imprimerie – premier médium de masse – a mis fin à ce monde. Pour la première fois le savoir, les opinions et les expériences ont pu se transmettre de façon pratique et durable. Le mot écrit a élargi la vision des peuples bien au-delà de l'horizon du village, et les individus se sont mis à s'intéresser à ce qui se passait ailleurs. Les imprimeries se sont très vite répandues dans les villes de foire, devenues centres d'échange intellectuel. Savoir lire et écrire sont devenus des aptitudes de première importance, qui ont révolutionné l'éducation et la structure de la société.

Avant Gutenberg, on ne comptait que 30 000 livres dans tout le continent européen, pour la plupart des Bibles ou des commentaires sur la Bible. Vers l'an 1500, on en comptait plus de neuf millions, sur les sujets les plus variés. Les feuilles imprimées traitaient de politique, de religion, de science, de littérature. Pour la première fois, des gens extérieurs à l'élite ecclésiastique avaient accès à l'information écrite.

Le réseau global interactif va transformer notre culture aussi profondément que la presse de Gutenberg a bouleversé le Moyen Âge.

Les PC ont changé nos habitudes de travail, mais peu affecté notre vie quotidienne. Quand, demain, les puissantes machines à informer se connecteront à Internet, tout deviendra accessible : les autres, les machines, les loisirs, les services. Vous pourrez entrer en contact avec qui vous souhaitez, explorer des milliers de banques de données jour et nuit. L'appareil photo que vous avez oublié ou perdu vous enverra un message signalant sa position, même d'une autre ville. De votre bureau vous répondrez à l'interphone de votre domicile ; vous ouvrirez votre courrier professionnel de chez vous. Vous aurez sous la main toutes les informations aujourd'hui difficiles à trouver :

Le bus passera-t-il à l'heure ?

Y a-t-il eu un accident sur le chemin du bureau ?

Quelqu'un veut-il échanger ses places de théâtre de jeudi avec mes places de mercredi ?

Que dit le bulletin de présence de mes enfants à l'école ?

Quelle est la meilleure recette de flétan ?

Quelle boutique, où qu'elle soit, peut me livrer demain matin, et au meilleur prix, un bracelet-montre qui prenne le pouls ?

Qui veut me racheter ma vieille Mustang décapotable ?

Comment perce-t-on le chas des aiguilles ?

Les chemises déposées à la blanchisserie sont-elles prêtes ?

Comment s'abonner pour presque rien au *Wall Street Journal* ?

Quels sont les symptômes d'une crise cardiaque ?

Y a-t-il eu un témoignage intéressant au tribunal d'instance aujourd'hui ?

Les poissons voient-ils les couleurs ?

À quoi ressemblent les Champs-Élysées à cette minute même ?

Où étais-je mardi dernier à 21 h 2 ?

Vous avez envie d'essayer un nouveau restaurant... consultez le menu, la liste des vins et les spécialités du jour ! Qu'en pense votre critique gastronomique préféré ? Quelle note lui attribuent les services de santé ? Vous vous méfiez du quartier et souhaitez jeter un coup d'œil sur les rapports de police ?... Toujours envie d'essayer ce restaurant ? Réservez, consultez l'itinéraire et les informations routières tenant compte de la circulation en temps réel. Imprimez toutes ces données, ou demandez à votre ordinateur de bord de vous les lire – mises à jour – pendant le trajet.

Ces informations seront instantanément disponibles et tout à fait personnelles. Vous n'explorerez que ce qui vous intéresse, à votre rythme, et aussi longtemps que vous le désirerez. Vous regarderez une émission quand ça vous arrangera, sans attendre que la chaîne la diffuse. Vous ferez les courses, commanderez à manger, contacterez ceux qui ont les mêmes passions que vous ou publierez vos propres informations quand et comme vous le voudrez. Le journal télévisé démarrera à la minute choisie par vous et durera le temps fixé par vous. Il couvrira des sujets sélectionnés par vous ou par un service qui connaît vos centres d'intérêt. Vous pourrez commander des reportages venant de Tokyo, Boston ou Seattle ; réclamer des détails plus pointus sur tel ou tel sujet ; savoir si votre éditorialiste préféré a déjà commenté l'événement. Et si vous préférez, tout cela vous sera délivré sur papier ! Des formes peu élaborées de ce type de services sont actuellement proposées sur Internet. Cependant, elles ne sont que de la roupie de sansonnet comparées à ce qu'Internet nous offrira un jour.

Un changement de cette amplitude a de quoi rendre nerveux. Chaque jour, partout dans le monde, on se pose, souvent avec appréhension, des questions sur les implications d'une telle technologie : Qu'adviendra-t-il de ma profession ? Les hommes se retireront-ils du monde physique pour vivre par procuration devant leurs ordinateurs ? Le fossé entre riches et pauvres va-t-il s'élargir ? Comment un ordinateur peut-il aider les exclus de la ville ou ceux qui meurent de faim en Éthiopie ?

La technologie n'est pas une panacée, l'ordinateur et Internet ne résoudront pas tous les problèmes de l'humanité. Je me demande parfois si, à l'époque de Gutenberg, on se posait des questions similaires : Quels bienfaits va nous apporter cette invention ? Va-t-elle éradiquer les maladies ? Va-t-elle aider au triomphe de la justice ?

Nous pouvons juger aujourd'hui du rôle positif de l'imprimerie, mais, en 1450, qui aurait été en mesure de l'affirmer ?

Nous ne pouvons tourner le dos à l'avenir. Décider si la technologie va changer nos vies ne relève pas d'un vote. À long terme, personne ne peut arrêter un progrès : le marché l'adopte. Évidemment, les États peuvent essayer de mettre un frein au changement, mais au risque d'isoler leur pays de l'économie mondiale, de limiter la compétitivité de leurs entreprises et d'empêcher les consommateurs d'acquérir les produits innovants au meilleur prix.

Le progrès est inéluctable : tirons-en le meilleur parti. Je suis toujours bouleversé quand j'ai la sensation de plonger dans le futur, d'y lire les signes annonciateurs d'une révolution possible. Je suis conscient d'avoir la chance incroyable de participer aux débuts d'une ère nouvelle, et ce pour la deuxième fois de ma vie.

La première fois que j'ai ressenti cette euphorie, c'est quand, adolescent, j'ai compris que les ordinateurs allaient devenir à la fois puissants et bon marché.

L'ordinateur sur lequel nous jouions au morpion en 1968 et la plupart des autres étaient des monstres capricieux installés dans des cocons climatisés. Une fois dépensé l'argent fourni par le Club des mères de Lakeside, Paul Allen, le camarade d'école qui devait m'accompagner dans la création de Microsoft, et moi avons passé un temps considérable à trouver comment accéder à des ordinateurs. Leurs performances sont modestes selon les critères actuels, mais ils nous paraissaient formidables parce qu'ils étaient gros et compliqués et qu'ils coûtaient des millions de dollars pièce. Ils étaient reliés par ligne téléphonique à des terminaux Télétype cliquetants, de façon à être partagés par des gens séparés dans l'espace. On approchait rarement les vrais ordinateurs. Le temps d'utilisation revenait très cher. Quand j'étais à l'université, il en coûtait à peu près 40 dollars de l'heure pour se connecter à un ordinateur en temps partagé, à l'aide d'un Télétype. Et pour ces 40 dollars on n'obtenait qu'une fraction de la précieuse attention de la machine ! Cela semble bizarre aujourd'hui, où des gens possèdent deux ou trois PC et ne trouvent rien d'anormal à les laisser inemployés la plupart du temps.

En fait, même à l'époque, il était possible de posséder son propre ordinateur. Le PDP-8 de Digital Equipment Corporation (DEC) coûtait 18 000 dollars. On l'appelait « mini-ordinateur », mais il restait de bonne taille comparé aux normes actuelles. Il occupait un placard de 65 x 65 centimètres sur 2 mètres de haut et pesait 550 kilos. On en a eu un à l'école, et je me suis beaucoup amusé avec. Le PDP-8 avait des fonctions très limitées par rapport aux unités centrales qu'on pouvait joindre par téléphone : sa puissance de calcul brute était inférieure à celle de certains bracelets-montres d'aujourd'hui. Mais il était programmable ! Tout comme les ordinateurs gros et chers : en entrant des instructions de logiciel. Malgré ses limites, le PDP-8 nous a aidés à rêver qu'un jour des millions d'individus pourraient acheter leur propre ordinateur. Les années passant, nous en étions de plus en plus convaincus : les ordinateurs et l'informatique étaient destinés à voir leur prix baisser et à tout envahir. Et parce que je mourais d'envie d'avoir une machine à moi, j'étais prêt à participer activement au développement des ordinateurs.

À cette époque, outre le matériel, les logiciels étaient chers. On devait les écrire spécialement pour chaque type d'ordinateur. Et chaque fois qu'une machine changeait, ce qui arrivait sans cesse, il fallait réécrire le logiciel. Les fabricants d'ordinateurs livraient avec les machines des blocs de programmes standards (par exemple, des bibliothèques de fonctions mathématiques), mais la plupart des programmes étaient rédigés dans le but de résoudre des problèmes particuliers dans une branche d'activité donnée. Il existait des logiciels partagés, et quelques fournisseurs proposaient des programmes généralistes, mais il existait fort peu de logiciels préconditionnés sur les étagères des revendeurs.

Mes parents payaient les cours à Lakeside et me donnaient de l'argent pour mes livres, mais c'était à moi de m'occuper de mes factures de temps machine. C'est ce qui m'a poussé vers le versant commercial de l'industrie du logiciel. Notre petite bande, y compris Paul Allen, a trouvé des boulots de programmation bas de gamme. Pour des collégiens, c'était extraordinairement bien payé – dans les 5 000 dollars par été, une partie en salaire, une partie en temps machine. Nous avons aussi négocié des accords avec des entreprises stipulant que nous pourrions utiliser leurs machines gratuitement si nous repérions les failles de leurs programmes. L'un des programmes que j'ai rédigés concernait la répartition des élèves dans les classes : j'ai discrètement ajouté quelques instructions et je me suis retrouvé le seul garçon, ou presque, dans une classe de filles. Difficile de m'arracher d'une machine qui me permettait de remporter de telles victoires !

Paul en savait beaucoup plus long que moi sur le matériel informatique. Un jour de l'été 1972, j'avais alors seize ans et Paul dix-neuf, il m'a montré un article de dix paragraphes enfoui à la page 143 de la revue *Electronics*. Une jeune entreprise nommée Intel mettait en vente un microprocesseur, le 8008.

Un microprocesseur est une puce électronique qui contient le cerveau entier d'un ordinateur. Paul et moi avons vite saisi les limites de ce premier microprocesseur, mais Paul ne doutait pas que les puces gagneraient en puissance et que les ordinateurs à puce feraient de rapides progrès. La perspicacité de Paul a été la pierre angulaire sur laquelle nous avons bâti nos actions futures, y compris la création de Microsoft.

À l'époque, les fabricants d'ordinateurs n'avaient pas en tête de construire une vraie machine autour d'un microprocesseur. L'article d'*Electronics*, par exemple, décrivait le 8008 comme utile à « tout système arithmétique, de contrôle ou de prise de décision, tel qu'un terminal intelligent ». Les auteurs n'avaient pas vu qu'un microprocesseur pouvait croître et devenir un ordinateur multifonctions. Les microprocesseurs étaient lents et la quantité d'informations qu'ils pouvaient traiter limitée. Aucun des langages auxquels les programmeurs étaient habitués ne tournait sur le 8008, ce qui rendait quasiment impossible l'écriture de logiciels complexes. Chaque application devait être programmée à l'aide des quelques douzaines d'instructions simples que la puce était capable de comprendre. Le 8008 était condamné aux travaux forcés, à répéter à perpétuité des tâches élémentaires. On l'utilisait pour les ascenseurs et les calculatrices.

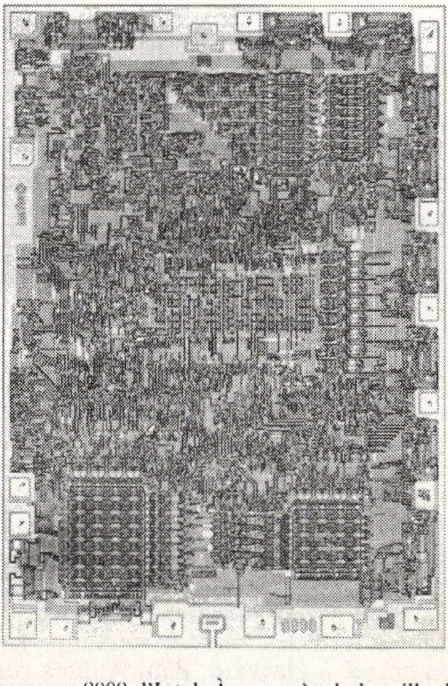

Le microprocesseur 8008 d'Intel. À peu près de la taille d'une pointe de stylo à bille.

Disons les choses autrement : un simple microprocesseur dans une application intégrée, tel qu'un système de contrôle d'ascenseur, est comme un instrument de musique, un tambour ou un trombone, entre les mains d'un amateur... tout juste bon pour les rythmes de base et les mélodies simples. Alors qu'un microprocesseur puissant doté de langages de programmation peut se comparer à un orchestre professionnel. Avec un bon logiciel, ou une partition, il peut tout jouer.

Avec Paul, nous nous demandions pour quelle tâche programmer le 8008. Paul a appelé Intel pour réclamer le manuel d'utilisation et, à notre surprise, ils nous l'ont envoyé. Nous nous sommes tous les deux plongés dans sa lecture. J'avais mis au point une version de Basic qui tournait sur le PDP-8 de DEC, et j'étais excité à l'idée de refaire ça pour la petite puce d'Intel. Mais, en étudiant le manuel du 8008, j'ai compris que ce n'était même pas la peine d'essayer : le 8008 n'était pas assez puissant.

Nous avons pourtant trouvé un moyen d'utiliser la puce : pour équiper une machine capable d'analyser les données recueillies par les compteurs de voitures. Les municipalités mesurent la densité de circulation en posant des câbles de caoutchouc sur la chaussée. Quand une voiture roule sur le câble, elle troue une bande de papier insérée dans un boîtier métallique à l'extrémité du câble. Nous nous sommes aperçus qu'on pouvait programmer le 8008 pour analyser ces bandes, en extraire des graphiques et des statistiques. Nous avons créé notre première société, baptisée Traf-O-Data. À l'époque, ça sonnait très poétique.

J'ai écrit le gros du logiciel pour Traf-O-Data dans les bus entre Seattle et Pullman, où se trouvait le collège de Paul. Le prototype fonctionnait parfaitement, et nous projetions de vendre quantité de machines dans tous les États-Unis. Nous avons traité des bandes de papier pour plusieurs clients. Mais personne ne voulait acheter la machine, en tout cas pas à une paire d'adolescents.

Malgré notre déception, nous restions convaincus que notre avenir, s'il n'était pas dans la fabrication de matériel, tournait autour des microprocesseurs. En 1973, peu après mon entrée à Harvard, Paul Allen a réussi – Dieu sait comment ! – à faire rouler sa vieille Chrysler depuis

Pullman jusqu'à Boston, où il avait trouvé un emploi de progammeur sur mini-ordinateurs. Il venait souvent me voir à Cambridge, et nous avons pu continuer à discuter longuement de nos projets d'avenir.

Au printemps 1974, la revue *Electronics* a annoncé la sortie du nouveau microprocesseur d'Intel, le 8080, dix fois plus puissant que le 8008. Le 8080 n'était pas plus volumineux que le 8008, mais il contenait 2 700 transistors de plus. Tout d'un coup, nous nous trouvions face au cœur d'un vrai ordinateur. Et il coûtait moins de 200 dollars ! Serait-il assez puissant pour supporter une version du Basic ? Nous nous sommes plongés dans le manuel. Oui, le Basic conviendrait parfaitement pour le 8080 ! « C'est fini, ai-je dit à Paul, DEC ne vendra plus un seul PDP-8. » Si une puce pouvait acquérir une telle puissance, la fin des gros ordinateurs était imminente. Pour nous, c'était évident.

Les fabricants d'ordinateurs, pourtant, ne considéraient pas le microprocesseur comme une menace. Ils ne pouvaient imaginer que cette minuscule puce rivalise un jour avec une « vraie » machine. Même les chercheurs d'Intel ne mesuraient pas son potentiel. Pour eux, le 8080 n'était qu'un 8008 perfectionné. À court terme, l'establishment informatique avait raison : le 8080 ne représentait qu'une courte avancée. Paul et moi, en revanche, voyions plus loin. Nous avions compris que cela débouchait sur une nouvelle race d'ordinateurs. Parfaite pour nous, et pour tout le monde. Des ordinateurs personnels, abordables, adaptables.

Les nouvelles puces coûtaient si peu cher que bientôt elles envahiraient le monde. Les machines informatiques, si rares, allaient abonder. Les tarifs de temps machine cesseraient d'être exorbitants. Si les prix chutaient, les gens inventeraient toutes sortes de nouveaux usages. Du coup, les logiciels deviendraient l'un des éléments essentiels qui libéreraient la puissance des machines. Paul et moi avons parié que les Japonais et IBM allaient se concentrer sur le matériel. À nous de proposer des logiciels nouveaux et créatifs. Pourquoi pas ? Le microprocesseur allait bouleverser la structure de l'industrie informatique. Il y avait peut-être une place pour nous.

Si l'université sert à quelque chose, n'est-ce pas à ce

genre d'élucubrations ? On y découvre un monde et on y conçoit des rêves fous. Nous étions jeunes, nous avions la vie devant nous. J'ai rempilé pour une deuxième année à Harvard, sans cesser de cogiter au lancement d'une société de logiciels. Le plan était simple : proposer à toutes les grosses boîtes d'informatique de leur écrire une version de Basic pour la puce d'Intel. Dans mon dortoir, nous avons rédigé des quantités de lettres. Nous n'avons pas reçu une seule réponse. En décembre, nous étions complètement découragés. Je me suis préparé à retourner à Seattle passer les fêtes en famille, tandis que Paul restait à Boston. Quelques jours avant mon départ, dans le froid mordant d'un matin du Massachusetts, nous traînions dans la cour de Harvard, devant le kiosque à journaux, quand Paul a déniché le numéro de janvier d'un magazine, *Popular Electronics*. Instant décisif qui a cristallisé notre vision du futur.

Sur la couverture, on voyait un tout petit ordinateur, pas beaucoup plus grand qu'un grille-pain. Son nom sonnait plus noblement que Traf-O-Data : Altair 8800 (« Altair », nom d'une étoile dans un épisode de *Star Trek*). Il était vendu 397 dollars en kit. Une fois assemblé, il n'avait ni clavier ni écran. À la place, seize boutons et un nombre égal de petites lumières. On pouvait faire clignoter les lumières sur le tableau de bord, et c'était à peu près tout. Le problème, c'est que l'Altair 8800 était dépourvu de logiciel, on ne pouvait pas le programmer, ce qui en faisait plus une curiosité qu'un outil.

L'Altair, en revanche, avait en guise de cerveau le 8080 d'Intel. Quand nous avons vu ça, ça a été la panique. « Ah non ! Ça y est, des types vont lui écrire un vrai programme, et on va être en dehors du coup ! » J'étais prêt à parier que cela n'allait pas tarder, et je voulais en être dès le départ. Participer au déclenchement de la révolution des PC était la chance de ma vie. Et j'ai su la saisir.

Vingt ans après, je suis dans le même état d'esprit face à ce qui se passe aujourd'hui. À l'époque, je craignais que d'autres n'aient la même vision que nous ; aujourd'hui, je sais que des milliers de gens la partagent et essaient de tirer le meilleur parti d'Internet. L'héritage de la première révolution, c'est qu'il se vend chaque année dans le monde 50 millions de PC, et qu'il y a eu une redistribution des fortunes dans l'industrie informatique. Cette fois, quantité de sociétés sont sur la ligne de départ et l'avenir semble illimité.

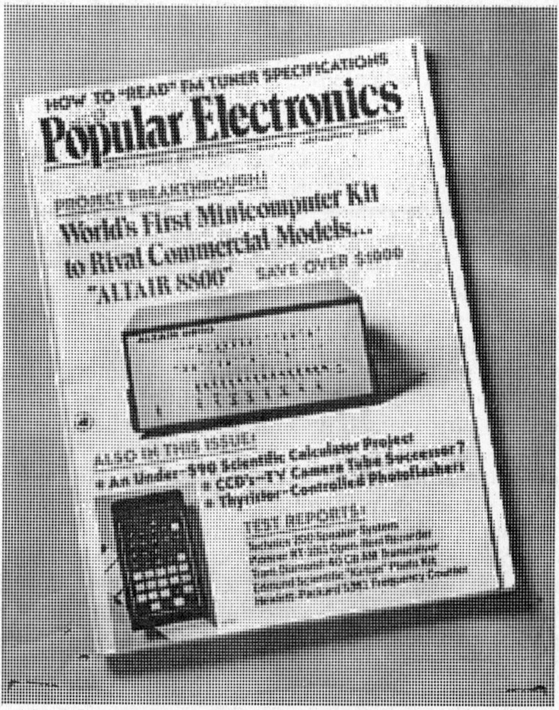


Le numéro de janvier 1975 de *Popular Electronics.*

Quand on regarde les vingt dernières années, on constate que nombre d'entreprises majeures étaient tellement prisonnières de leurs habitudes qu'elles n'ont pas su s'adapter. Résultat : elles ont tout perdu, et Microsoft a emporté le morceau. Dans vingt ans, on remarquera qu'un processus identique a eu lieu dans les années 1990. Je sais, au moment où j'écris ces lignes, qu'au moins un jeune homme, sûr que sa vision de la révolution des communications est la bonne, va réussir à lancer une nouvelle et énorme entreprise. Et que des milliers de sociétés innovantes vont se créer pour se placer sur les nouveaux créneaux.

Les pionniers s'y emploient déjà. Ainsi Marc Andreessen. En 1994, il a participé à la création de Netscape, conçu pour le tout jeune réseau Internet, tout comme Microsoft, deux décennies plus tôt, avait tiré parti de la naissance du PC. En vingt ans, toutefois, le climat a radicalement changé. Quand Microsoft accomplissait ses premiers pas, la compétition acharnée qui prévaut aujourd'hui n'existait pas. Mieux : aucun des grands acteurs du secteur ne portait la moindre attention au PC. Désormais, tous les secteurs du marché sont soumis à une concurrence aiguë. Sérieux handicap lorsqu'on veut, comme Netscape, être en tête de la course ! Mais la société de Marc Andreessen ne part pas les mains vides : l'équipe dirigeante est expérimentée et le cours de ses actions – élevé – lui permet de racheter d'autres entreprises.

En 1975, quand Paul et moi avons naïvement décidé de créer notre société, nous ressemblions à ces personnages des films avec Judy Garland et Mickey Rooney qui chantent : « On va casser la baraque ! » Nous n'avions pas de temps à perdre. Notre idée de départ : créer un Basic pour le tout petit ordinateur.

L'enjeu était de comprimer un maximum de fonctions dans sa minuscule mémoire. L'Altair de base contenait environ 4 000 signes de mémoire. La plupart des PC actuels en contiennent 4 ou 8 millions. Notre tâche se compliquait du fait que nous ne possédions pas d'Altair. Nous n'en avions même jamais vu un seul ! Cela n'avait pas tellement d'importance. Nous nous concentrions surtout sur la puce 8080 d'Intel, que nous n'avions jamais vue non plus, d'ailleurs. Nullement impressionné, Paul étudia le manuel du 8080 et rédigea un programme qui rendait un gros ordinateur de Harvard capable d'émuler le petit Altair. Cela revenait à demander un duo à un grand orchestre au complet, mais ça marchait.

Écrire un bon logiciel réclame un maximum de concentration, et la rédaction d'un Basic pour l'Altair se révéla un travail épuisant. Quand je réfléchis, j'ai l'habitude de me balancer sur ma chaise, ou de faire les cent pas – ça m'aide à me concentrer, à éliminer les distractions. Cet hiver 1975, je me suis beaucoup balancé et j'ai beaucoup arpenté mon dortoir. Paul et moi ne dormions plus. Nous perdions le compte des jours et des nuits. Je m'endormais sur mon bureau, ou par terre. Je passais des jours sans manger et sans voir personne. Mais, au bout de cinq semaines, le Basic était écrit. Et la première entreprise de logiciels pour micro-ordinateurs était née. Nous l'avons baptisée « Microsoft ».

Nous savions que le lancement d'une société réclamerait des sacrifices. Mais nous étions aussi conscients qu'il fallait le faire tout de suite, sous peine de rater le coche. Au printemps 1975, Paul a quitté son emploi de programmeur et j'ai décidé de me mettre en congé de Harvard.

J'en ai discuté avec mes parents, qui avaient l'un comme l'autre pas mal d'expérience du monde des affaires. Mon père s'inquiétait pour mon avenir. Il s'en était ouvert à l'un de ses vieux amis de l'université : « Mon fils a du talent, mais où cela va-t-il le mener ? » Ma mère était encore plus soucieuse. Ses cartes de vœux, cette année-là, portaient un petit poème humoristique de son invention qui retraçait les activités de mes deux sœurs et de moi-même. Elle souhaitait que je réussisse « à tirer les marrons du feu », même si je risquais de « passer pour le dindon de la farce » en me lançant dans une entreprise de logiciels. Malgré leurs doutes, mes parents ont vu à quel point j'étais mordu et ils m'ont encouragé. Mon plan était de prendre un congé de Harvard, de lancer l'entreprise, puis de retourner finir mes études. Je n'ai pas délibérément choisi de laisser tomber ma licence. Contrairement à la plupart des étudiants, j'aimais bien la fac. Je trouvais amusant de discuter avec des tas de gens. Mais je sentais que l'occasion ne se représenterait pas. Et à dix-neuf ans j'ai plongé dans le monde des affaires.

Paul et moi avons tout créé nous-mêmes dès le départ. Nous avions tous les deux quelques économies. Paul touchait un bon salaire comme programmeur, j'avais gagné de l'argent en jouant au poker, la nuit, dans le dortoir. Heureusement, notre entreprise n'exigeait pas un gros investissement.

On me demande souvent d'expliquer le succès de Microsoft. Les gens veulent connaître le secret : comment une opération de bouts de ficelle menée par deux personnes est devenue une entreprise de 21 000 salariés, au chiffre d'affaires annuel de 8 milliards de dollars. Il n'existe pas de réponse simple, bien sûr, et la chance a joué, mais à mon sens notre vision initiale a été l'élément déterminant.

Nous avions deviné ce que cachait le 8080 et nous avons tout misé dessus. Nous nous sommes dit : « Que se passerait-il si la puissance de calcul était quasiment gratuite ? » Il y aurait des ordinateurs partout, et le meilleur logiciel raflerait la donne. Nous avons monté une boutique en pariant sur la puissance et en produisant le logiciel avant tout le monde. Nous nous trouvions au bon endroit au bon moment. Étant les premiers, nous avons pu embaucher quantité de gens doués. Nous avons construit une force de vente mondiale et réinvesti les bénéfices dans la création de nouveaux produits. Nous avons ouvert une route orientée dès le début dans la bonne direction.

Maintenant que s'ouvre un nouvel horizon, la question à se poser devient : « Que se passerait-il si la communication était quasiment gratuite ? » L'idée d'interconnecter foyers et bureaux à un réseau interactif ultra-rapide enflamme les imaginations comme aucune autre depuis la conquête spatiale. Des milliers d'entreprises s'engagent dans cette voie, et c'est leur acharnement, leur capacité de s'adapter et la qualité de leur exécution qui décideront des vainqueurs et des perdants.

Nombre d'individus et d'entreprises jouent leur avenir sur la construction des composants du réseau interactif. C'est la ruée vers l'or de l'Internet. Chez Microsoft, nous travaillons dur à imaginer la voie qui nous permettra d'exploiter toute la puissance des percées technologiques. Période excitante, et pas seulement pour les acteurs industriels : pour tous ceux qui saisissent l'intérêt de cette révolution.

## 2

# L'ÂGE DE L'INFORMATION

La première fois que j'ai entendu l'expression « âge de l'information », j'ai été très intrigué. Je connaissais l'âge du fer et l'âge du bronze, ces périodes de l'Histoire baptisées d'après les matériaux que l'homme utilisait pour fabriquer armes et outils. J'ai lu ensuite des ouvrages d'universitaires qui prédisaient qu'à l'avenir les nations se battraient pour contrôler l'information et non plus les ressources naturelles. C'était passionnant, mais qu'entendaient-ils au juste par information ?

L'idée que l'avenir dépendait de l'information me rappelait la fameuse scène de la soirée dans *Le Lauréat*, un film de 1967. Un homme d'affaires agrippe Benjamin, l'étudiant incarné par Dustin Hoffman, et lui donne pour tout conseil ce seul mot : « Le plastique. » Dans la même scène filmée trente ans plus tard, l'homme d'affaires dirait probablement : « Rien qu'un mot, Benjamin : " Information ". »

Cette notion d'information recoupait plusieurs de mes domaines de prédilection. Par exemple, en mathématiques : les combinatoires, dont une des applications pratiques consiste à déchiffrer les codes secrets. Recourir aux mathématiques pour brouiller des messages ou les rendre clairs me fascinait. La théorie des jeux, utilisée en économie, aussi. Combinée à des procédures mathématiques et logiques, elle permet d'établir les meilleures stratégies de compétitivité.

Que vaut l'information dans un débat au cours duquel les deux parties taisent des renseignements capitaux ? Que se passe-t-il quand plusieurs personnes partagent une information ? Si ses détenteurs commencent une guerre des prix pour la vendre, sa valeur risque de s'effondrer... Ces questions méritaient un examen sérieux. Pourtant, il semblait acquis que l'information allait bientôt constituer la plus précieuse des matières premières.

L'information ? Elle était stockée à la bibliothèque, on n'avait qu'à se servir sans bourse délier. Sa disponibilité ne réduisait-elle pas à rien sa valeur économique ?

L'information ? Elle pouvait aussi être fausse. Dès lors, elle se voyait affectée d'une valeur négative.

L'information ? J'en étais quotidiennement submergé. Elle était souvent sans intérêt. Celle qui avait à mes yeux quelque prix voyait sa valeur s'effondrer avec le temps ou son acquisition par un nombre toujours plus important de récepteurs – en matière d'investissements, le renseignement que se repassent les initiés devient vite un tuyau crevé s'il est divulgué à trop grande échelle.

Et pourtant... L'information gardait son statut d'élément primordial de la nouvelle économie mondiale.

J'imaginais des discussions incohérentes devant la machine à café : « Combien d'informations possèdes-tu ? » « Avec toute l'information qu'elle a en dépôt, la Suisse est un pays puissant ! » « Il paraît que l'indice des prix de l'information est en hausse ! »

Cela sonne de façon absurde parce que l'information n'est pas une donnée tangible et mesurable, comme les matériaux symboles des âges antérieurs. Ce qui ne l'empêche pas d'occuper une place croissante dans nos existences. La révolution de l'information ne fait que commencer. Le coût des communications va chuter aussi vite que celui de la puissance de calcul. Alors – il suffira de quelques progrès techniques –, l'influence de l'information interactive sera aussi réelle que les effets de l'électricité. Pour comprendre pourquoi l'information va devenir centrale, il est important de savoir comment la technologie modifie notre façon de la traiter.

Les éléments qui suivent ont pour but de fournir aux lecteurs qui connaissent mal l'histoire et les principes de base de l'informatique assez de renseignements pour mettre à profit le reste du livre. Si vous comprenez comment fonctionne un ordinateur numérique, ne vous gênez pas, sautez au chapitre 3.

La différence fondamentale entre l'information classique et l'information du futur ? Le numérique. Des bibliothèques entières d'imprimés sont déjà scannées et stockées sur des disquettes et des CD-ROM. Journaux et magazines sont souvent composés électroniquement et ne sont imprimés sur papier que pour des raisons de distribution. L'information électronique est stockée pour toujours – du moins tant qu'on en aura besoin – dans des banques de données : des banques géantes de données journalistiques accessibles par des services en ligne. On convertit en numérique des photos, des films, des vidéos. Chaque année, on trouve de meilleures façons de quantifier l'information et de la distiller en milliards de microscopiques paquets de données. Une fois l'information numérisée et stockée, n'importe qui pourvu d'un ordinateur et d'un accès peut, en quelques secondes, la retrouver, l'évaluer, la remodeler. Ce qui, historiquement, caractérise notre époque, ce sont les moyens grâce auxquels l'information peut être traitée et modifiée. Et la vitesse croissante à laquelle on peut le faire. L'aptitude des ordinateurs à assurer le traitement et le transfert à bas prix et à grande vitesse de données numériques va transformer les engins de communication présents dans les foyers et les bureaux.

L'idée de se servir d'un outil pour manipuler les chiffres n'est pas neuve. Le boulier était déjà en usage en Asie depuis 5 000 ans quand, en 1642, un savant français de dix-neuf ans nommé Blaise Pascal a inventé un calculateur mécanique, la « machine arithmétique ». Il s'agissait d'un appareil à additionner. Trois décennies plus tard, le mathématicien allemand Leibniz améliorait le concept de Pascal. Sa multiplicatrice pouvait multiplier, diviser et extraire des racines carrées. Dans les milieux d'affaires, d'excellents calculateurs mécaniques, mus par engrenages et cadrans rotatifs, descendants de la multiplicatrice, ont assuré l'essentiel jusqu'à l'invention de leurs équivalents électroniques. Dans mon enfance, une caisse enregistreuse se composait encore d'un calculateur mécanique associé à un tiroir.

Il y a plus de cent cinquante ans, Charles Babbage, professeur de mathématiques à Cambridge, a compris qu'il était possible d'imaginer un instrument mathématique capable de réaliser une série de calculs – véritable précurseur de l'ordinateur. Cet éclair de génie le rendit célèbre. Dès 1830, il a été amené à penser que l'information pouvait être manipulée par une machine, pourvu qu'elle fût d'abord convertie en nombres. Babbage a imaginé une machine à vapeur équipée de chevilles, de roues dentées, de cylindres et divers mécanismes – la technologie de l'âge industriel alors à ses débuts. Il était persuadé que sa « machine analytique » éliminait du calcul les erreurs et les aspects fastidieux.

Il lui manquait les mots que nous utilisons aujourd'hui pour désigner les composants de la machine. Il nommait « moulin » le processeur central, le muscle laborieux. Pour parler de la mémoire, il disait « magasin ». Babbage imaginait une transformation de l'information comparable à celle du coton : extraite d'un entrepôt et filée en une matière neuve.

Son moteur analytique serait mécanique, mais Babbage a bien vu qu'il suffisait de changer les jeux d'instructions pour lui faire exécuter des fonctions différentes. Telle est l'essence de la programmation : un ensemble étendu de règles attribuées à une machine pour l' « instruire », lui dire comment accomplir des tâches spécifiques, étape après étape. Babbage a compris que, pour créer ces instructions, il aurait besoin d'un type de langage radicalement nouveau, et il en a inventé un, à l'aide de nombres, de lettres, de flèches et autres symboles. Ce langage était conçu pour lui permettre de « programmer » la machine analytique, grâce à une longue série d'instructions conditionnelles qui autorisaient l'appareil à adapter ses réactions au contexte. Babbage a été le premier à voir qu'une machine unique pourrait exécuter des tâches multiples. Il a compris qu'un seul appareillage doté d'une programmation spécifique serait capable de remplacer une infinité de machines aux fonctions prédéfinies.

Pendant un siècle, les mathématiciens ont travaillé sur les idées de Babbage. Au milieu des années 1940, on a fini par construire un calculateur électronique fondé sur les principes de la machine analytique. Il est difficile d'attribuer à quelqu'un la paternité de l'ordinateur moderne, car une bonne part de la réflexion et de la fabrication a eu lieu aux États-Unis et en Grande-Bretagne pendant la Seconde Guerre mondiale, sous le sceau du secret militaire. Mais on doit beaucoup à trois chercheurs en particulier : Alan Turing, Claude Shannon et John von Neumann.

Au milieu des années 1930, Alan Turing, brillant mathématicien anglais formé, comme Babbage, à Camridge, a proposé ce qui est connu depuis sous le nom de « machine de Turing ». Il s'agissait de sa propre version d'une machine à calculer multifonctions, à qui l'on pouvait apprendre à travailler avec toutes sortes d'informations.

À la fin des années 1930, Claude Shannon était encore étudiant quand il a démontré qu'une machine exécutant des instructions logiques pouvait manipuler de l'information. Son point de vue – et le sujet de sa thèse de maîtrise – portait sur la capacité des circuits de calculateurs – fermés pour vrai, ouverts pour faux – d'accomplir des opérations logiques en prenant le nombre 1 pour représenter « vrai » et 0 pour « faux ».

Il s'agit d'un système binaire. Un code : la base du langage dans lequel on traduit, stocke et utilise toute l'information contenue dans un ordinateur. Le binaire est l'alphabet des calculateurs électroniques. C'est très simple, mais vital. Vous voulez comprendre comment fonctionnent les ordinateurs ? Imaginez que vous vouliez éclairer une pièce avec 250 watts maximum. Mais vous désirez aussi que la lumière soit modulable, entre 0 watt (obscurité totale) et les pleins feux. Pour cela, vous pouvez utiliser un interrupteur rotatif relié à une ampoule de 250 watts. Pour le noir complet, tournez l'interrupteur à fond dans le sens contraire des aiguilles d'une montre, jusqu'à 0 watt. Pour une luminosité maximale, tournez le bouton à fond dans l'autre sens, jusqu'à 250 watts. Pour un clair-obscur, arrêtez le bouton en position intermédiaire.

Ce système est d'usage facile, mais il est fruste. Avec l'interrupteur en position intermédiaire – vous baissez la lumière pour, mettons, un dîner intime – vous ne pouvez que deviner la consommation de watts. Votre information est approximative, ce qui la rend difficile à stocker et à reproduire. Comment retrouver exactement le même éclairage la semaine prochaine ? Vous pouvez toujours tracer une marque sur l'interrupteur, mais ça ne sera pas très exact. Et si un ami veut reproduire le même éclairage chez lui ? Vous lui dites : « Tourne le bouton d'un cinquième de cadran », ou bien « Tourne le bouton jusqu'à ce que la flèche indique deux heures », mais votre ami ne fera qu'approcher votre dispositif. Et que se passera-t-il si votre ami transmet l'information à un autre ami, et que ce dernier la transmette à son tour ? À chaque transfert d'information, la précision décroît.

C'est un exemple d'information stockée sous forme « analogique ». L'interrupteur fournit une analogie du niveau de luminosité de l'ampoule. S'il est à moitié tourné, vous utilisez probablement la moitié des 250 watts. Quand vous faites une marque sur le bouton ou décrivez sa position, vous stockez de l'information concernant l'analogie (le bouton) et non la luminosité. L'information analogique peut être rassemblée, stockée et reproduite, mais elle tend vers l'imprécision – et court le risque de se dégrader encore à chaque transmission.

Prenons maintenant une méthode toute différente pour décrire l'éclairage de la pièce. Numérique et non plus analogique. On peut convertir n'importe quelle information en nombres composés uniquement de 0 et de 1. Chaque 0 ou 1 s'appelle un « bit ». L'information convertie peut être rentrée et stockée dans un ordinateur en longues chaînes de bits. L'« information numérique », c'est tout simplement ces nombres.

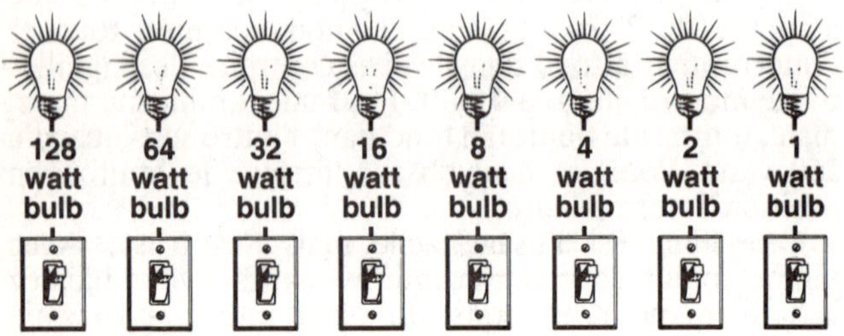


Plutôt qu'une seule ampoule de 250 watts, mettons que vous disposiez de huit ampoules, et que chacune d'elles soit deux fois plus forte que celle qui la précède : de 1 à 128 watts, la plus faible à droite. Chaque ampoule est reliée à son propre interrupteur.

En tournant les interrupteurs entre allumé et éteint, vous pouvez régler la luminosité, watt par watt, de 0 watt (tous les interrupteurs sur éteint) à 255 watts (tous sur allumé). Ce qui vous donne 256 possibilités. Si vous désirez 1 watt de lumière, poussez uniquement l'interrupteur de droite, qui allume l'ampoule de 1 watt. Si vous désirez 2 watts, allumez uniquement l'ampoule de 2 watts. Pour 3 watts, allumez les ampoules de 1 et 2 watts. Pour 4 watts, allumez l'ampoule de 4 watts. Pour 5, allumez la 4 watts et la 1 watt. Pour 250, allumez toutes les ampoules sauf la 4 watts et la 1 watt.

Si vous avez fixé l'éclairage idéal du dîner à 137 watts, allumez l'ampoule de 128, celle de 8 et celle de 1.

Un tel système vous permettrait d'enregistrer très facilement la luminosité exacte, pour un usage ultérieur ou pour la communiquer à des amis. Le mode d'enregistrement de l'information binaire étant universel – petit nombre à droite, grand nombre à gauche, en doublant chaque fois –, il est inutile de noter la puissance des ampoules. Il suffit d'enregistrer la position des interrupteurs : allumé, éteint, éteint, éteint, allumé, éteint, éteint, allumé. Muni de cette information, un ami pourra reproduire fidèlement les 137 watts de lumière de votre salon. Et si chacun vérifie qu'il ne se trompe pas, le message pourra circuler entre des millions de mains : au bout du compte, chacun disposera de la même information et du même éclairage de 137 watts.

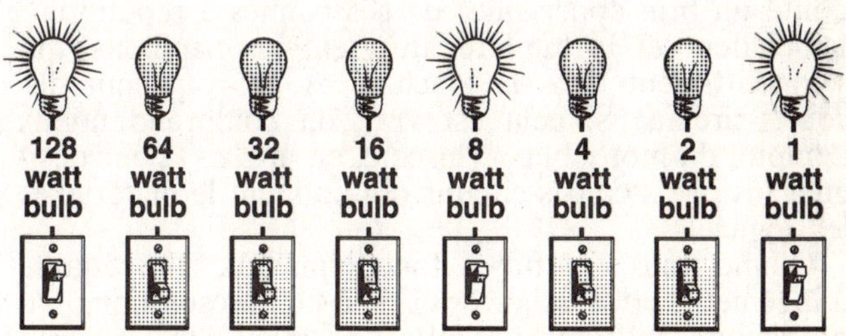


Pour raccourcir la notation – un peu fastidieuse, avouons-le –, on peut enregistrer chaque éteint sous 0 et chaque allumé sous 1. Au lieu d'écrire « allumé, éteint, éteint, éteint, allumé, éteint, éteint, allumé » pour commander l'allumage de la première, de la quatrième et de la huitième ampoule, vous écrirez, 1, 0, 0, 0, 1, 0, 0, 1, soit le nombre binaire 10001001. Qui, dans ce cas, signifie 137. Vous téléphonez à votre ami : « J'ai trouvé l'éclairage parfait, c'est 10001001, essaie. »

Cela peut paraître compliqué pour décrire la luminosité d'une lampe, mais c'est un exemple de la théorie sous-jacente à l'expression binaire, base de tous les ordinateurs modernes.

Grâce au binaire, on a profité des propriétés des circuits électriques pour construire des calculatrices. Pendant la Seconde Guerre mondiale, un groupe de mathématiciens dirigé par J. Presper Eckert et John Mauchly, à l'École Moore d'ingénierie électrique de l'université de Pennsylvanie, s'est attelé au développement d'une machine à calculer électronique : l'Electronic Numerical Integrator and Calculator, baptisée Eniac. Elle avait pour objet d'accélérer les calculs dans l'artillerie. L'Eniac était une calculatrice électronique plus qu'un ordinateur, mais, au lieu de faire fonctionner les instructions « allumé » et « éteint » sur des roues dentées à la manière d'une calculatrice mécanique, elle se composait d'interrupteurs de tubes à vide, ou tubes électroniques.

Les militaires responsables de l'énorme machine tournaient autour en poussant des caddies de supermarché grinçants et remplis de tubes à vide. Dès qu'un tube grillait, l'Eniac s'éteignait... et c'était la course pour localiser et remplacer le fautif. L'explication (sans doute un brin apocryphe) de ces pannes à répétition ? La chaleur et la lumière attiraient les papillons, qui s'engouffraient dans la machine et provoquaient des courts-circuits. Si cela est vrai, on comprend mieux l'emploi du mot « bug » (insecte, en anglais) pour désigner les petits courts-circuits qui polluent le matériel et les logiciels.

Quand tous les tubes fonctionnaient, une équipe d'ingénieurs pouvait lancer l'Eniac sur la résolution d'un problème... en branchant laborieusement 6 000 câbles à la main ! Pour lui faire accomplir une autre fonction, il fallait reconfigurer la machine. John von Neumann, un Américain né en Hongrie, connu par ailleurs pour l'élaboration de la théorie des jeux et ses contributions à l'arme atomique, a joué le premier rôle dans l'élimination de ces problèmes. Il a inventé le paradigme auquel sont soumis depuis tous les ordinateurs numériques. L' « architecture de von Neumann », ainsi qu'on l'appelle, se fonde sur les principes qu'il a formulés en 1945 – y compris le principe qu'un ordinateur peut éviter les changements de câblage en stockant des instructions en mémoire. La mise en pratique de cette idée a signé l'acte de naissance de l'ordinateur moderne.

Aujourd'hui, la plupart des cerveaux d'ordinateurs descendent du microprocesseur qui nous avait tant surpris, Paul Allen et moi, dans les années 1970. On classe souvent les micro-ordinateurs en fonction du nombre de bits d'information que leur microprocesseur peut traiter à la fois, ou du nombre d'octets (groupe de huit bits) contenus dans leur mémoire ou leur disque dur. L'Eniac pesait 30 tonnes et remplissait une pièce entière. À l'intérieur, les impulsions circulaient le long de 1 500 relais électromécaniques et traversaient 17 000 tubes électroniques. Il consommait 150 000 watts. Mais il ne stockait guère que l'équivalent de 80 caractères d'information.

1946. À l'intérieur de l'Eniac.

Au début des années 1960, les transistors avaient remplacé les tubes à vide. Une décennie s'était écoulée depuis que les laboratoires Bell avaient découvert qu'un minuscule éclat de silicium pouvait effectuer le même travail. Comme les tubes à vide, les transistors se comportent en interrupteurs de courant, mais ils consomment nettement moins d'énergie. Ils dégagent donc moins de chaleur et prennent moins de place. On pouvait combiner sur la même puce plusieurs circuits à transistors, créant ainsi un circuit intégré. Les puces actuelles sont des circuits intégrés qui contiennent l'équivalent de millions de transistors tassés sur moins de dix centimètres carrés de silicium.

Dans un article paru en 1977 dans le *Scientific American*, Bob Noyce, l'un des fondateurs d'Intel, comparait les microprocesseurs à 300 dollars à l'Eniac, le mastodonte infesté d'insectes des premiers temps de l'âge informatique. Le petit microprocesseur n'était pas seulement plus puissant, remarquait Noyce, « il est vingt fois plus rapide, a plus de mémoire, il est des milliers de fois plus fiable, il consomme l'énergie d'une ampoule et non celle d'une locomotive, il prend 30 000 fois moins de place et coûte 10 000 fois moins cher. On peut se le procurer par colis postal ou à la boutique du coin ».

Aujourd'hui, le microprocesseur de 1977 a l'air d'un joujou. Des tas de jouets bon marché contiennent des puces plus puissantes que celle qui a déclenché la révolution du micro-ordinateur. Mais tous les ordinateurs actuels, quelles que soient leur taille et leur puissance, traitent des informations stockées sous forme de nombres binaires.

Grâce aux nombres binaires on peut stocker les textes sur un ordinateur personnel, la musique sur un CD, l'argent dans un réseau bancaire de guichets automatiques. Pour rentrer une information dans un ordinateur, on la convertit en binaire. Puis, dans un deuxième temps, des machines, des outils numériques reconvertissent cette information dans sa forme d'origine : sa forme utile. Imaginez chaque outil déclenchant des commutateurs, contrôlant des flux d'électrons. Ces commutateurs, faits de silicium, sont extrêmement petits et réagissent au passage de charges électriques ultrarapides – pour produire du texte sur l'écran d'un ordinateur, de la musique à partir d'un lecteur de CD, et des instructions au distributeur pour qu'il crache des billets de banque.

L'exemple de l'interrupteur de lumière montre que tout nombre a une représentation binaire. Mais un texte peut lui aussi se traduire en binaire. Par convention, le nombre 65 représente le *A* majuscule, 66 le *B* majuscule, etc. Sur un ordinateur, chacun de ces nombres est exprimé en code binaire : le *A* majuscule, 65, devient 01000001. Le *B* majuscule, 66, devient 01000010. Un espace est représenté par le nombre 32, soit 00100000. Ainsi la phrase « Socrate est un homme » devient une chaîne de 136 bits composée de 0 et de 1 :

01010011 01101111 01100011 01110010 01100001
01110100 01100101 01110011 00100000 01101001
01110011 00100000 01100001 00100000 01101101
01100001 01101110

Voyez comme il est facile de comprendre comment une ligne de texte peut devenir un jeu de nombres binaires !

Prenons un autre exemple d'information analogique : un disque de vinyle. Représentation analogique de vibrations sonores, il stocke des informations auditives sous forme de microscopiques encoches alignées sur un long sillon en spirale. Quand la musique est forte, les encoches sont gravées plus profond dans le sillon. Et pour les notes aiguës, on les tasse les unes sur les autres. Ce sont des analogues de la vibration d'origine – des ondes sonores captées par un micro. Quand l'aiguille de la platine suit le sillon, elle vibre en résonance avec les encoches. Cette vibration, toujours analogue au son d'origine, est amplifiée et renvoyée dans les haut-parleurs sous forme de musique.

Comme tout instrument analogique de stockage d'information, un disque a ses inconvénients. La poussière, les traces de doigts ou les rayures peuvent provoquer une vibration imprévue de l'aiguille... et l'on entend des scratches et autres bruits désagréables. Si le disque ne tourne pas exactement à la bonne vitesse, la sonorité est fausse. Chaque fois qu'on passe un disque, l'aiguille endommage les encoches du sillon, et la reproduction de la musique se dégrade. Si vous enregistrez à partir d'un disque vinyle sur une cassette, toutes les imperfections du disque sont reproduites définitivement sur la bande, et de nouvelles imperfections ne tardent pas à s'ajouter, parce que les lecteurs de cassettes classiques sont eux-mêmes des instruments analogiques. L'information perd de sa qualité à chaque génération d'enregistrement ou de retransmission.

Sur un CD, la musique est stockée sous la forme d'une série de nombres binaires, et chaque bit est représenté par un trou microscopique à la surface du disque. Les premiers CD comportent des milliards de trous. La lumière laser reflétée dans le lecteur de CD – instrument numérique – atteint chaque trou pour déterminer s'il est en position 1 ou 0, puis reconstitue l'information en générant des signaux électriques qui sont convertis par les haut-parleurs en ondes sonores. À chaque passage du disque, le son restitué demeure identique.

Il est très pratique de savoir tout convertir en représentations numériques, mais le nombre de bits peut grimper très vite. Trop de bits peuvent noyer la mémoire de l'ordinateur ou mettre un temps considérable à circuler entre ordinateurs. C'est pourquoi la capacité d'un ordinateur de compresser les données numériques, de les stocker ou de les transmettre, pour les restituer sous leur forme première, est très importante. Et elle le deviendra de plus en plus.

Voilà donc, en bref, comment l'ordinateur réalise ces prouesses.

Tout remonte à Claude Shannon, le mathématicien qui, dans les années 1930, a compris le premier comment exprimer de l'information en binaire. Pendant la Seconde Guerre mondiale, il a entrepris de faire une représentation mathématique de l'information et il a fondé un champ d'étude connu depuis sous le nom de « théorie de l'information ». Shannon définissait l'information comme la réduction de l'incertitude : par exemple, si vous savez qu'on est samedi et qu'on vous dise qu'il est samedi, vous n'avez reçu aucune information. D'un autre côté, si vous n'êtes pas sûr du jour et qu'on vous affirme qu'il est samedi, vous avez reçu de l'information, parce que votre incertitude a diminué.

La théorie de l'information de Shannon a fini par déboucher sur des inventions. L'une fut la compression de données, vitale pour le calcul et la communication. Ce que dit Shannon est évident : les données qui ne fournissent pas une information unique sont redondantes – on peut donc les éliminer. Dans la presse, les titreurs omettent les mots non essentiels, de même que les gens qui expédient des télégrammes ou font passer une petite annonce facturée au mot. Shannon cite l'exemple de la lettre *u*, redondante en anglais chaque fois qu'elle suit le *q*. Sachant qu'un *u* suit toujours le *q*, on n'a pas besoin d'inclure le *u* dans le message.

Au cours du demi-siècle écoulé depuis que Shannon a énoncé sa théorie de l'information et proposé l'une des premières formules de compression, les ingénieurs ont élaboré nombre de procédés pour écrémer l'information de ses redondances. Aujourd'hui, un fichier de texte peut être réduit de moitié par compression, ce qui permet de doubler sa vitesse de transmission. Les sons et les images, de la même façon, peuvent être compressés : il n'est pas rare qu'une image numérique soit réduite à 5 % de ses dimensions originales, une fois supprimées les informations redondantes.

Sur Internet, nous utilisons la compression – notamment pour la transmission de dessins, de sons, de films sur le World Wide Web. Mais il existe des limites à la compression : celle-ci ne pourra suffire à l'extraordinaire expansion de la communication. Dans un proche avenir, nous déplacerons un nombre croissant de bits. Les bits voyageront le long de fils de cuivre, dans l'air, le long de câbles en fibre optique (ou « fibre », pour abréger). La fibre est un câble de verre ou de plastique si fin et si pur que, si vous regardiez à travers une muraille de fibre de cent kilomètres d'épaisseur, vous pourriez voir une bougie allumée de l'autre côté ! Grâce aux fibres optiques, les signaux binaires, sous forme de lumière modulée, se transportent sur de très longues distances. Un signal ne se déplace pas plus vite dans une fibre optique que dans un fil de cuivre : tous deux vont à la vitesse de lumière.

Alors, quel est l'avantage de la fibre sur le câble ? Sa largeur de bande. La largeur de bande est la mesure du nombre de bits qui peuvent être transportés dans un circuit en une seconde. Avec la fibre, il s'agit vraiment d'autoroutes : beaucoup plus de voitures peuvent circuler sur huit voies que sur un étroit chemin de campagne. Plus grande est la largeur de bande – plus élevé le nombre de voies –, plus importante sera la quantité de voitures ou de bits qui passera à chaque seconde. On dit des câbles capables de transporter beaucoup d'informations – telles que des signaux audio et vidéo – qu'ils sont « à large bande ».

L'existence d'un réseau interactif à large bande exige deux préconditions : la mise en place d'une infrastructure de fibre optique desservant un nombre considérable de foyers; une amélioration continue des performances et des capacités des puces, afin de faciliter la compression à des prix toujours plus bas. Les coûts d'installation de la fibre optique ne varieront guère. Pour les puces, en revanche, la qualité ira toujours croissant, et les prix, décroissants.

En 1965, Gordon Moore, qui devait plus tard fonder Intel en compagnie de Bob Noyce, a examiné le rapport prix/performance des puces au cours des trois années précédentes et, en extrapolant, il a prédit que la capacité des puces doublerait chaque année. À la vérité, Moore ne croyait pas que ce rythme de progression durerait longtemps. Erreur ! Dix ans plus tard, sa prévision s'est avérée. Moore avait assuré que le doublement se produirait tous les deux ans. À ce jour, son pronostic tient toujours le coup, et le taux moyen – un doublement tous les dix-huit mois – est connu des ingénieurs sous le nom de « loi de Moore ».

Dans la vie de tous les jours, rien ne nous prépare aux conséquences d'un doublement aussi rapide – la progression exponentielle. Pour comprendre, servons-nous d'une fable.

Shirhan, roi des Indes, fut si heureux quand l'un de ses ministres inventa le jeu d'échecs qu'il lui demanda de fixer lui-même sa récompense.

« Majesté, dit le ministre, donnez-moi un grain de blé pour la première case de l'échiquier, deux pour la deuxième case, quatre pour la troisième, et ainsi de suite, en doublant le nombre de grains chaque fois, jusqu'à ce que les soixante-quatre cases soient remplies. »

Le roi, ému par la modestie de cette requête, fit apporter un sac de blé. Puis il ordonna de disposer les grains sur l'échiquier selon le vœu du ministre. Sur la première case de la première rangée, on plaça un grain. Deux sur la deuxième, 4 sur la troisième, puis 8, 16, 32, 64, 128. Parvenu à la huitième case, au bout de la première rangée, l'intendant du roi Shirhan avait débité un total de 255 grains.

Le roi ne souleva probablement aucune objection. Sans doute la quantité de grains déjà versée sur le damier dépassait-elle légèrement son attente, mais il n'y avait pas de quoi s'étonner. Il fallait une seconde pour compter un grain, et jusqu'ici l'opération n'avait pris que quatre minutes. À quatre minutes par rangée, combien faudrait-il de temps pour remplir les soixante-quatre cases ? Devinez. Quatre heures ? Quatre jours ? Quatre ans ?

Le temps de remplir la deuxième rangée, l'intendant avait déjà travaillé dix-huit heures et compté 65 535 grains. À la fin de la troisième rangée, il avait fallu 97 jours pour dénombrer les 8,4 millions de grains des vingt-quatre cases. Et il restait encore quarante cases vides !

Autant dire tout de suite que le roi ne tint pas sa promesse. Il eût fallu déverser 18 446 744 073 709 551 615 grains de blé sur le damier, et 584 milliards d'années pour les compter. Or, on estime l'âge de la Terre à 4,5 milliards d'années. Selon certaines versions de la légende, le roi Shirhan comprit qu'il avait été dupé et il fit décapiter son ministre.

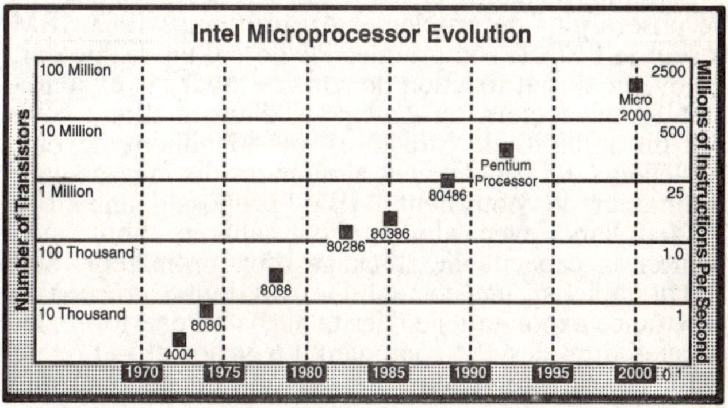


L'évolution du microprocesseur d'Intel.
Le nombre des transistors des microprocesseurs d'Intel a doublé tous les dix-huit mois environ, selon la loi de Moore.

La croissance exponentielle, même expliquée, ressemble en effet à un coup de triche.

Il est probable que la loi de Moore va s'appliquer pendant une vingtaine d'années encore. Si c'est le cas, un calcul qui réclame aujourd'hui 24 heures sera

10 000 fois plus rapide et durera moins d'une poignée de secondes.

Les laboratoires mettent déjà au point des transistors « balistiques » dont les temps de commutation sont de l'ordre du femtoseconde. 1/1 000 000 000 000 000 seconde, soit dix millions de fois plus rapide que les transistors des microprocesseurs actuels. L'astuce consiste à réduire la taille des circuits et le flux de telle sorte que les électrons ne se cognent ni à un obstacle ni entre eux. La prochaine étape sera le transistor à « électron unique », où chaque bit d'information est représenté par un seul électron. On atteindra alors la frontière du calcul à faible consommation d'énergie, selon, du moins, les présentes lois de la physique. Pour mettre à profit les incroyables vitesses en jeu au niveau moléculaire, il faudra construire des ordinateurs très petits, voire microscopiques. Nous possédons déjà la science qui permet de construire ces machines ultra-rapides. Ce qui nous manque, c'est une percée technologique. Et celle-ci se fait rarement attendre.

Le temps de maîtriser ces vitesses, le stockage des bits ne posera plus de problème. Au printemps 1983, IBM sortait le PC/XT, son premier PC doté d'un disque dur. Le disque faisait fonction de zone de stockage et contenait 10 mégaoctets, ou « mégas », d'information : environ dix millions de caractères, ou 80 millions de bits. Les clients qui souhaitaient ajouter ces dix mégas à leur ordinateur le pouvaient : IBM proposait un kit à 3 000 dollars, avec alimentation séparée, pour augmenter la capacité de stockage d'un ordinateur. Soit 300 dollars par mégaoctet ! De nos jours, grâce à la croissance exponentielle décrite par la loi de Moore, les disques durs des PC contenant 1,6 gigaoctet – 1,6 milliard de caractères d'information – ne coûtent que 225 dollars. Soit 14 *cents* par mégaoctet ! Et qu'en sera-t-il avec la mémoire holographique, qui pourra contenir les téraoctets de caractères dans moins de trente centimètres cubes ? Une mémoire holographique grosse comme le poing pourra absorber le contenu de toute la Bibliothèque du Congrès.

La technologie de l'information devenant elle aussi numérique, elle subit la progression exponentielle qui rend des portables à 2 000 dollars plus puissants qu'une unité centrale IBM qui, il y a vingt ans, coûtait 10 millions de dollars.

Dans peu de temps, un simple fil vous permettra d'envoyer de chez vous, et d'y recevoir, toutes les données nécessaires au fonctionnement d'une maison. Il s'agira soit d'une fibre optique, par laquelle passent aujourd'hui les communications téléphoniques longue distance, soit d'un câble coaxial, comme ceux qui nous apportent les signaux de télévision ou tout simplement de fils torsadés comme ceux qui relient votre téléphone au réseau local. Si les bits sont reconnus comme des appels vocaux, votre téléphone sonnera. S'ils codent des images vidéo, celles-ci apparaîtront sur l'écran de votre télévision. S'il s'agit de services en ligne, votre ordinateur affichera sur son écran des textes ou des images.

Ce fil unique connecté au réseau transportera bien plus que des appels téléphoniques, des films ou des nouvelles. Mais il nous est impossible d'envisager ce qui circulera sur la largeur de bande des autoroutes de l'information d'ici à un quart de siècle, pas plus qu'un homme de l'âge de pierre ne pouvait concevoir les vantaux de Ghiberti à Florence. Nous ne comprendrons son potentiel qu'avec l'évolution d'Internet.

# 3

# L'INDUSTRIE DE L'ORDINATEUR : UN BILAN

Le succès est un professeur vicieux. Il incite les plus intelligents à croire qu'ils ne peuvent jamais perdre. Et il n'est pas un guide sûr vers le futur. La stratégie commerciale en apparence sans faille et la technologie la plus avancée peuvent vite se révéler aussi dépassées que le magnétophone à huit pistes, la télévision à lampes ou l'ordinateur géant. Cela, je l'ai vu arriver. L'observation attentive de nombreuses entreprises sur une longue période peut nous enseigner des principes stratégiques utiles pour l'avenir.

Les entreprises qui investissent dans le réseau interactif devront s'efforcer d'éviter les erreurs commises depuis vingt ans par les fabricants d'ordinateurs. Ces erreurs s'expliquent, je crois, par quelques facteurs clés : les spirales négatives et positives, la nécessité de lancer les tendances au lieu de les suivre, l'importance du logiciel par rapport au matériel, le rôle de la compatibilité et du feed-back positif qu'elle génère.

Ne comptez plus sur la sagesse traditionnelle. Elle n'a de sens que pour les marchés traditionnels. Depuis trente ans, le marché de l'informatique, qu'il s'agisse du matériel ou du logiciel, est définitivement non conventionnel. De grosses sociétés installées, qui réalisaient des centaines de millions de dollars de chiffre d'affaires et comblaient leur clientèle, ont disparu en un rien de temps. D'autres ont fait leur apparition : Apple, Compaq, Lotus, Oracle, Sun et Microsoft, parties de zéro pour atteindre en un éclair un milliard de dollars de chiffre d'affaires. Succès tiré, en partie, de ce que j'appelle la « spirale positive ».

Quand vous vendez un produit à succès, les investisseurs s'intéressent à vous, ont envie de placer leur argent dans votre affaire. Les jeunes gens intelligents se disent : « Eh ! tout le monde parle de cette boîte, c'est là qu'il faut aller. » Qu'un surdoué débarque dans une entreprise et d'autres suivent, car les doués aiment travailler ensemble. Cela les stimule. Partenaires potentiels et clients lorgnent vers vous... et la spirale s'enfle. Ce qui augmente encore les chances de succès.

À l'inverse, on peut se trouver coincé dans une spirale négative. Dans une spirale positive, vous semblez béni par le destin ; dans une négative, frappé de malédiction. Qu'une société commence à perdre des parts de marché ou distribue un mauvais produit, et la rumeur démarre : « Pourquoi travailles-tu chez eux ? » « Pourquoi investir dans cette boîte ? » « Il ne faut pas acheter ce produit. » La presse et les analystes flairent l'odeur du sang et se mettent à rapporter des histoires sur les querelles hiérarchiques internes et sur l'hypothétique responsable de cette déplorable gestion. Les clients se demandent s'il est prudent de continuer à acheter à cette entreprise. Dans une société malade, tout est remis en question, même ce qui marche. On écartera une stratégie subtile avec l'argument : « Vous êtes un partisan des vieilles méthodes... » D'où de nouvelles erreurs. Et l'entreprise plonge. Des dirigeants comme Lee Iacocca, qui sut inverser une spirale négative, méritent un profond respect.

Dans ma jeunesse, Digital Equipment (DEC) était le fabricant d'ordinateurs à la mode. Pendant vingt ans, sa spirale positive a semblé irrésistible. Ken Olsen, son fondateur, était un concepteur de machines légendaire et l'un de mes héros, un dieu lointain. En 1960, il avait créé l'industrie du mini-ordinateur en offrant les premiers « petits » ordinateurs. Le tout premier, le PDP-1, était l'ancêtre du PDP-8 de mon école. Plutôt que de débourser les millions exigés par IBM pour son Big Iron, on pouvait se procurer un PDP-1 d'Olsen pour 120 000 dollars. Il n'était pas, et de loin, aussi puissant que les grosses machines, mais on pouvait l'utiliser pour quantités d'applications. DEC a grandi jusqu'à devenir en huit ans une entreprise pesant 6,7 milliards de dollars, et cela en proposant une vaste gamme de machines de différentes tailles.

Deux décennies plus tard, Olsen avait perdu son flair : il ne s'est pas aperçu que l'avenir appartenait aux petites machines de bureau. Il a fini par être éjecté de DEC, et sa légende, aujourd'hui, est en partie celle d'un homme qui ne cesse de clamer partout que le PC n'est qu'un effet de mode. Des histoires comme celles d'Olsen me dégrisent. Un être brillant, apte à saisir la nouveauté, qui – après des années d'innovations – rate le grand virage.

Autre visionnaire déchu : An Wang. Immigrant chinois, il a fait de Wang Laboratories le premier fournisseur de calculatrices électroniques dans les années 1960. Dans les années 1970, en dépit des conseils de ceux qui l'entouraient, il a abandonné le marché des calculatrices... juste avant le commencement d'une guerre des prix qui l'aurait ruiné. Brillante manœuvre ! Wang est devenu le premier fournisseur de machines à traitement de texte. Dans les années 1970, partout dans le monde, les terminaux à traitement de texte de Wang ont remplacé les machines à écrire. Ses terminaux contenaient un microprocesseur sans être de vrais PC. Ils étaient conçus pour une seule tâche : le traitement de texte.

Wang était un ingénieur visionnaire. Le genre de vision qui l'avait amené à abandonner les calculatrices aurait pu lui valoir le succès sur le marché du logiciel des années 1980, mais il n'a pas vu s'amorcer le virage. Il a persisté à développer d'excellents logiciels... qui restaient prisonniers de ses machines à traitement de texte. Son logiciel était perdu dès lors que sont apparus des PC multifonctions capables de faire tourner des applications de traitement de texte comme Wordstar, WordPerfect et MultiMate (qui émulait le logiciel Wang). Si Wang avait pris conscience de l'importance des applications compatibles, Microsoft n'existerait peut-être pas aujourd'hui. Je serais mathématicien ou avocat, et mon aventure de jeunesse dans le monde du PC ne serait plus qu'un lointain souvenir personnel.

Autre grand constructeur qui a raté la révolution technologique du PC : IBM. Le numéro un d'IBM, Thomas J. Watson, était un homme énergique, ancien vendeur de caisses enregistreuses. Watson n'est pas le fondateur officiel d'IBM, mais c'est grâce à son management agressif qu'IBM a dominé le marché des calculatrices au début des années 1930.

IBM s'est lancé dans les ordinateurs au milieu des années 1950. L'entreprise était alors noyée dans la masse des nombreux concurrents qui guignaient la première place du marché. Jusqu'en 1964, chaque modèle d'ordinateur était unique et réclamait son propre système d'exploitation et ses propres applications logiciel. Un système d'exploitation (disk-operating system, ou DOS) est le programme de base qui coordonne les composants d'un ordinateur, qui leur dit comment travailler ensemble. Sans système d'exploitation, un ordinateur ne sert à rien. Le système d'exploitation est la plate-forme sur laquelle sont construits tous les programmes des applications (comptabilité, traitement de texte, courrier électronique).

La conception des ordinateurs variait selon leur catégorie de prix. Certains étaient consacrés à la recherche scientifique, d'autres au commerce. Je m'en suis aperçu en écrivant du Basic pour différents PC : c'était tout un travail de transposer un programme d'une machine à l'autre ! Et cela, même s'il était écrit dans un langage standard comme le Cobol ou le Fortran.

Sous la direction du jeune Tom – ainsi appelait-on le fils et successeur de Watson –, l'entreprise a parié, dans les années 1960, 5 milliards de dollars sur une nouvelle notion, l'architecture évolutive : tous les ordinateurs de la famille System/360 répondraient au même jeu d'instructions, quelle que soit leur taille. Tous les modèles construits à partir de technologies différentes – du plus lent au plus rapide, des petites machines de bureau aux géants refroidis à l'eau dans des salles climatisées – tourneraient avec le même système d'exploitation. Les utilisateurs pourraient déplacer librement d'un modèle à un autre leurs applications et leurs périphériques, des accessoires tels que disques, lecteurs de bande, imprimante. Dans l'industrie informatique, l'architecture évolutive, ou modulable, a redistribué complètement les cartes.

Le System/360 – succès complet ! – a fait d'IBM le numéro un des unités centrales pendant trente ans. Les utilisateurs ont investi dans le 360 en toute confiance. S'ils avaient besoin d'une machine plus grosse, ils pouvaient acheter une autre IBM, puisqu'elle tournait avec le même système et partageait la même architecture. En 1977, DEC a introduit sa propre plate-forme à architecture modulable, le Vax. La famille Vax a fini par proposer une gamme complète, des ordinateurs de bureau aux batteries de machines de la taille des unités centrales. Le Vax a été pour DEC ce que le System/360 avait été pour IBM. DEC est devenu, et de loin, le leader du marché des mini-ordinateurs.

L'architecture évolutive du System/360 d'IBM et de son successeur, le System/370, a été fatale à plusieurs concurrents d'IBM et a effrayé les nouveaux venus potentiels. En 1970, Eugene Amdahl, un ancien chef ingénieur d'IBM, a créé une nouvelle société, avec une stratégie neuve : construire des ordinateurs entièrement compatibles avec le logiciel d'IBM 360. Amdahl a proposé des machines qui tournaient avec le même système d'exploitation et les mêmes applications qu'IBM, tous beaucoup moins chers grâce à des améliorations technologiques. Bientôt, Control Data, Hitachi et Itel ont eux aussi proposé des unités centrales que l'on pouvait connecter à des IBM. Vers le milieu des années 1970, la compatibilité-360 était incontournable. Les seuls fabricants d'unités centrales à s'en sortir étaient ceux dont les machines tournaient avec le système d'exploitation IBM.

Avant le 360 et ses « clones », on ne fabriquait que des ordinateurs délibérément incompatibles les uns avec les autres. Objectif : décourager le client de changer de fournisseur. Une fois équipé, le client dépendait de l'offre du fabricant : remplacer un programme était possible, mais difficile. Amdahl et quelques autres ont mis fin à cette situation. Leçon capitale pour la future industrie des PC : le marché avait imposé la compatibilité. Les créateurs d'Internet devront s'en souvenir : les utilisateurs préfèrent les systèmes qui leur laissent le choix des fournisseurs.

Pendant que le secteur de l'informatique apprenait l'importance de la compatibilité, je m'amusais à l'université... Lors de mon arrivée à Harvard, à l'automne 1973, je m'étais inscrit en économie. Puis j'avais dévié vers les mathématiques. La matière me fascinait, mais aurais-je la possibilité de faire une découverte inédite dans ce domaine ? Peu probable. Si oui, cette découverte aurait-elle changé la face du monde ? Probablement pas. Alors, devais-je embrasser le destin de mathématicien ? Et la psychologie ? Elle m'attirait aussi. Le droit... je n'avais jamais abandonné l'idée de m'y atteler... Rien ne m'inquiétait...

Le campus grouillait de poseurs, et il était de bon ton, pour avoir l'air vraiment cool, de jouer les je-m'en-foutistes. Pendant ma première année à Harvard, j'ai délibérément séché les cours pour n'étudier fiévreusement qu'à la fin du trimestre. C'est devenu un jeu, d'ailleurs répandu : savoir quelles notes on allait décrocher en en faisant le moins possible. Je passais mon temps libre à une table de poker. Au poker, le principe est d'amasser des fragments d'informations – qui fait des paris téméraires, le nombre de cartes demandées, en fonction de quelle stratégie untel bluffe –, puis on compile ces informations pour monter son propre plan d'action. Je suis devenu assez bon à ce jeu de traitement de l'information.

L'expérience de la stratégie du poker – et mes gains – m'a aidé à me lancer dans les affaires. Mais l'autre jeu auquel je m'adonnais – remettre au lendemain ce que j'aurais pu faire le jour même – m'a plutôt desservi. À l'époque, je l'ignorais encore. Et ce n'est pas mon nouvel ami, Steve Ballmer, un matheux, qui m'aurait remis dans le droit chemin ! Nous dormions dans le même dortoir, Currier House. Nous menions des vies différentes, mais nous avions au moins un point commun : nous réduisions au maximum le temps de travail nécessaire à l'obtention de nos examens. Steve est un homme doté d'une énergie sans bornes. Il était très pris. En deuxième année, il entraînait l'équipe de football, gérait les pages de pub du *Harvard Crimson*, le journal de la fac, et présidait une revue littéraire. Il était également membre d'un club, l'équivalent à Harvard d'une confrérie.

Nous dédaignions les cours... pour avaler dans la fièvre les livres de base à la veille des examens. Nous suivions un cours d'économie très pointu – Economics 2010. Le professeur nous autorisait à miser tout le certificat sur le dernier examen. Aussi, pendant un semestre, Steve et moi nous sommes intéressés à tout autre chose qu'à l'économie, jusqu'à la semaine précédant l'examen final. On a potassé comme des malades et on a décroché la meilleure note.

Après la création de Microsoft avec Paul Allen, je me suis aperçu que la technique du « Je ferai cela demain » n'était pas la meilleure préparation à la direction d'entreprise. Parmi les premiers clients de Microsoft se trouvaient des sociétés japonaises tellement méthodiques qu'au moindre retard de livraison ils nous envoyaient par avion une sorte de baby-sitter. Ils savaient que leur envoyé ne pouvait pas nous aider à grand-chose, mais l'homme passait dix-huit heures par jour dans les bureaux, juste pour montrer à quel point il prenait l'affaire à cœur. Des types vraiment sérieux ! Ils demandaient : « Pourquoi les délais ont-ils changé ? Nous aimerions connaître la cause de ce retard. Et nous la supprimerons. » Je m'en souviens parfaitement : c'était très pénible d'être en retard. Depuis, nous avons fait des progrès, changé nos méthodes. Il nous arrive encore de boucler hors délais, mais moins souvent, et cela grâce à la présence, jadis, de ces effrayants baby-sitters.

Microsoft a démarré à Albuquerque, Nouveau-Mexique, en 1975, parce que MITS y était établi. MITS, la petite entreprise dont le PC en kit, Altair 8800, avait fait la une de *Popular Electronics*. Nous travaillions avec MITS parce qu'ils étaient les premiers à mettre sur le marché grand public un PC pas cher.

En échange de nos programmes, MITS nous a fourni des locaux et nous a payé en royalties pendant notre première année.

Mais, après son rachat par une autre société, MITS nous a coupé les vivres. Pendant l'année qui a suivi, nous n'avons eu aucun revenu. Nous étions fauchés. Nous survivions avec difficulté. Le conciliateur qui arbitrait le différend a rendu son verdict avec quatre mois de retard. Je discutais des aspects légaux du litige avec mon père, ce qui m'a aidé à tenir le coup. J'aurais pu lui emprunter de l'argent, mais je préférais ne pas recourir à cette solution. Compréhensif, notre avocat a patienté jusqu'au prononcé du jugement pour nous présenter ses honoraires.

Par la suite, Microsoft n'a plus jamais été déficitaire. En fait, j'avais édicté une règle intangible : nous devions disposer à tout moment des liquidités nécessaires à un an d'exercice de la société, même si aucun client ne nous payait.

En 1977, Apple, Commodore et Radio Shack sont entrés à leur tour dans le jeu, et nous avons fourni le Basic de la plupart des premiers PC. C'était l'ingrédient logiciel déterminant, car à l'époque les gens écrivaient leurs propres applications en Basic au lieu d'acheter des applications clé en main.

Au début, parmi mes nombreuses tâches, je vendais du Basic. Les trois premières années, les autres employés de Microsoft se sont concentrés sur la technologie, tandis que je m'occupais des ventes, de la comptabilité et du marketing, tout en écrivant des lignes de code. J'avais à peine vingt ans, et le métier de vendeur m'intimidait. La stratégie de Microsoft : obliger des fabricants comme Radio Shack à acheter des licences pour inclure notre logiciel dans leurs PC et à nous payer des droits.

Dans les mois qui ont suivi mon départ de Harvard, je me suis retrouvé au Texas, à tenter de vendre notre Basic à Radio Shack pour leur PC, le TRS 80. John Roach, qui était leur vice-président et devint par la suite président, me demanda quel était mon prix.

– Cinquante mille dollars !

– Foutaises ! répondit-il.

Je ne lâchai pas le morceau. John Roach était rompu aux négociations. Pourtant, il accepta mon offre.

Mes tentatives suivantes furent également couronnées de succès. Je commençais à prendre confiance. Vint le moment de négocier avec Texas Instrument... Pourquoi pas leur proposer 100 000 dollars ? Une offre honnête... mais six chiffres pourraient les effrayer. Pourquoi pas 99 000 dollars ? C'était une bonne affaire... Ils la saisirent.

Ces prix vous semblent peut-être astronomiques. Mais imaginez combien aurait coûté à Radio Shack la création de son propre langage de programmation ! Les prix que j'offrais se situaient largement au-dessous. Presque tous les fabricants d'ordinateurs ont acheté notre licence de Basic.

Le piratage de logiciel était l'une des raisons pour lesquelles nous préférions vendre notre programme directement au fabricant : celui-ci incluait le prix du logiciel dans le prix de vente de la machine et nous en reversait automatiquement les droits.

Pendant les premières années où nous avons vendu

du Basic pour Altair, nos ventes ont été bien plus faibles que le potentiel du logiciel ne l'aurait laissé espérer. J'ai écrit une « Lettre ouverte aux fous d'informatique » qui a largement été diffusée et dans laquelle je demandais aux premiers utilisateurs de PC de ne plus voler notre programme. Ainsi, nous gagnerions davantage d'argent et nous pourrions développer de nouveaux programmes. « Rien ne me ferait plus plaisir que d'embaucher dix programmeurs et d'inonder le marché avec de bons logiciels », écrivais-je. Ces arguments n'ont pas convaincu grand monde ; les gens avaient l'air d'aimer notre produit, ils s'en servaient, mais ils préféraient se « l'emprunter ».

Heureusement, la majorité des utilisateurs comprennent désormais qu'un logiciel est protégé par un copyright. Le piratage logiciel continue de poser des problèmes dans les relations commerciales avec certains pays qui n'ont pas, ou n'appliquent pas, les lois sur le copyright. Les États-Unis se battent pour que les autres gouvernements fassent réellement appliquer les lois sur la protection des livres, des films, des CD et des logiciels. Nous devrons être très attentifs à ce que le réseau interactif ne devienne pas un paradis pour pirates.

En dépit d'un succès de vente indéniable auprès des fabricants d'ordinateurs américains, la moitié de notre chiffre d'affaires en 1979 provenait du Japon. Et cela grâce à un homme étonnant, Kazuhiko (Kay) Nishi. En 1978, Kay m'avait téléphoné et s'était présenté en anglais. Il avait entendu parler de Microsoft et voulait travailler avec nous. Kay et moi avions beaucoup de choses en commun : il avait mon âge et était, comme moi, un étudiant en congé illimité pour cause de passion du PC.

Nous nous sommes rencontrés quelques mois plus tard dans une convention à Anaheim, en Californie. Il m'a accompagné à Albuquerque où nous avons signé un bref contrat d'une page et demie qui lui donnait les droits exclusifs de la distribution du Basic de Microsoft pour l'Asie orientale. Nous avons mis cela au point sans avocats, entre âmes sœurs. Et nous avons réalisé plus de 150 millions de dollars de chiffre – dix fois plus que nous ne l'espérions !

Kay évoluait avec souplesse entre la culture commerciale japonaise et celle des États-Unis. Il était brillant, exubérant, ce qui œuvrait en notre faveur : les hommes d'affaires japonais nous prenaient pour des petits génies de l'informatique. Quand je séjournais au Japon, on partageait la même chambre d'hôtel. Kay recevait des coups de fil toute la nuit et passait des contrats de plusieurs millions. C'était stupéfiant. Une nuit, le téléphone est resté muet entre trois et cinq heures du matin, et quand enfin il a sonné, Kay a décroché en disant : « Les affaires sont un peu molles cette nuit. » Quel voyage !

Pendant les huit années suivantes, Kay a sauté sur toutes les occasions. En 1981, dans un avion entre Seattle et Tokyo, il s'est retrouvé assis à côté de Kazuo Inamori, le président de Kyocera Corporation, qui pesait 650 millions de dollars. Kay dirigeait alors Ascii, sa propre entreprise au Japon. Sûr de la coopération de Microsoft, il a parlé de sa nouvelle idée à Inamori : un petit ordinateur portable à logiciel incorporé. Il l'a convaincu... et Kay a dessiné avec moi les plans de la machine. Microsoft était encore une petite entreprise, ce qui me laissait le temps de participer au développement des logiciels. En 1983, la machine a été distribuée aux États-Unis par Radio Shack, sous le nom de Model 100, pour la somme modique de 799 dollars. On l'a aussi vendue au Japon, sous le nom de NEC PC-8200, et en Europe sous celui d'Olivetti M-10. Grâce à l'enthousiasme de Kay, elle est devenue le premier portable grand public. Et le chouchou des journalistes pendant des années.

Plus tard, en 1986, Kay a choisi de faire prendre à Ascii une orientation différente de celle de Microsoft. Nous avons donc créé notre propre filiale au Japon. La compagnie de Kay reste un important éditeur de logiciels sur le marché japonais. Et Kay est toujours un ami. Plus flamboyant que jamais, il voue sa vie à faire des PC des outils universels.

Le marché des PC est un marché mondial. C'est une donnée vitale pour le développement du réseau interactif. La collaboration entre entreprises américaines, européennes et asiatiques sera plus décisive encore que pour les PC. Les pays ou les entreprises qui ne parviendront pas à mondialiser leur activité se mettront hors course.

En janvier 1979, Microsoft a quitté Albuquerque

pour un faubourg de Seattle. Paul et moi revenions au pays, accompagnés de notre douzaine de collaborateurs. Dès lors, nous nous sommes concentrés sur la rédaction de langages de programmation. L'industrie des PC était en phase de décollage, et les nouvelles machines proliféraient. Les gens venaient nous voir avec toutes sortes de projets intéressants. La demande s'est mise à dépasser nos capacités de production ! J'avais besoin d'un coup de main.

Je me suis tourné vers mon vieux copain de Harvard, Steve Ballmer. Après avoir décroché sa licence, Steve avait été chef de produit chez Proctor & Gamble. Il passait son temps à faire le tour des supérettes. Puis il était entré à la Stanford Business School. Quand je l'ai appelé, il terminait sa première année et avait envie de poursuivre. Mais je lui ai proposé de prendre une participation au capital de Microsoft... et il est devenu à son tour un étudiant en congé indéfini. Cette participation, sous forme d'options sur titre, que Microsoft proposait à la plupart de ses collaborateurs, se révélait rentable au-delà de toute prévision. Des milliards de dollars – littéralement – avaient gonflé le titre. Aux États-Unis, la distribution d'options sur titre au personnel est un avantage : elle permettra à d'innombrables entreprises de démarrer... si tant est qu'elles saisissent les occasions offertes par l'âge de l'information.

Trois semaines après l'arrivée de Steve chez Microsoft, nous avons eu la première de nos rares disputes. À l'époque, Microsoft employait une trentaine de personnes ; Steve voulait en embaucher immédiatement cinquante de plus.

« Pas question », ai-je dit. Nombre de nos premiers clients avaient fait faillite, et ma crainte instinctive de m'écraser au décollage m'avait rendu très conservateur en matière de finances. Pour moi, Microsoft devait demeurer maigre et famélique. Steve ne cédant pas, c'est moi qui me suis rendu. « N'embauche que des surdoués et le plus vite possible, je te préviendrai quand cela dépassera nos possibilités. » Ce que je n'ai jamais eu à faire : nos bénéfices ont augmenté aussi vite que Steve dénichait ses surdoués.

Ma grande peur, au début, était de voir surgir un nouveau concurrent qui nous volerait le marché. Quantité de petites boîtes fabriquaient des microprocesseurs ou des programmes. Par chance, aucune n'a jamais eu notre vision du marché du logiciel.

Planait la menace de voir l'un des grands fabricants de machines adapter les programmes de ses gros ordinateurs au PC. IBM et DEC en possédaient des bibliothèques entières. Là encore, la chance a été de notre côté : aucun des grands acteurs du marché n'a cherché à adapter architecture et logiciels au PC. L'alerte la plus grave a eu lieu en 1979, quand DEC a proposé l'architecture du mini-ordinateur PDP-11 dans un PC en kit distribué par Heath-Kit. Mais DEC, qui ne croyait pas à fond au PC, n'a pas poussé le produit.

L'objectif de Microsoft était d'écrire et de fournir du logiciel pour la majorité des PC sans s'impliquer dans la fabrication et la vente du matériel. Microsoft cédait les licences de ses logiciels à très bas prix : l'argent viendrait du volume d'affaires. Attentifs aux demandes des fabricants, nous adaptions nos langages de programmation, comme notre version du Basic, à chaque machine. Nous ne voulions donner à personne un prétexte pour aller voir ailleurs. Nous voulions que le choix Microsoft se fasse automatiquement.

Stratégie payante ! Pratiquement tous les fabricants de PC nous ont acheté une licence de langage de programmation. Même si deux fabricants sortaient des machines différentes, elles tournaient toutes deux sur le Basic. Microsoft les rendait compatibles. La compatibilité : une motivation d'achat ! Dans leur publicité, les fabricants la mettaient en avant.

Le Basic de Microsoft est donc devenu une norme dans l'industrie du logiciel.

La valeur de certaines technologies ne tient nullement à leur acceptation par le grand public. Une magnifique poêle à frire anti-adhésive vous sera très utile même si vous êtes le seul à l'acheter. Mais dans les communications, pour tout produit impliquant une collaboration, la valeur dépend de son déploiement. Entre une superbe boîte aux lettres artisanale dans laquelle on ne peut glisser qu'un type d'enveloppes et une vieille boîte en carton où on peut déposer tout le courrier, vous choisirez la seconde. Vous choisirez la compatibilité.

Il arrive que des gouvernements ou des commissions définissent des normes destinées à faciliter la compatibilité. On les appelle normes « *de jure* » ; elles ont force de loi. La majorité des normes à succès, pourtant, sont des normes « *de facto* », « de fait » : elles sont imposées par le marché. La plupart des cadrans analogiques tournent dans le sens des aiguilles d'une montre. Les claviers des machines à écrire et des ordinateurs anglais ont la même disposition : les touches supérieures, de gauche à droite, se lisent QWERTY. Aucune loi n'a imposé cela. Les utilisateurs s'y tiendront jusqu'à ce qu'une chose fondamentalement meilleure fasse son apparition.

Les normes de fait sont le fruit du marché et non des lois ; elles sont choisies pour de bonnes raisons et remplacées pour des raisons meilleures encore – ainsi le disque compact a-t-il quasiment remplacé le vinyle.

Les normes de fait évoluent souvent en fonction d'un mécanisme économique très semblable au concept de spirale positive dans les affaires, où le succès appelle le succès.

Une norme de fait émerge dès qu'une technique prend un léger avantage sur ses rivales. Cela arrive d'autant plus avec des produits de haute technologie qui peuvent être fabriqués en série pour un prix à peine supérieur. Exemple, une console de jeu vidéo pour la maison. Il s'agit d'un ordinateur spécialisé, équipé d'un système d'exploitation spécialisé, plate-forme pour le logiciel du jeu. Sa compatibilité est cruciale : plus les applications sont nombreuses – dans ce cas, des jeux –, plus le client apprécie. Et plus la machine se vend, plus les programmeurs peuvent créer des applications. Le cycle de feed-back positif est enclenché.

La plus célèbre démonstration de la puissance du feed-back positif a été fournie vers 1980, lors de la bataille des formats de magnétoscopes. L'histoire veut que le feed-back positif ait été l'unique raison de la victoire du VHS sur le Beta, même si le Beta, techniquement, était meilleur. En fait, les premières bandes Beta ne comportaient qu'une heure d'enregistrement, soit moins que la durée d'un film ou d'un match de football. Les clients ont fait passer la longueur de l'enregistrement avant les subtilités des ingénieurs. Le VHS a pris d'emblée une courte avance sur le Beta utilisé par Sony pour son Betamax. JVC, qui développait le format VHS, a autorisé les autres fabricants de magnétoscopes à recourir au VHS en échange de droits minimes. Les magnétoscopes compatibles VHS se sont mis à proliférer. Et les boutiques vidéo à stocker plus de bandes VHS que de bandes Beta. Du coup, un possesseur de VHS avait plus de chances de trouver le film de son choix qu'un possesseur de Beta... et les nouveaux acheteurs ont préféré les VHS. Ce qui a encore accru la propension des boutiques vidéo à stocker surtout du VHS. Beta a perdu la guerre parce que le VHS, aux yeux du public, a incarné la norme. VHS avait bénéficié d'un cycle de feed-back positif. Le succès appelle le succès.

Tant que le duel entre les formats Betamax et VHS a battu son plein, les ventes de cassettes préenregistrées, aux États-Unis, sont demeurées faibles – à peine un million d'exemplaires par an. Une fois que le VHS est devenu la norme, vers 1983, un seuil d'acceptation a été franchi et l'usage des magnétoscopes s'est brusquement répandu. Cette année-là, il s'est vendu dans les 9,5 millions de cassettes, une augmentation de 50 p. 100 par rapport à l'année précédente. En 1984, les ventes ont atteint les 22 millions. Puis, au fil des années : 52 millions, 84 millions, 110 millions en 1987, date à laquelle la location de vidéos était devenue une distraction familiale courante, et où l'on trouvait partout des VHS.

Cette histoire montre comment un changement quantitatif du niveau d'acceptation d'une technologie peut conduire à un changement qualitatif du rôle joué par cette technologie. La télévision constitue un autre exemple. En 1946, aux États-Unis, on avait vendu 10 000 récepteurs, et 16 000 seulement l'année suivante. Puis un seuil a été franchi et, en 1948, le nombre est passé à 190 000. Il a ensuite atteint un million d'unités, puis 4, 10 et enfin 32 millions en 1955. Plus on vendait de récepteurs, plus on investissait dans la création d'émissions, ce qui en retour poussait les gens à acheter la télévision.

Les années qui ont suivi leur lancement, les lecteurs de CD et les disques compacts n'ont connu qu'un succès limité. En partie, parce qu'on avait du mal à trouver des titres. Puis, d'un coup semble-t-il, les ventes de lecteurs ont franchi le seuil et les titres se sont multipliés. Les gens achetaient des lecteurs parce qu'ils trouvaient des disques, et du coup les maisons de disques ont surtout produit des CD. Les fans de musique préféraient le nouveau son, plus pur, et trouvaient les disques plus pratiques. Le CD, devenu la norme de fait, a bouté les microsillons hors des rayons.

C'est l'une des leçons capitales de l'histoire de l'informatique : la valeur d'un ordinateur découle d'abord de la quantité et de la qualité des applications disponibles. Nous avons tous appris cette leçon – certains avec bonheur, d'autres moins.

L'été 1980, deux émissaires d'IBM sont venus discuter d'un grand projet chez Microsoft : IBM devait-il – ou non – se lancer dans la fabrication d'un PC ?

À l'époque, IBM dominait indiscutablement le domaine du matériel avec 80 p. 100 du marché des gros ordinateurs. En revanche, dans le domaine des petites machines, c'était l'échec. Habituée à vendre des machines volumineuses et chères à de gros clients, la direction d'IBM a compris que l'entreprise, avec ses 340 000 employés, allait avoir besoin d'une aide extérieure pour vendre des petites machines bon marché aux particuliers.

IBM souhaitait commercialiser son PC en moins d'un an. Pour respecter ce délai, elle devait rompre avec sa tradition, qui était de fabriquer elle-même le matériel et le logiciel. IBM avait donc choisi de construire son PC à partir de composants accessibles à tous. Avec pour résultat une plate-forme ouverte, facile à copier.

IBM fabriquait généralement ses propres microprocesseurs, mais cette fois elle a décidé d'acheter la puce de son PC à Intel. Plus important pour nous : elle a décidé de prendre chez Microsoft la licence de son système d'exploitation, plutôt que d'en inventer un.

En équipe avec les ingénieurs d'IBM, nous avons élaboré un plan pour bâtir le premier IBM-PC sur une puce 16-bits, le 8088. Avec le saut de 8 à 16 bits, de jouets pour mordus, les PC deviendraient des outils à haut débit pour professionnels. La génération des machines 16-bits contiendrait jusqu'à un mégaoctet de mémoire – 256 fois plus qu'une machine 8-bits ! Au début, il ne s'agirait que d'un avantage théorique : IBM entendait n'offrir que des mémoires de 16K – 1/64$^{e}$ de la mémoire totale possible. Les bénéfices du passage au 16-bits étaient encore réduits par une autre décision d'IBM : réaliser des économies en ayant recours à une puce dotée de connexions 8-bits avec le reste de l'ordinateur. La conséquence d'un tel choix ? La puce penserait plus vite qu'elle ne communiquerait.

Grâce à sa réputation et au choix d'une structure ouverte que les autres fabricants pouvaient copier, IBM avait toutes les chances de créer une nouvelle norme dans l'univers PC. Nous voulions en être, et nous avons relevé le défi : concevoir le système d'exploitation. Nous avons racheté les travaux préliminaires d'une autre compagnie de Seattle, et embauché leur ingénieur en chef, Tim Paterson. Après de nombreuses modifications, le système est devenu le Microsoft Disk Operating System, ou MS-DOS. Tim en était le père.

IBM, notre premier patenté, a baptisé le système PC-DOS. PC pour *personal computer*. L'IBM-PC a été lancé en août 1981. Un triomphe ! Le marketing a été si bien fait qu'il a popularisé l'expression « PC ». La conception du projet revenait à Bill Lowe, sa réalisation à Don Estridge. Rendons hommage aux gens d'IBM qui ont su, en moins d'un an, mener leur ordinateur personnel de l'idée au marché.

1981. L'IBM-PC.

Peu de gens s'en souviennent, mais l'IBM-PC d'origine était livré avec un choix de trois systèmes d'exploitation : notre PC-DOS, CP/M-86 et le Pascal-P de l'université de San Diego. Seul l'un des trois deviendrait la norme. Cela, nous le savions. Il fallait que MS-DOS devienne le standard – comme le VHS, poussé par le marché, avait pris place dans toutes les boutiques vidéo. Pour cela, trois moyens. Faire de MS-DOS le meilleur produit. Aider les autres compagnies de logiciels à écrire des programmes à base MS-DOS. S'arranger pour que MS-DOS ne coûte pas cher.

Nous avons proposé à IBM un accord historique : une rétribution réduite, et définitive, de 80 000 dollars, qui lui donnait le droit d'utiliser le système d'exploitation Microsoft sur toutes les machines qu'elle vendrait, quel qu'en soit le nombre. En d'autres termes, nous avons quasiment donné le logiciel à IBM. Stratégie commerciale devenue banale mais qui, à l'époque, n'était pas courante. Un accord qui inciterait IBM à pousser MS-DOS et à le vendre à bas prix. Stratégie gagnante. IBM a mis en vente le système Pascal-P à 450 dollars, le CP/M-86 à 175 dollars et MS-DOS à 60 dollars environ.

L'objectif ? Non pas gagner de l'argent grâce à IBM, mais accorder nos licences MS-DOS aux fabricants de machines plus ou moins compatibles avec l'IBM-PC. IBM pouvait utiliser notre programme gratuitement, mais elle n'en possédait pas l'exclusivité. Et n'avait pas le contrôle sur de futurs perfectionnements. C'est à Microsoft qu'il revenait de vendre les droits du logiciel. Finalement, IBM n'a même pas tenu compte des améliorations apportées à Pascal-P et CP/M-86.

Les consommateurs ont acheté l'IBM-PC les yeux fermés et, en 1982, les programmeurs ont commencé à produire des applications qui tournaient dessus. Chaque nouveau client, chaque nouvelle application, représentait pour l'IBM-PC une chance supplémentaire de devenir la norme de fait. Bientôt la plupart des meilleurs logiciels, tel Lotus 1-2-3, ont été écrits pour lui. Les inventeurs du tableur électronique, Dan Bricklin et Bob Frankston, méritent le respect pour leur VisiCalc, mais 1-2-3 l'a rendu obsolète d'un coup : non seulement il accomplissait les mêmes tâches que VisiCalc mais en plus il a profité des avantages de l'IBM-PC pour étendre ses fonctions. Mitch Kapor, qui a créé 1-2-3 avec Jonathan Sachs, est un être fascinant dont le passé éclectique – il a été disc-jockey et professeur de méditation transcendantale – est typique de la personnalité des grands programmeurs.

Un cycle de feed-back positif s'est déclenché dans l'industrie des PC. Des milliers d'applications sont apparues, et un nombre incalculable de sociétés se sont mises à produire des cartes d'extension... ce qui a accru les capacités du PC. La multiplication des programmes et des extensions machine a propulsé les ventes très au-delà des prévisions d'IBM. Le feed-back positif a rapporté des milliards de dollars à IBM. Pendant quelques années, plus de la moitié des PC en service dans les bureaux sortaient de chez IBM, et le reste était compatible.

Le norme IBM est devenue la plate-forme à copier. Elle le devait surtout à son timing et au choix du processeur 16-bits. Pour les produits haute technologie, timing et marketing sont les clés de l'acceptation par le grand public. Le PC était une bonne machine, mais toute autre entreprise, en attirant assez d'applications et en vendant assez de machines, aurait pu imposer sa norme.

Les choix initiaux d'IBM, dus à l'empressement de sortir un PC, ont facilité la tâche des compagnies qui voulaient construire des machines compatibles. L'architecture était en vente libre. On trouvait partout la puce Intel et le système d'exploitation Microsoft. Cette transparence a fortement incité fabricants de composants, programmeurs et autres acteurs de l'industrie à copier.

En trois ans, tous les produits standards rivaux, ou presque, ont disparu. Seuls ont survécu l'Apple II d'Apple et le Macintosh. Hewlett Packard, DEC, Texas Instruments et Xeros, en dépit de leur technologie, de leur réputation, de leur clientèle, ont perdu le marché des PC au début des années 1980 parce qu'ils n'étaient pas compatibles et qu'ils ne proposaient pas mieux que l'architecture IBM. Une armée de nouveaux venus, dont Eagle et Nothstar, s'est imaginée que les gens allaient se ruer sur son matériel sous prétexte qu'il était légèrement supérieur à l'IBM-PC. Ces outsiders ont fini par se mettre au compatible, ou à fermer boutique. Le PC IBM est devenu la norme. Au milieu de la décennie, on comptait des douzaines de PC compatibles-IBM. Même si les acheteurs n'en avaient pas clairement conscience, ils désiraient une machine capable de faire tourner le plus grand nombre de programmes, ils voulaient le même système que les gens qu'ils connaissaient et avec qui ils travaillaient.

Il est devenu de bon ton, chez certains historiens, de conclure qu'IBM a fait une erreur en s'associant à Intel et Microsoft pour créer son PC. Ils assurent qu'IBM aurait mieux fait de rester propriétaire de son architecture, et qu'Intel et Microsoft ont tiré les marrons du feu à ses dépens. Ils se trompent. IBM est devenue la force principale dans l'industrie des PC grâce, précisément, à sa capacité de combiner un énorme talent innovateur et une formidable énergie d'entreprise. Et de s'en servir pour promouvoir une architecture ouverte.

Dans l'industrie des unités centrales, IBM était le roi de la montagne, et la concurrence avait du mal à rivaliser avec sa force de vente et son budget de recherche et développement. Dès qu'un concurrent tentait de s'attaquer à la montagne, IBM se mobilisait pour rendre l'ascension impossible. Mais dans l'univers fluide des PC, la position d'IBM était plutôt celle du coureur de tête dans un marathon. Tant que l'homme de tête court aussi vite ou plus vite que les autres, il garde son avance et ses concurrents sont réduits à le suivre. Dès qu'il ralentit son effort, le peloton le rattrape et le dépasse.

Vers 1983, je me suis dit que la prochaine étape consisterait à développer un système d'exploitation graphique. Pour demeurer à l'avant-garde de l'industrie du logiciel Microsoft devait se détacher de MS-DOS, parce que MS-DOS était à base de caractères. MS-DOS ne comportait pas d'interface graphique pour lancer les applications : l'utilisateur était contraint de taper des commandes obscures qui s'affichaient à l'écran. Le futur serait graphique, je n'avais aucun doute là-dessus. Pour Microsoft, il devenait capital de lancer un nouveau standard. Un standard où les images et les polices de caractères faciliteraient l'interaction homme-machine. Pour concrétiser cette vision, il fallait simplifier le maniement des PC – non seulement pour aider les clients, mais pour attirer ceux qui n'avaient pas envie de perdre du temps à apprendre à se servir d'une interface rebutante.

La différence entre un programme à base caractères et une interface graphique est énorme. Imaginez une partie d'échecs, de dames, de go ou de Monopoly sur un écran d'ordinateur. Avec un système caractères, vous entrez vos coups en tapant les lettres. Vous écrivez : « Bougez la pièce de la case 11 à la case 19 », ou, plus cryptique : « Pion en QB3 ». Dans un système graphique, vous voyez l'échiquier sur l'écran. Vous déplacez les pièces en pointant un curseur et en les tirant, au sens propre, vers une autre case.

Ce sont les chercheurs du désormais fameux Centre de recherche Xerox de Palo Alto, en Californie, qui ont exploré les nouveaux paradigmes de l'interaction homme-ordinateur. Ils ont démontré qu'il était plus facile de commander un ordinateur en pointant des objets sur un écran, en regardant des images. Ils se servaient d'un accessoire appelé « souris » qui roulait sur une table et déplaçait un curseur sur l'écran. Xerox n'a pas réussi à transformer cette idée géniale en coup commercial : leurs machines coûtaient trop cher et ne reposaient pas sur les microprocesseurs standards. Transformer une invention géniale en produit vendable est un gros problème pour pas mal de gens.

En 1983, Microsoft a annoncé son intention de mettre une interface graphique sur l'IBM-PC, avec un produit appelé Windows. Notre objectif : créer des logiciels qui compléteraient MS-DOS et permettraient aux utilisateurs de se servir de la souris et d'images graphiques. Plusieurs « fenêtres » apparaîtraient à l'écran, chacune appelant un programme différent. À cette époque, seuls deux PC présentaient des possibilités graphiques : le Star de Xerox et le Lisa d'Apple. Ils étaient chers, limités, et construits sur des architectures en propriété exclusive. Les autres fabricants de matériel ne pouvaient pas acheter les droits des systèmes d'exploitation ni, partant, construire de compatibles. Par ailleurs, ni Star ni Lisa n'attiraient assez les compagnies de logiciels pour qu'elles développent des applications. L'intention de Microsoft, au contraire, était de créer un standard ouvert. Mettre l'univers graphique à portée de tout ordinateur tournant sur MS-DOS.

Le premier système d'exploitation graphique grand public est apparu en 1984, avec la sortie du Macintosh d'Apple. Tout dans le système d'exploitation était graphique... et le Macintosh a été un énorme succès. Le premier Mac et le système d'exploitation d'Apple, bien que limités, démontraient avec brio le potentiel de

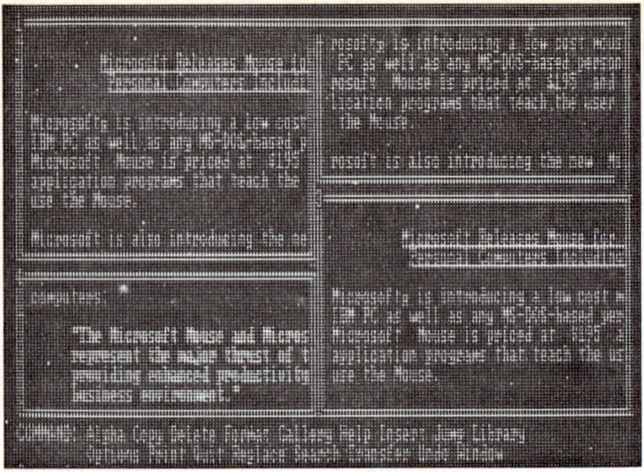

1984. Interface à caractères
d'une première version de Microsoft Word pour DOS.

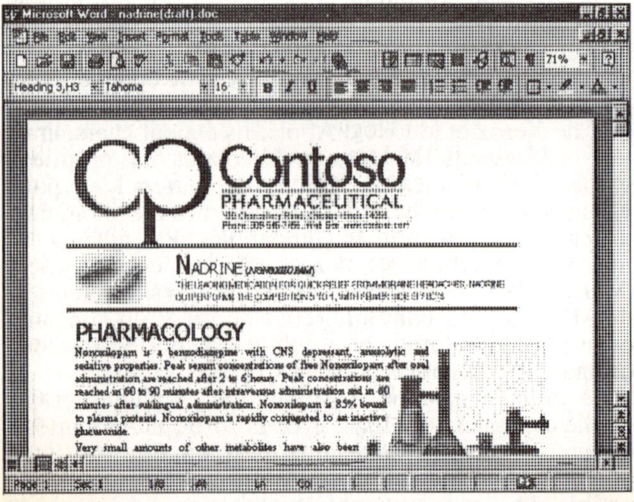


1996 : Interface graphique de Microsoft Word.

l'interface graphique. Potentiel qui s'est concrétisé avec le perfectionnement des matériels et des logiciels.

Chez Microsoft, nous souhaitions le succès du Macintosh. Non seulement parce que nous avions investi beaucoup de travail dans les applications, mais parce que nous voulions que l'interface graphique séduise le public.

Pendant le développement du Macintosh, nous avons collaboré étroitement avec Apple. L'équipe Macintosh était dirigée par Steve Jobs. Travailler avec lui était un plaisir. Steve possède un étonnant instinct d'ingénieur et sait motiver les gens. La classe !

Il a fallu beaucoup d'imagination pour mettre au point les programmes graphiques. À quoi devaient-ils ressembler ? Comment devaient-ils se comporter ? Certaines idées provenaient des travaux réalisés par Xerox, d'autres étaient originales. Au début, nous ne reculions devant rien : nous avons essayé toutes les polices et toutes les icônes possibles. Avant de comprendre que les excès graphiques étaient pénibles à l'œil, et d'opter pour des menus plus sobres. Pour le Macintosh, nous avons créé un traitement de texte, Microsoft Word, et un tableur, Excel, les deux premiers produits graphiques Microsoft. Le Macintosh avait de bons logiciels systèmes, mais Apple a toujours refusé (jusqu'en 1995) de laisser à qui que ce soit d'autre le soin de fabriquer le matériel capable de les faire tourner. C'est une vision traditionnelle : pour avoir le logiciel Apple, achetez les machines Apple.

Le clivage matériel/logiciel a été le gros problème de la collaboration IBM-Microsoft pour la création d'OS/2. Cette distinction entre standards reste un problème aujourd'hui. Les standards de programmation créent un terrain de jeu commun aux fabricants de matériel, mais beaucoup d'entreprises misent sur le lien entre leur matériel et leurs logiciels pour faire ressortir la personnalité de leurs systèmes. D'autres, au contraire, traitent séparément matériel et logiciels. On retrouve ces approches différentes pour Internet.

Dans les années 1980, IBM, selon les critères du capitalisme, était un monstre. En 1984, elle a battu le record du plus gros bénéfice jamais engrangé par une seule entreprise en un an : 6,6 milliards de dollars. Cette année-là, IBM a sorti son PC de seconde génération, une machine ultraperformante appelée PC AT, qui intégrait le microprocesseur 80286 d'Intel (connu sous le nom de « 286 »). L'AT, trois fois plus rapide que l'IBM-PC d'origine, a eu un succès fou. En moins d'un an, 70 p. 100 de toutes les ventes de PC de bureau ! Lors du lancement du premier PC, IBM ne s'attendait pas du tout à ce qu'il entame les ventes de ses installations de bureautique, même si un pourcentage important des PC était acheté par ses clients traditionnels. Les dirigeants de l'entreprise pensaient, au contraire, que ces petites machines trouveraient leur place en bas de gamme. Et y resteraient. Mais les microprocesseurs ont gagné en puissance... et les PC se sont mis à cannibaliser les produits plus sophistiqués. Au point qu'IBM a été contrainte de freiner leur développement.

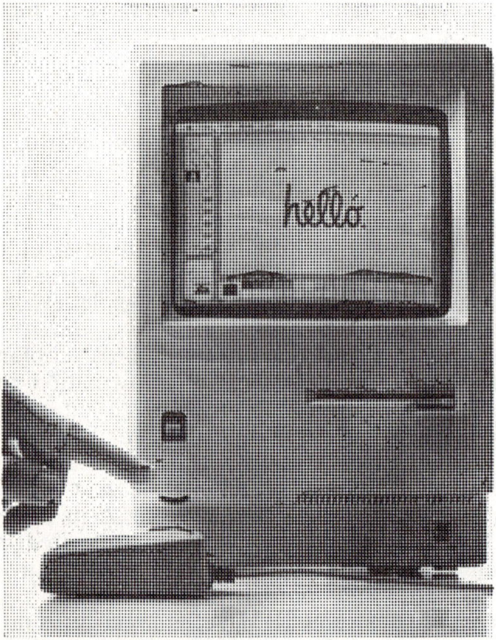


1984. L'Apple de Macintosh.

Dans le domaine des unités centrales, IBM avait toujours su contrôler l'adoption des nouveaux standards. IBM limitait par exemple le rapport qualité/prix d'une nouvelle gamme de matériel pour ne pas mettre en danger des produits déjà existants et plus chers. Elle encourageait l'adoption des nouvelles versions de son système d'exploitation en proposant des machines qui avaient besoin du nouveau programme, et vice versa. Ce genre de stratégie, qui marchait très bien pour les unités centrales, se révéla désastreuse sur le marché des PC, beaucoup plus évolutif. IBM pouvait toujours augmenter les prix, à performance égale, mais tout le monde s'était aperçu de l'existence des compatibles. Si IBM ne proposait pas le juste prix, un autre le ferait.

Trois ingénieurs, conscients du potentiel ouvert par l'entrée d'IBM dans le monde des PC, ont quitté Texas Instruments pour fonder leur propre entreprise, Compaq Computer. Leurs ordinateurs acceptaient les mêmes cartes que l'IBM-PC et ils ont acquis la licence MS-DOS pour pouvoir faire tourner les mêmes applications. Les machines Compaq exécutaient les mêmes tâches – élargies par la suite – que les IBM-PC, mais elles étaient plus légères. Compaq est rapidement devenue une des grandes *success stories* américaines, avec des ventes supérieures à 100 millions de dollars dès la première année. IBM était toujours capable de gagner beaucoup d'argent en royalties grâce aux licences de son portefeuille de brevets, mais ses parts de marché avaient décliné.

IBM a dû retarder la sortie de PC équipés de la puissante puce Intel 386, qui succédait au 286. Ceci pour protéger les ventes de ses mini-ordinateurs d'entrée de gamme, qui n'étaient guère plus puissants qu'un PC 386. Ce retard voulu a permis à Compaq de devenir, en 1986, le premier à proposer des machines 386. Ce qui lui a donné une prestigieuse aura de numéro un, jusque-là privilège d'IBM.

IBM a planifié sa contre-attaque en deux temps : un coup matériel, un coup logiciel. L'idée : créer des machines et des systèmes d'exploitation dépendant exclusivement les uns des autres, dans le but de paralyser la concurrence ou de l'obliger à payer des licences considérables. La stratégie visait à rendre obsolètes tous les « compatibles-IBM ».

Cette stratégie ne manquait pas de bonnes idées. Entre autres, simplifier la conception des PC en incorporant des circuits qui correspondaient, dans la première version, à de simples options. Deux avantages : réduire les coûts, et augmenter la part des composants IBM dans le produit final. Le plan impliquait aussi des changements substantiels dans l'architecture de la machine : connecteurs et standards nouveaux pour les cartes d'extension, les claviers, les souris et même les écrans. Pour augmenter encore ses chances, IBM a gardé secrètes les spécifications des connecteurs jusqu'à la livraison des premiers systèmes. Les autres fabricants de PC et de périphériques n'auraient plus qu'à repartir de zéro, et d'ici là IBM aurait repris la tête.

En 1984, une bonne part de l'activité de Microsoft consistait à fournir MS-DOS aux fabricants de compatibles IBM. Nous avons recommencé à travailler avec IBM pour OS/2. D'après notre accord, Microsoft avait le droit de vendre à d'autres fabricants le système d'exploitation qui se trouvait au cœur des machines IBM. Chacun gardait toute liberté de perfectionner de son côté le système d'exploitation, au-delà du tronc commun. Les choses avaient bien changé. Notre collaboration avec IBM ne s'annonçait pas sous les mêmes auspices : IBM voulait contrôler le standard pour pousser ses PC et ses unités centrales. IBM s'impliquait directement dans la conception et la réalisation d'OS/2.

OS/2 était l'élément central de la stratégie d'IBM. Il était destiné à être la première réalisation de Systems Application Architecture, dont l'entreprise entendait faire l'environnement commun à toute sa gamme, des unités centrales aux PC en passant par les mini-ordinateurs. Les dirigeants d'IBM étaient convaincus que l'utilisation de la technologie des unités centrales pour les PC serait un argument irrésistible aux yeux des clients. Ils espéraient également que cela donnerait à IBM une avance considérable sur ses concurrents du marché des PC qui, eux, n'avaient pas accès à la technologie des unités centrales. Les extensions d'OS/2, propriété exclusive d'IBM, qu'on a appelées Extended Edition, incluaient des services de communication et de banques de données. Pour exploiter au mieux Extended Edition, IBM prévoyait de créer un jeu complet d'applications de bureau, Office Vision. Dans la stratégie d'IBM, ces applications, dont le traitement de texte, feraient de l'entreprise le leader du logiciel pour applications PC, compétitif avec Lotus et WordPerfect. Pour le développement d'Office

Vision, IBM a dû mettre au travail plusieurs milliers de personnes. OS/2 n'était pas seulement un système d'exploitation : c'était une véritable croisade.

Des exigences contradictoires et les délais imposés pour Extended Edition et Office Vision ont ralenti leur développement. Cela n'a pas empêché Microsoft de développer des applications d'OS/2 pour continuer à pousser le marché. Mais plus le temps passait, plus nous perdions confiance en OS/2. Au début, nous croyions qu'IBM autoriserait OS/2 à ressembler à Windows. Ainsi, un développeur de programmes n'aurait que peu de changements à apporter à une application pour qu'elle tourne à la fois sur OS/2 et sur les plates-formes Windows. Mais IBM a imposé des applications compatibles avec ses systèmes d'unités centrales et de mini-ordinateurs. OS/2, que nous avions rêvé pour PC, s'est mis à ressembler à un lourd système d'exploitation d'unité centrale...

Pour Microsoft, la collaboration avec IBM était vitale. Cette année-là, en 1986, nous avions introduit Microsoft en Bourse pour assurer des liquidités aux salariés qui avaient reçu des options sur titre. C'est vers cette époque que Steve Ballmer et moi avons proposé à IBM d'acheter 30 p. 100 de Microsoft – à prix d'ami. De la sorte, l'entreprise partagerait notre destin, heureux ou malheureux. Nous pensions que cela nous aiderait à collaborer de façon plus amicale et plus efficace. IBM a décliné l'offre.

Nous avons travaillé très dur au succès de notre système d'exploitation pour IBM. J'avais l'impression que le projet serait un billet pour le futur. Il a débouché, au contraire, sur un énorme malentendu. Créer un nouveau système d'exploitation n'est pas une mince affaire. Notre équipe était installée dans la banlieue de Seattle. IBM à Boca Raton, en Floride, à Hursley Park, en Angleterre et, par la suite, à Austin au Texas.

Mais les problèmes géographiques n'étaient rien comparés à ceux que posait l'héritage de l'unité centrale IBM. Les précédents projets de logiciels d'IBM n'avaient jamais conquis la clientèle PC précisément parce qu'ils s'adressaient, en fait, aux utilisateurs d'unités centrales. Par exemple, il fallait trois minutes à une version d'OS/2 pour « booter » (être prête à utilisation après allumage)... IBM ne trouvait pas cela trop grave puisque, dans le monde des unités centrales, il fallait parfois un quart d'heure pour booter !

Par ailleurs IBM était coincée par son obsession du consensus interne. Chaque service d'IBM était invité à rédiger des requêtes en modifications de design, qui revenaient la plupart du temps à demander que le système d'exploitation PC s'adapte aux besoins des unités centrales. Nous avons reçu plus de 10 000 requêtes dans ce sens... une perte de temps et de talents considérable !

Le codéveloppement courait à l'échec. Nous avons demandé à IBM de nous laisser développer indépendamment le nouveau système d'exploitation et de leur céder la licence contre des droits modérés. Nos profits viendraient de la vente aux autres fabricants d'ordinateurs. Mais IBM tenait à ce que ses propres programmeurs participent à la création de tout logiciel tenu pour stratégique ; ce qui était clairement le cas pour un logiciel de système d'exploitation.

IBM était une entreprise extraordinaire. Pourquoi donc avait-elle tant de mal à développer un logiciel PC ? Réponse possible : IBM avait tendance à faire monter ses meilleurs programmeurs à la direction et à laisser les moins doués s'occuper des logiciels. Encore plus significatif : IBM était hantée par son glorieux passé. Ses méthodes traditionnelles d'ingénierie ne collaient plus au rythme rapide et aux exigences du marché des logiciels PC.

En avril 1987, IBM a levé le voile sur son matériel/logiciel intégré, censé écraser tous les imitateurs. La machine « tueuse de clones » s'appelait PS/2 et tournait sur le nouveau système d'exploitation, OS/2.

Le PS/2 comprenait plusieurs innovations. La plus célébrée était le nouveau circuit « bus Microchannel », qui permettait à des cartes de périphériques de se connecter au système, d'étendre les capacités du PC pour qu'il réponde aux exigences spécifiques des utilisateurs. Le Microchannel de PS/2 se substituait avec élégance au bus de connexion du PC AT. Mais il résolvait des problèmes que la majorité des utilisateurs ignoraient. Potentiellement, il était plus rapide que le bus du PC AT. En pratique, la vitesse du bus n'avait jamais intéressé personne, et donc les utilisateurs ne tiraient guère de bénéfices d'une vitesse accrue. Plus grave, le Microchannel ne fonctionnait avec aucune des milliers de cartes d'extension existantes pour PC AT et compatibles PC.

Finalement IBM a accepté de céder le Microchannel

sous licence, contre royalties, aux fabricants de cartes d'extension et de PC. Mais déjà une coalition de fabricants avait annoncé la sortie d'un nouveau bus doté de la plupart des fonctions du Microchannel et compatible, lui, avec le bus des PC AT. Les clients ont refusé le Microchannel au profit de machines dotées du vieux bus PC AT. IBM a donc été obligée de continuer à vendre des machines qui acceptaient l'ancien bus. Elle a perdu le contrôle de l'architecture des PC. Une véritable défaite. Plus jamais elle ne pourrait, seule, contraindre des fabricants à s'aligner sur un nouveau design.

Malgré une campagne de promotion considérable, menée en commun par IBM et Microsoft, les clients ont jugé OS/2 trop lourd et trop compliqué. Plus OS/2 déplaisait, plus Windows ralliait les suffrages. Le bon sens nous commandait de continuer à développer notre produit. Windows était de loin « plus modeste » – ce qui veut dire qu'il utilisait moins d'espace sur le disque dur et pouvait travailler sur une machine dotée de moins de mémoire. Windows avait donc sa place sur les machines qui n'accepteraient jamais OS/2. Nous avons baptisé cette stratégie la politique « de la famille ». En d'autres termes, OS/2 serait le haut de gamme et Windows le cadet de la famille, réservé aux petites machines.

IBM n'a guère apprécié notre politique « de la famille », mais elle avait ses propres projets. Au printemps 1988, elle s'est alliée avec d'autres fabricants d'ordinateurs pour créer l'Open Software Foundation, destinée à promouvoir le langage Unix, initialement développé par les laboratoires Bell chez AT&T en 1969, et qui, au fil des années, avait donné naissance à de multiples versions. Certaines étaient développées dans les universités, qui se servaient d'Unix comme laboratoire pour les théories des systèmes d'exploitation. D'autres par des sociétés d'informatique. Chaque société adaptait l'Unix à ses propres machines, ce qui rendait les systèmes d'exploitation incompatibles entre eux. En clair, Unix, cessant d'être un système ouvert, était devenu une collection de systèmes d'exploitation rivaux. Ces différences compliquaient la compatibilité des logiciels et freinaient l'émergence d'un troisième marché du logiciel pour Unix. Seule une poignée d'entreprises de logiciels pouvait se permettre de développer et de tester des applications pour une douzaine de versions d'Unix. Et les vendeurs de logiciels, dans leurs boutiques, n'avaient pas la place de stocker la totalité des versions.

L'Open Software Foundation était la plus prometteuse des nombreuses tentatives d'« unifier » Unix et de créer une architecture de programme commune qui tournerait sur n'importe quel matériel. En théorie, un Unix unifié aurait pu déclencher un cycle de feed-back positif. Mais, en dépit de solides moyens, l'Open Software Foundation a été incapable d'impulser une quelconque coopération au sein d'un comité composé de vendeurs rivaux. Chacun continuait de vanter les avantages de sa version d'Unix, laissait entendre que son système avantageait les acheteurs en leur offrant un large éventail de choix. En réalité, si vous achetiez un système Unix chez un fabricant, votre logiciel ne tournait pas automatiquement sur un autre système. Vous vous retrouviez donc dépendant de ce fabricant particulier, alors que, dans l'univers PC, vous pouviez toujours choisir où acheter votre matériel.

Les problèmes rencontrés par l'Open Software Foundation et d'autres initiatives apparentées soulignent la difficulté qu'il y a à imposer un standard légal dans un domaine où l'innovation va vite et où les sociétés qui participent au comité des standards sont en réalité concurrentes. Le marché adopte des normes parce que les acheteurs les réclament. Les standards garantissent l'inter-opérabilité, réduisent le temps d'apprentissage et, bien sûr, nourrissent la croissance de l'industrie du logiciel. Toute entreprise qui veut créer un standard doit le mettre en vente à un prix raisonnable sous peine de le voir rejeté. Le marché choisit le standard peu cher et le remplace dès qu'il devient obsolète ou trop onéreux.

Les systèmes d'exploitation Microsoft sont aujourd'hui proposés par plus de mille fabricants différents, ce qui laisse à l'utilisateur pas mal d'options. Pour garantir la compatibilité Microsoft a obtenu des fabricants de matériel la promesse de ne pas introduire de modifications de logiciels qui soient source d'incompatibilité. Ainsi, des milliers de développeurs de logiciels n'ont pas à se soucier du PC sur lequel leur programme tournera. Le terme « ouvert » est utilisé à toutes les sauces ; pour moi, il signifie que le client dispose du plus grand choix possible pour acheter son matériel et ses applications logicielles.

L'électronique domestique a, elle aussi, bénéficié de standards créés par des entreprises privées. Jadis, les fabricants d'électronique domestique cherchaient presque toujours à empêcher leurs concurrents d'utiliser leur technologie. Aujourd'hui, la plupart sont d'accord pour vendre sous licence brevets et secrets de fabrication. D'ordinaire les royalties se montent à 5 p. 100 du prix du produit. Cassettes audio, bandes VHS, CD, téléviseurs et téléphones cellulaires sont autant d'exemples de technologies inventées par des entreprises privées qui touchent des royalties de quiconque construit les équipements. Les algorithmes des laboratoires Dolby, par exemple, sont la norme de fait pour la réduction du bruit.

En mai 1990, quelques semaines avant la sortie de Windows 3.0, nous avons essayé de conclure un accord avec IBM : leur vendre la licence Windows pour qu'il puisse tourner sur les PC. Nous avons expliqué à IBM qu'à notre avis OS/2 ne trouverait sa place que progressivement, alors que Windows connaîtrait un succès immédiat. Après avoir refusé la licence Windows, IBM s'est finalement laissé convaincre.

En 1992, IBM et Microsoft ont mis fin au développement conjoint d'OS/2. IBM a continué seul. L'ambitieux projet Office Vision était annulé.

D'après les analystes, IBM a englouti plus de deux milliards de dollars dans OS/2, Office Vision et divers projets annexes. Si IBM et Microsoft avaient trouvé le moyen de travailler ensemble, des milliers d'années-hommes – les meilleures années des meilleurs hommes des deux entreprises – n'auraient pas été gaspillées en vain. Si OS/2 et Windows avaient été compatibles, l'informatique graphique serait devenue grand public des années plus tôt.

L'acceptation des interfaces graphiques s'est également trouvée ralentie du fait que la plupart des grands producteurs d'applications logiciel ne se sont pas investis dans ce domaine. Ils ont ignoré le Macintosh et se sont moqués de Windows. Lotus et WordPerfect, leaders du marché pour les tableurs et le traitement de texte, n'ont fait que de modestes efforts sur OS/2. A posteriori, cela se révèle une erreur. Une erreur coûteuse. Quand Windows a bénéficié d'un cycle de feed-back positif, généré par des applications venues de quantités de petits producteurs de logiciel, les grandes entreprises n'en ont pas profité – elles avaient trop tardé à s'intéresser à Windows.

Nous avons dû patienter longtemps avant que Windows ne remporte ses premiers succès. Pendant presque toute la décennie 80, ses utilisateurs potentiels ont refusé de le prendre en considération. Leurs raisons ? Windows usait en quantité du bien le plus précieux sur un ordinateur : la mémoire. En outre, il tournait avec des applications sophistiquées. Les critiques fusaient : Pourquoi ajouter un niveau de programmes au-dessus de MS-DOS ? Nous risquons de ralentir nos PC. Pourquoi sacrifier les performances à l'interface graphique ?...

Windows, comme les PC, ne cesse d'évoluer, puisque Microsoft perfectionne ses capacités à chaque nouvelle version. N'importe qui peut développer une application logiciel pour le système d'exploitation Windows sans avoir besoin de demander la permission ou même de le faire savoir à Microsoft. En fait, parmi les dizaines de milliers de logiciels du marché, certains sont en concurrence directe avec les applications Microsoft.

Quelques acheteurs m'ont fait part d'une crainte : qu'étant la source unique du système d'exploitation Microsoft ne ralentisse, voire n'interrompe ses innovations. Mais imaginez les conséquences d'un tel acte ! Les utilisateurs n'achèteraient plus les versions dernier cri. Nous ne toucherions pas de nouveaux clients. Les bénéfices chuteraient. Et des concurrents prendraient notre place. Car le mécanisme de feed-back positif aide autant les challengers que le tenant du titre. Impossible de se reposer sur ses lauriers, on a toujours un rival sur les talons.

Ces derniers temps, on entend des jugements aussi péremptoires que contradictoires. Pour certains, rien ne saurait plus arrêter Microsoft, pour d'autres, nous sommes condamnés à court terme. À l'évidence, Microsoft n'a pas pris une avance irrattrapable. Nous nous battons chaque jour pour conserver notre position. Si nous cessons d'innover, si nous manquons le prochain grand virage de l'informatique, nous perdrons. Parce que Microsoft n'est pas immunisé contre les échecs, nous ne négligeons aucun commentaire, pas même ceux des oiseaux de mauvaise augure.

Pas un produit ne peut demeurer en tête s'il n'est pas constamment amélioré. Le logiciel Macintosh aurait pu devenir le successeur du MS-DOS. OS/2 ou Unix aussi. C'est Windows qui, pour le moment, mène la course. Les prochaines versions ne réussiront auprès de nouveaux utilisateurs que si les utilisateurs actuels les adoptent. Microsoft doit s'efforcer de rendre les nouvelles versions si séduisantes, en termes de prix et de capacités, que les gens auront le désir de remplacer leurs vieux logiciels. Pari difficile ? Oui, car tout changement implique un gros investissement, à la fois pour les développeurs et pour les acheteurs. Seule une avancée d'envergure peut convaincre un nombre suffisant d'utilisateurs de sauter le pas. Pari impossible ? Non. Pas si l'on possède le sens de l'innovation. Je prévois la commercialisation de nouvelles générations de Windows tous les deux ou trois ans.

Nous devons améliorer nos logiciels pour répondre aux progrès du matériel et des infrastructures de la communication.

Les graines de la nouvelle compétition germent en permanence. Dans des centres de recherches et des garages. Sur tous les continents. Sony pénètre sur le marché avec un système d'exploitation dédié à des produits qui combinent ordinateurs et électronique grand public. Pour surfer sur Internet, Netscape transforme son logiciel en un type nouveau de système d'exploitation. Sun Microsystems veut multiplier les routines de programmation de la bibliothèque de l'exécutif en langage Java et les rendre assez puissantes pour qu'elles puissent fonctionner comme un système d'exploitation. Aujourd'hui, le défi principal que nous devons relever consiste à faire de Windows le meilleur accès à Internet. D'autres initiatives, telles la 3-D, nous mobilisent. Et dès que la reconnaissance vocale et la reconnaissance d'écriture manuelle auront progressé, ces innovations provoqueront un autre changement d'envergure dans les systèmes d'exploitation.

On me demande parfois :

– Internet risque-t-il de causer votre fin ?

La question me fait sourire. Je réponds :

– Non ! Mais tout le reste pourrait causer notre perte, parce que nous nous focalisons sur Internet.

Pour tous les acteurs de l'industrie des logiciels, Internet modifie les règles. Novell a acquis sa notoriété avec les logiciels de réseaux, mais aujourd'hui, la nouvelle vague, c'est d'autres réseaux, privés, internes aux grandes entreprises : les intranets. Lorsque 1-2-3 a été en perte de vitesse, Lotus a fondé ses espoirs sur une application pour réseau baptisée Notes. Pour s'en emparer, IBM a racheté Lotus, en 1995. Mais les voici contraints de faire face à Microsoft–Exchange et à d'autres applications dédiées à Internet. Sous la direction de Lou Gerstner, IBM est devenue bien plus compétitive : elle a renoué avec les bénéfices et elle est devenue plus offensive. Le secteur des serveurs fait preuve d'une santé excellente. Même si, à long terme, le déclin de ses unités centrales demeure un problème, IBM constitue sans discussion l'un des principaux fournisseurs de produits pour les entreprises et Internet.

Dans ce secteur de l'industrie, tout bouge si vite qu'on n'a pas le temps de regarder en arrière. Je reste néanmoins très attentif à nos erreurs, tout en me concentrant sur l'avenir. Il est utile de reconnaître ses défauts et d'essayer de les corriger. Dans une entreprise, il est également très important de faire en sorte que personne n'ait peur d'être pénalisé pour ses erreurs ou parce qu'il a tenté quelque chose qui n'a pas marché.

Ces dernières années, Microsoft a délibérément engagé des gestionnaires qui avaient l'expérience d'entreprises en difficulté. Dans les phases difficiles, vous êtes contraint d'être créatif, de creuser, de réfléchir nuit et jour. J'ai besoin de m'entourer de gens qui ont traversé ce genre d'épreuve. Microsoft essuiera forcément des échecs, et je veux pouvoir compter sur ceux qui savent se sortir des mauvaises passes.

La mort peut frapper comme la foudre le leader d'un marché. Quand vous êtes sorti du cycle de feed-back positif, il est souvent trop tard pour changer de produit et de méthode, et tous les éléments de la spirale négative entrent en jeu. Tant que les affaires marchent, il est difficile de s'apercevoir que l'on est déjà en crise et de réagir. Je le sais et je reste sur le qui-vive. Jamais je n'aurais imaginé que Microsoft grandisse à ce point et aujourd'hui, à l'aube d'un nouvel âge, je me retrouve contre toute attente membre de l'establishment. Mon objectif est désormais de prouver qu'une entreprise gagnante peut se renouveler et rester à l'avant-garde.

# 4

# LES OUTILS DE LA COMMUNICATION

Dans mon enfance, l'« Ed Sullivan Show » passait le dimanche soir à 8 heures. Tous ceux qui possédaient un téléviseur se dépêchaient de rentrer chez eux à l'heure : c'était le seul endroit où l'on pouvait voir les Beatles, Elvis Presley, les Temptations, ou encore ce prestidigitateur qui faisait tourner dix assiettes en même temps sur le museau de dix chiens. Si on rentrait trop tard de chez ses grands-parents ou si on campait avec les scouts, pas de chance... on ne comprenait rien non plus aux discussions du lundi matin sur l'émission de la veille.

La télévision traditionnelle nous permet de choisir ce que nous regardons. Pas le moment où nous regardons. La diffusion est « synchrone » : on doit synchroniser nos emplois du temps avec la diffusion de l'émission. Depuis trente ans, ça n'a pas beaucoup changé.

Début des années 1980, apparition du magnétoscope. Arrivée de la souplesse. Si on tient à une émission, on prend le temps – sans s'énerver ! – de caler à l'avance l'horloge et la bande, et on la regarde quand on veut. On a pu arracher aux diffuseurs la liberté et le luxe de jouer au programmateur.

Une discussion téléphonique est synchrone : les deux interlocuteurs sont en ligne au même moment. Quand on enregistre un programme de télévision ou qu'on laisse le répondeur prendre les appels, on convertit une communication synchrone en quelque chose de plus pratique : une communication « asynchrone ».

Il est dans la nature humaine de chercher à convertir en asynchrone les communications synchrones. Avant l'invention de l'écriture, il y a cinq mille ans, la seule forme de communication était le langage parlé. L'auditeur devait se trouver directement à portée de voix de l'orateur, sous peine de manquer le message. Avec l'invention de l'écriture, le message a pu être stocké et lu plus tard. J'écris ces lignes chez moi, mais je n'ai aucune idée du moment ni de l'endroit où vous les lirez.

L'un des avantages de la révolution des communications : nous allons mieux maîtriser notre emploi du temps. Il y en aura beaucoup d'autres. Une fois les communications asynchrones, nous aurons le loisir d'en augmenter la variété. Et les possibilités de sélection. Même ceux qui enregistrent rarement une émission louent des films. Pour quelques dollars, des milliers de films sont disponibles dans la boutique vidéo du coin, et on peut passer toute la soirée à la maison en compagnie d'Elvis, des Beatles ou de Greta Garbo.

La télévision existe depuis moins de soixante ans et, dans ce laps de temps, elle a pris une importance considérable. Mais elle n'est qu'un prolongement des radios commerciales, qui livrent le loisir électronique à domicile depuis longtemps.

Actuellement, en matière de communication rien n'est comparable au média dont nous disposerons avec Internet quand il aura atteint sa vitesse de croisière – notamment la capacité de transporter des images d'excellente qualité. Nous comprenons l'intérêt des films, nous sommes habitués à payer pour les voir ; il y a donc toutes les chances pour qu'on se précipite sur la vidéo à la carte qu'offrira le réseau. Dès que la vidéo haute définition sera transmissible, finis les magnétoscopes ! Vous choisirez ce qui vous plaira sur une longue liste d'émissions disponibles.

Quand les réseaux domestiques à large bande capables de transmettre de la vidéo à la carte seront-ils disponibles dans les principaux pays développés ? Nous l'ignorons. Quant aux pays en voie de développement, n'en parlons pas ! De nombreux réseaux d'entreprises ont une capacité suffisante pour servir de support à des communications de cet ordre, mais à la maison, nous devrons nous contenter – pendant encore une bonne décennie – d'un accès à des bandes étroites ou moyennes. Une chance : ces largeurs de bande conviennent pour de nombreux services sur Internet –

jeux, courrier électronique, services bancaires. Dans les prochaines années, l'interactivité dans les foyers sera limitée à ce type de services : nous aurons encore recours au micro-ordinateur ou à d'autres appareils informatiques.

Même après la mise en place des réseaux domestiques à large bande, les émissions de télévision seront toujours diffusées pour la consommation synchrone. La diffusion terminée, elles seront à votre disposition – à l'instar de milliers de films et toutes les formes de spectacle vidéo. Vous avez envie de voir le dernier épisode de *Seinfeld* ? À vous de choisir votre horaire : 21 heures le jeudi, 9 h 13 ou 9 h 45 le vendredi, 11 heures le samedi matin. Le genre d'humour de cette émission vous tape sur les nerfs ? Ne la regardez pas : vous n'aurez que l'embarras du choix ! Votre requête pour tel film ou tel épisode d'une série télévisée sera enregistrée et les bits seront routés chez vous par le réseau. La machinerie intermédiaire entre vous et votre centre d'intérêt a disparu... du moins en aurez-vous l'impression. Vous formulerez votre souhait et, hop ! de bons génies le réaliseront.

Ces bons génies portent un nom : serveurs. Les films, les émissions de télévision et toute autre information numérique seront stockés sur des serveurs – des ordinateurs munis de disques à grande capacité de stockage. Les services délivreront l'information en tout point du réseau. Vous souhaitez visionner tel film précis, vérifier un fait ou lire votre courrier électronique ? Présentez votre requête à votre matériel d'information. Il l'enregistrera, puis la routera, par des commutateurs, vers le ou les serveurs détenant l'information. Ces serveurs seront-ils situés au coin de votre rue ou à l'autre bout du pays ? Vous n'en saurez rien. Aucune importance ; ils seront là pour vous servir.

Les données numériques demandées seront retrouvées dans le serveur et routées, à rebours, jusqu'à votre outil d'information : téléviseur, PC, téléphone. Ces outils numériques s'imposeront auprès de nous pour la même raison que leurs ancêtres analogiques : ils nous faciliteront la vie. À la différence des machines à traitement de texte spécialisées qui ont introduit les microprocesseurs dans les bureaux, ces outils d'information seront multifonctions : des ordinateurs programmables connectés au réseau.

Vous avez envie d'agir sur un spectacle diffusé en direct ? À l'aide de la télécommande, démarrez, arrêtez, revenez en arrière dans l'émission. On frappe à la porte ? Mettez en pause aussi longtemps que vous voulez. Vous aurez le contrôle total. Sauf, bien sûr, le pouvoir d'accélérer le spectacle en cours.

Transmettre à domicile des films et des émissions de télévision est techniquement facile. La plupart des téléspectateurs peuvent comprendre le principe de la vidéo à la demande et se réjouiront de la liberté qu'elle apporte. Elle a le potentiel de ce qu'en jargon informatique nous appelons une « application tueuse » : une technologie si séduisante qu'elle s'impose sur le marché et devient indispensable, passant du statut de curiosité à celui de valeur monnayable.

Le terme est nouveau, l'idée ne l'est pas. Thomas Edison était aussi bon homme d'affaires qu'inventeur. Quand, en 1878, il a fondé l'Edison General Electric Company, il a compris que pour vendre de l'électricité il fallait démontrer son utilité aux consommateurs. Il a enflammé l'imagination du public en promettant que l'éclairage électrique deviendrait tellement bon marché que seuls les riches continueraient à acheter des bougies ! Il était convaincu que les gens accepteraient de payer l'énergie électrique pour profiter de cette application géniale : la lumière. Et il avait cent pour cent raison.

L'électricité a trouvé sa place dans les foyers comme moyen d'éclairage. Mais plusieurs applications n'ont pas tardé à s'ajouter à cet usage initial : l'aspirateur, les cuisinières, les radiateurs, les grille-pain, les réfrigérateurs, les machines à laver, les fers à repasser, les sèche-cheveux... Toute une gamme d'objets propres à réduire le temps de travail. L'électricité devenait un service de base.

Il arrive aussi qu'un produit devienne une application tueuse sans aucune préméditation de la part de son inventeur. La lotion Skin-So-Soft, des laboratoires Avon, n'était qu'un produit de plus sur un marché encombré lorsqu'on s'aperçut qu'elle éloignait les insectes. Sans doute se vend-elle encore comme adoucissant – son application originale – mais la croissance des ventes tient, pour l'essentiel, à sa nouvelle application. De même, lorsque Tim Berners-Lee inventa le

World Wide Web, en 1989, comme réseau d'échanges pour les physiciens, il n'envisageait aucunement les incroyables applications qui seraient développées sur ce média.

À la fin des années 1970, le marché du traitement de texte a grossi très vite, jusqu'à compter plus de cinquante fabricants, dont les ventes combinées dépassaient le milliard de dollars. Le traitement de texte était une application tueuse. Deux ans plus tard apparaissaient les PC. Leur capacité de faire tourner des applications différentes était une révolution. Un utilisateur de PC pouvait quitter WordStar, l'une des applications de traitement de texte les plus populaires, et lancer une autre application : le tableur VisiCalc ou le dBASE pour la gestion de bases de données. WordStar, VisiCalc et dBASE étaient assez séduisants pour inciter à l'achat d'un PC. C'étaient des applications tueuses.

La première application tueuse pour l'IBM-PC : Lotus 1-2-3, un tableur conçu exprès pour les performances de la machine. Les applications tueuses du Macintosh d'Apple : Aldus PageMaker pour l'édition de bureau, Microsoft Word pour le traitement de texte, Microsoft Excel pour les tableurs.

J'utilise le terme « application » dans son sens le plus large. Excel de Microsoft est une application, le téléachat en est une autre, la vidéoconférence également, ou encore le World Wide Web. Mais aucune ne peut prétendre au titre d'application tueuse. Aucune n'a, par ses seules vertus, attiré un nombre considérable d'usagers sur Internet. Mais, à terme, la recherche d'informations, l'éducation, les loisirs, les achats et le courrier électronique deviendront des applications tueuses sur le réseau.

Il est aujourd'hui crucial de mettre à votre disposition, à tous, des accessoires facilitant l'accès à Internet. Par ce moyen seulement, le réseau deviendra un service de grande consommation.

Dans les années à venir, les outils numériques de formes variées, communiquant à différentes vitesses, vont proliférer. Ils permettront à chacun d'entre nous de rester en contact avec d'autres personnes comme avec de l'information. De quoi auront-ils l'air ? Dans un premier temps, ils seront les héritiers numériques des nombreux outils analogiques qui nous entourent aujourd'hui. Télévision, téléphone, ordinateur prendront en charge l'information, remodèleront les médias – livres, journaux, films, etc. – auxquels nous sommes habitués. Puis la sélection s'effectuera. Seuls survivront ceux qui se révéleront indispensables – probablement les ordinateurs multifonctions, programmables et connectés au réseau.

L'idée que les ordinateurs multifonctions vont s'imposer mérite qu'on s'y arrête. La victoire, sur le marché du traitement de texte, du PC, appareil aux facettes multiples, aux dépens de Wang, marqua la victoire du micro-ordinateur multifonctionnel sur le micro-ordinateur à fonction unique. Rapidement, « traitement de texte » ne désigna plus une machine mais un logiciel d'application. Le répondeur téléphonique a connu la même évolution : il est devenu une messagerie vocale, un logiciel tournant sur un ordinateur, le plus souvent au central d'une compagnie de téléphone. Le jour où la vidéo à la carte deviendra disponible, le magnétoscope – à fonction unique – disparaîtra, au profit d'un programme tournant sur un ordinateur connecté à un réseau de communication.

Je pourrais multiplier les exemples de remplacement d'appareils spécialisés par des programmes fonctionnant sur des appareils multifonctions. La révolution du microprocesseur a mis à notre disposition des machines nouvelles imitant des outils antérieurs : les caisses-enregistreuses électroniques se sont substituées aux caisses-enregistreuses, les calculatrices électroniques aux machines à pignons et engrenages, les jeux électroniques ont pris la place de toute une gamme d'objets physiques, des cartes à jouer au flipper. Peu à peu, les microprocesseurs, cœur des ordinateurs personnels multifonctions, ont rendu obsolètes les machines aux spécialisations trop étroites. Grâce aux logiciels, un seul appareil a pu assumer des usages multiples. Et nous avons pu tirer avantage de la naissance d'un marché grand public aux prix tirés vers le bas par la concurrence.

Un micro-ordinateur, par ses programmes d'application, a appris à fonctionner successivement comme caisse-enregistreuse, calculatrice, console de jeux, base de données, répondeur téléphonique, à traiter des textes ou des bilans comptables. Une machine à calculer multifonctions remplissait enfin toutes ces tâches. Le vieux rêve de Charles Babbage prenait vie.

Des dizaines de nouveaux appareils vont accompagner la croissance d'Internet. Nombre d'entre eux seront voués à une fonction unique. La hifi domestique va évoluer. Des consoles de jeux vont se succéder, la plupart dotées de modems et de logiciels permettant aux joueurs de se connecter à Internet. Sur les téléphones haut de gamme, des écrans afficheront quantité d'informations, jusqu'aux encarts publicitaires des pages jaunes de l'annuaire. Des entreprises lanceront des terminaux d'aide à la navigation sur le Web. La puissance des téléphones portables sera augmentée. Certains de ces appareils à fonction unique prospéreront pendant des années, mais, à long terme, l'immense majorité disparaîtra au profit d'une nouvelle génération d'ordinateurs, ou plutôt d'appareils nouveaux, programmables et multifonctions, connectés de manière visible ou non au réseau.

Dans un autre domaine encore, on assistera au même phénomène d'évolution de la fonction unique vers le multifonctionnel : les boîtiers assurant la connexion entre téléviseurs et réseau. Actuellement, ces boîtiers reçoivent les signaux analogiques de plusieurs dizaines de chaînes câblées et transmettent l'un d'entre eux au téléviseur. Si nécessaire, ils assurent également le décodage des chaînes cryptées. La prochaine génération de boîtiers arrivera sur le marché américain en 1997. Ces nouveaux appareils traiteront les signaux numériques compressés. Ce qui augmentera le nombre de chaînes que nous recevrons et permettra la navigation sur le Web. Au terme de ces évolutions, le téléviseur pourra être connecté au réseau, grâce à un nouveau boîtier, en fait un ordinateur multifonctions de grande puissance. Le boîtier sera peut-être dans le téléviseur, derrière, dessus, au mur de la cave ou même hors de la maison. Votre téléviseur comme votre ordinateur seront connectés au réseau, dialogueront avec les commutateurs et les serveurs : ils exploreront l'information, programmeront et transmettront nos choix. Les ordinateurs personnels vont continuer d'évoluer, seront de plus en plus faciles à utiliser et de moins en moins chers. D'ici peu, nous ne penserons plus à eux comme à des machines, mais comme à des outils conçus pour nous rendre service et nous distraire.

1995. Un serveur interactif sur un ordinateur personnel.

Il demeurera toujours une différence fondamentale entre l'utilisation d'un téléviseur et celle d'un PC : la distance de vision. Aujourd'hui, plus d'un tiers des foyers américains possèdent des ordinateurs personnels (sans compter les consoles de jeux). Bientôt, presque chaque foyer aura au moins un PC connecté au réseau. On se sert d'un ordinateur pour examiner le détail d'une image ou pour entrer un texte. Avec un moniteur haute définition à trente centimètres du visage, les yeux se concentrent facilement sur le texte et les petites images. Une télé grand écran à l'autre bout du salon n'incite pas à se servir d'un clavier ; elle ne procure aucune intimité, même si elle est parfaite pour plusieurs personnes qui la regardent au même moment.

Devrons-nous jeter nos vieux PC et nos postes de télévision ? Non : les interfaces des boîtiers et des ordinateurs personnels seront conçues de telle sorte que nous pourrons réutiliser nos outils d'information. Mais le matériel continuera d'évoluer : la qualité des images s'améliorera avec les nouvelles technologies. Les images télévisées actuelles sont pauvres comparées à celles des magazines ou des écrans de cinéma. Aux États-Unis, les signaux télévisés sont en 486 lignes... mais un magnétoscope moyen ne peut enregistrer et repasser que 280 lignes de résolution. Résultat : il est difficile de lire le générique à la fin d'un film ! En outre, les écrans de télé traditionnels diffèrent des écrans de cinéma : leur format est de 4 sur 3, et l'image un tiers plus large que haute ; les films, eux, sont généralement tournés au format 2 sur 1 – deux fois plus large que haut.

Prototype d'un boîtier de télévision.

On a mis au point des systèmes de télévision haute définition (TVHD) offrant plus de 1 000 lignes de résolution, avec un format de 16 sur 9 et de meilleures couleurs. Le spectacle est plus beau. Mais, malgré tous les efforts de l'industrie et du gouvernement japonais, la TVHD n'a pas pris : il faut changer son équipement pour diffuser et réceptionner. Les annonceurs ne sont pas prêts à payer plus pour la financer, car elle n'améliore pas le rendement de la publicité. Avec le temps, la TVHD pourrait encore finir par s'imposer : le réseau à large bande permettra de recevoir la vidéo avec des résolutions et des formats multiples. L'idée de résolution adaptable est familière aux utilisateurs de PC qui ont déjà le choix entre la résolution courante en 480 (appelée VGA) ou des résolutions plus fines de 600, 768, 1 024 ou 1 200 lignes horizontales, selon la puissance du moniteur et de l'écran.

Les écrans des téléviseurs et des PC vont continuer à progresser : plus petits, plats, avec une meilleure définition. Ou le tableau blanc numérique : un grand écran mural de trois centimètres d'épaisseur, qui prendra la place des tableaux actuels. On y verra des images, des films, du texte. On pourra y dessiner, y écrire, afficher des listes. L'ordinateur contrôlant le tableau blanc reconnaîtra une liste écrite à la main et la convertira en une interface lisible. L'écran mural envahira d'abord les salles de réunion, puis les bureaux et les foyers.

Le téléphone sera connecté aux mêmes réseaux que les PC et les téléviseurs. Le téléphone du futur ressemblera beaucoup aux appareils d'aujourd'hui, avec, en plus, des petits écrans plats et de minuscules caméras. Dans les cuisines, les téléphones muraux n'encombreront pas le plan de travail. Au téléphone, vous verrez l'image de votre interlocuteur, ou une image en mémoire qui se substituera à la vidéo en direct. Techniquement, le téléphone accroché au-dessus du lave-vaisselle aura beaucoup en commun avec le boîtier de votre salle de séjour et votre PC de bureau : sous le couvercle, toutes les applications seront architecturées comme celles d'un ordinateur... sauf qu'il gardera la forme d'un téléphone. Une apparence par fonction... mais des organisations intérieures semblables.

Dans une société mobile, les gens ont besoin de travailler en se déplaçant. Il y a deux siècles, les voyageurs emportaient avec eux une écritoire de voyage : une fois pliée, elle était compacte ; ouverte, elle offrait une large surface de travail. Désormais le portable, un ordinateur pliant et compact, remplit cette fonction. La plupart de ceux qui, comme moi, travaillent entre leur domicile et leur bureau utilisent un portable ou un ordinateur encore plus petit appelé « agenda ». Les agendas électroniques ne cesseront de rétrécir, jusqu'à atteindre la taille d'un bloc de papier. Aujourd'hui les agendas sont les plus petits et les plus légers des ordinateurs. Demain les ordinateurs-portefeuilles tiendront dans la poche et auront un écran couleurs de la taille d'une photo d'identité. On ne les remarquera guère plus qu'un banal portefeuille ! Quand vous le sortirez, personne ne s'exclamera : « Waou ! Tu as acheté un ordi ! »

1995. Le portable multimédia de DEC, avec un PC et un ordinateur de poche.

Que portez-vous sur vous, en ce moment ? Probablement des clés, vos papiers, de l'argent et une montre. Peut-être aussi des cartes de crédit, un chéquier, un carnet d'adresses, un agenda, un carnet de notes, un magazine, un appareil photo, un magnétophone de poche, un téléphone cellulaire, des billets de concert, un plan, une boussole, une calculette, un passe magnétique, des photos et peut-être un sifflet pour appeler au secours... Ouf !

Bientôt tout cela, et plus encore, tiendra dans un PC-portefeuille ! Il affichera les messages et vos rendez-vous. Il vous permettra de lire ou d'envoyer des fax et du courrier électronique, de jouer à des jeux, simples ou sophistiqués. Il vous informera sur la météo et la Bourse. Pendant une réunion, vous pourrez prendre des notes, vérifier vos rendez-vous, scanner de l'information si vous vous ennuyez, ou feuilleter des milliers de photos de vos enfants.

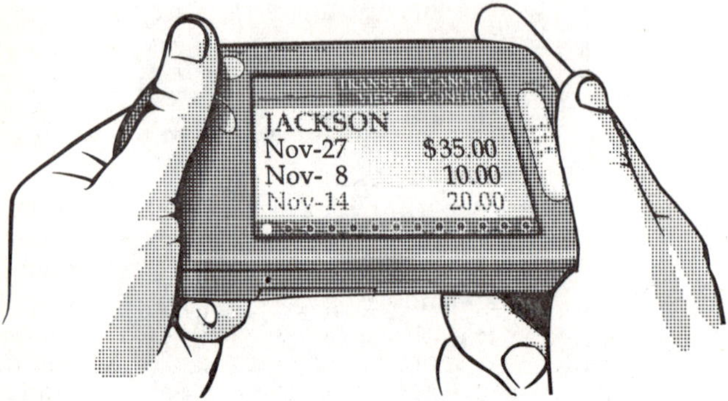


Prototype d'un ordinateur-portefeuille.

Plutôt que des billets de banque, votre nouveau portefeuille contiendra de la monnaie numérique infalsifiable. Aujourd'hui, quand vous tendez à quelqu'un un billet de un dollar, un chèque, une garantie ou tout autre objet négociable, le transfert de papier représenter un transfert de fonds. Mais l'argent n'est pas condamné à prendre la forme papier. Les notes sur cartes de crédit et les virements sont des échanges d'informations financières numériques. Demain le PC-portefeuille facilitera l'échange de monnaie numérique : il sera relié à l'ordinateur du magasin et l'argent transféré sans manipulation physique devant une caisse-enregistreuse. Même chose pour les transactions privées : si votre fils a besoin d'argent, vous glisserez cinq dollars numériques de votre PC dans le sien.

Le PC-portefeuille fonctionnera en tout lieu. Il éliminera les files d'attente aux guichets des aéroports, aux cinémas... En passant la porte du terminal, votre portefeuille se connectera aux ordinateurs de l'aéroport et vérifiera que vous avez acheté un billet. Plus besoin de clé ou de carte magnétique pour ouvrir votre porte d'entrée : le portefeuille donnera votre identité à l'ordinateur de la serrure.

Et si on vole votre ordinateur-portefeuille pour l'utiliser comme une carte de crédit ? Des mesures de sécurité s'imposeront : le PC-portefeuille stockera vos « clés » d'identification. Vous pourrez facilement les désactiver ou les changer. Pour les transactions importantes, une clé ne suffira pas. Il faudra un mot de passe. Déjà les distributeurs de billets demandent un numéro personnel d'identification. Une autre possibilité : les mesures biométriques. Plus sûres, elles finiront par être intégrées dans les meilleurs PC-portefeuilles.

Un système de sécurité biométrique repose sur un trait physique : empreinte vocale ou digitale. Par exemple, avant toute transaction votre ordinateur-portefeuille vous demandera de lire à haute voix un mot aléatoire affiché sur l'écran, ou de presser votre pouce sur l'appareil. Le portefeuille comparera ce qu'il « entend » ou « voit » avec l'enregistrement numérique de votre voix ou de votre pouce.

Un PC-portefeuille saura vous situer avec précision en n'importe quel point du globe. Les satellites GPS (Global Positioning System) en orbite autour de la terre émettent des signaux qui permettent aux avions, au navires, aux missiles de croisière ou aux voyageurs munis de récepteurs GPS de connaître leur position à cent mètres près. Ces récepteurs coûtent quelques centaines de dollars. Un PC-portefeuille doté de récepteurs GPS vous reliera au réseau et vous indiquera votre position dès que vous l'interrogerez. Vous roulez sur une autoroute et vous voulez quelques informations ? Votre portefeuille à micro incorporé vous annoncera la prochaine sortie ou le ralentissement dû à un accident. Il surveillera les info-routes numériques et vous préviendra de partir en avance pour l'aéroport, ou suggérera un itinéraire de remplacement. Vous compléterez au fur et à mesure les informations, ajouterez des renseignements : route de charme, campings, points panoramiques... Vous demanderez : « Où est le prochain restaurant ouvert ? », et l'information sera transmise au PC-portefeuille par réseau sans fil. Quittez la route, partez pour une excursion en forêt, il vous servira de boussole. Le couteau suisse des temps modernes !

Quand j'étais petit, j'avais un couteau suisse – pas le basique à deux lames ni le complet équipé comme un atelier. Il avait des lames, un tournevis, une paire de minuscules ciseaux et même un tire-bouchon, qui, à l'époque, ne me servait à rien. Certains PC-portefeuilles seront simples, élégants, réduits à l'essentiel : juste ce qu'il faut pour faire des affaires numériques et lire des informations de base. D'autres brilleront de mille feux : gadgets, appareils photos, scanners pour lire du texte imprimé ou manuscrit, récepteurs GPS, bouton d'urgence à presser en cas de danger, thermomètre, baromètre, altimètre, moniteur cardiaque... On trouve déjà sur le marché les précurseurs du PC-portefeuille. Au-delà des téléphones personnels ou des messageries numériques, les ordinateurs de poche combinent des fonctions diverses. Sharp, Hewlett-Packard, PSION, entre autres, proposent des assistants numériques personnels. La première génération, souffrant d'un manque de puissance et de logiciels frustes, a laissé les consommateurs indifférents. Le Newton d'Apple, capable de déchiffrer l'écriture manuscrite, n'a pas tenu ses promesses. Microsoft ne s'est pas impliqué, avec ses logiciels, dans le lancement de cette première génération. En 1997, apparaîtront des appareils améliorés, et je suis convaincu qu'un marché florissant va émerger.

La carte à puce, état primitif du PC-portefeuille, ressemble à une carte de crédit. Elle est déjà répandue en Europe. La carte à puce du futur identifiera son propriétaire et stockera de la monnaie numérique, des billets de spectacle, des données médicales. Dépourvue d'écran, de capacité audio et autres options sophistiquées du PC-portefeuille, elle sera pratique en voyage et pour bien des usages.

À services variés, prix variés : les cartes à puce à fonction unique, pour le maniement de la monnaie numérique par exemple, vaudront le prix d'un appareil photo jetable ; un PC-portefeuille sophistiqué coûtera 1 000 dollars, ou plus, tout en étant nettement plus performant que les ordinateurs d'il y a dix ans.

Vous n'avez pas de PC-portefeuille ? Ce n'est pas

grave. Connectez-vous au réseau interactif grâce aux kiosques – gratuits ou payants – que l'on trouve déjà dans les bureaux, les centres commerciaux et les aéroports, à côté des fontaines, des toilettes, des cabines téléphoniques. Ils proposeront les mêmes services que les téléphones publics et les distributeurs de billets, plus toutes les applications du réseau : pour envoyer des messages et en recevoir, étudier une carte, acheter des billets. Certains kiosques afficheront des annonces publicitaires pour des services précis, comme ces téléphones d'aéroport qui vous renvoient directement à un hôtel ou aux locations de voiture. Ils auront l'air de machines frustes... mais ce seront des ordinateurs.

Au fond, peu importe la forme du PC : on devra toujours apprendre à naviguer dans ses applications. Aujourd'hui, les ordinateurs, Internet et, tout simplement, les télécommandes ne sont pas bien conçus. À l'avenir, pas question de nous obliger à avancer pas à pas, option par option ! Plus question de se rappeler un numéro de chaîne pour trouver une émission ! On choisira sur un menu graphique en pointant le curseur sur une icône facile à identifier.

Et encore ! Un jour, nous parlerons à notre téléviseur, à notre PC, aux extensions, à tous nos supports d'informations. Au début, patience : le vocabulaire sera limité. Puis, peu à peu, avec l'augmentation de la puissance du matériel et des logiciels, les échanges ressembleront à de vraies conversations. Aujourd'hui, la reconnaissance vocale fonctionne déjà pour un maigre jeu de commandes prédéfinies, telles que « Téléphone à ma sœur ». Il est nettement plus difficile, pour un ordinateur, de déchiffrer une phrase à laquelle il n'a pas été préparé. Mais, d'ici à dix ans, pourquoi pas ? Nos appareils liront sur nos lèvres en même temps qu'ils écouteront notre voix, ce qui leur permettra d'améliorer leurs performances – pour un être humain aussi, la compréhension est facilitée quand il peut voir les lèvres de son interlocuteur. Ce sera l'un des avantages du couplage caméra vidéo-PC. Doté d'une caméra, le PC apprendra à nous reconnaître, à anticiper nos besoins, à suivre des procédures adaptées aux circonstances. Un utilisateur inconnu veut se servir de votre ordinateur ? Celui-ci lui refusera l'accès. Votre enfant veut se connecter à un site du Web « réservé aux adultes » ? Impossible ! Le PC lui interdira la connexion. Vous hochez la tête, baissez les pouces, agitez la main ? Pas de problème, votre PC réagira à bon escient.

Plutôt que de parler ou de taper sur un clavier, vous préférez donner des instructions écrites à la main ? De nombreuses sociétés, dont Microsoft, travaillent depuis des années sur les « ordinateurs à stylet », qui lisent l'écriture manuscrite. J'étais très optimiste sur les délais... mais les difficultés se sont révélées plus subtiles que prévu. Quand nous testions nous-mêmes le système, aucun problème. Mais les autres avaient du mal ! Inconsciemment, nous tracions des lettres plus nettes ; nous nous adaptions à la machine, et non l'inverse. Plus tard, quand l'équipe a cru le programme au point, elle est fièrement venue me faire une démonstration. Échec ! Les créateurs du projet étaient tous droitiers et l'ordinateur, programmé pour lire l'attaque des lettres d'un droitier, ne savait pas interpréter celle d'un gaucher : moi. Apprendre à lire l'écriture à un ordinateur est aussi difficile que de lui apprendre à reconnaître la parole. Mais je reste optimiste : les ordinateurs y parviendront.

Que vous commandiez par la voix, l'écriture ou un curseur, vos choix seront complexes. Et pourtant, vous voulez la simplicité. Se tromper, être frustré, perdre du temps... c'est odieux. Le logiciel du réseau interactif se devra d'être infaillible, même si vous ne savez pas très bien ce que vous cherchez.

L'une des inquiétudes les plus souvent exprimées : la surcharge d'informations. On l'entend d'habitude chez ceux qui s'imaginent que les câbles en fibre optique ressemblent à d'énormes tuyaux crachant d'imposants jets d'informations.

La surcharge d'information n'est pas réservée à Internet. Et n'est pas un problème. Nous sommes déjà aux prises avec une masse stupéfiante de données : les catalogues de bibliothèques, les pages jaunes, les conseils des amis, les livres... Quand nous entrons dans une librairie ou une bibliothèque, nous n'avons pas l'idée de tout lire. Nous nous en tirons très bien grâce à des aides de navigation qui pointent l'information intéressante et nous guident vers le livre recherché : catalogue sur ordinateur dans les bibliothèques, critiques dans le journal, avis du libraire. Une fois que nous avons le livre en main, nous cherchons dans la table des matières où se situe l'information qui nous intéresse.

Aujourd'hui, sur le World Wide Web, les méthodes d'approche par table des matières ou index sont des aides de navigation très prisées. Un service comme YAHOO (http ://www.yahoo.com) joue le rôle de table des matières centralisée pour les milliers de sites du Web : les opérateurs de YAHOO en référencent en permanence les nouvelles pages dans leur catalogue. Connectez-vous sur ce site, choisissez une catégorie assez générale puis raffinez progressivement vos choix. Vous cherchez des informations sur la série télévisée *Friends* ? Choisissez la catégorie Spectacles puis avancez vers des sous-catégories : télévision, humour, séries, puis finalement *Friends*. S'affiche alors la liste des pages du Web consacrée à la série. Cliquez sur le nom de l'une d'entre elles... vous l'atteignez immédiatement. Un plaisir lorsqu'on veut se repérer dans le labyrinthe d'informations du Web !

Un service comme AltaVista (http ://altavista.digital.com), géré par Digital Equipment Corporation, offre un index des sujets du Web. Ses ordinateurs parcourent continuellement le Web et constituent un index par mot clé de toutes les notions abordées sur chaque page. En me connectant sur ce site, j'entre un ou plusieurs mots clés. AltaVista affiche une liste de tous les sites qui incluent des mots répondant à mes critères de recherche. Un outil indispensable pour trouver une aiguille dans une botte de foin ! Mais je le trouve parfois frustrant ; il ne donne aucun commentaire des références affichées. Par exemple : je viens d'interroger AltaVista avec pour mot clé *Friends*. J'ai obtenu une liste de cent mille – oui, cent mille ! – sites sans aucun classement : une carte indiquant le chemin le plus court pour rejoindre la *Cambridge Friends School* depuis Boston, la page d'accueil d'une joaillerie nommée *Gems of Friends*, la liste de tous les amis d'un étudiant suédois d'Uppsala, âgé de 19 ans, etc. Un pensum inutile ! Mais si j'avais souhaité des informations sur un de mes amis, AltaVista aurait été idéal : le site possède aussi un index des noms propres.

Les milieux financiers s'intéressent à ces deux types d'aide à la recherche, qui répondent à un besoin évident : trouver des informations sur un réseau où le volume des données augmente de façon exceptionnelle. Dans les prochaines années, les services de ce type exploseront, d'autant qu'ils sont faciles à mettre sur pied et qu'il existe quantité de méthodes de recherche à proposer, chacune pouvant satisfaire une forte demande.

Avec le temps, la technologie et les services éditoriaux se combineront pour offrir de multiples façons de repérer une information. Le système de navigation idéal sera puissant : il se déplacera aisément dans des informations apparemment infinies tout en restant pratique. Il proposera des programmes de recherche, des filtres, une navigation spatiale, des hyperliens et des guides intelligents.

Imaginez une information spécifique – dossier de presse, article fracassant, liste de films – stockée dans un entrepôt imaginaire. Vous demandez une recherche en fonction de critères précis. Un programme spécialisé scanne les informations de l'entrepôt et cherche si l'une d'elles répond aux critères que vous avez énumérés. Un filtre vérifie les produits tout juste arrivés pour voir s'ils correspondent à vos critères. Avec la navigation spatiale, vous déambulez dans l'entrepôt en visionnant géographiquement le stock.

Mais la technique sans doute la plus excitante, celle qui promet d'être la plus maniable, sera l'agent personnel. Votre ambassadeur sur le réseau. Un programme, doué de personnalité, avec qui vous pouvez dialoguer. Se servir d'un tel agent revient à envoyer un de vos assistants dans l'entrepôt pour qu'il fasse l'inventaire à votre place.

Vous pourrez poser toutes les questions possibles et recevoir les réponses complètes. Par exemple, vous avez oublié le titre d'un film ; vous vous rappelez simplement que les acteurs sont Spencer Tracy et Katharine Hepburn, qu'il lui pose des tas de questions pendant qu'elle tremble de froid. Tapez « Spencer Tracy », « Katharine Hepburn », « froid » et « questions ». Un serveur du réseau retrouvera cette comédie romantique de 1957 intitulée *Desk Set*, où Tracy fait passer un examen à une Hepburn gelée sur une terrasse en plein hiver. Vous pourrez visionner la scène, ou le film entier, lire le scénario, les critiques et d'éventuels commentaires de Tracy et de Hepburn sur la scène en question. Si un sous-titrage en langue étrangère existe, vous pourrez voir la version étrangère. Même si elle est archivée dans un serveur outre-Atlantique, vous y aurez accès instantanément.

Le système recherche saura gérer des recherches directes : « Montre-moi tous les articles du monde sur le premier bébé-éprouvette », « Donne-moi la liste des magasins qui vendent plus de deux marques de nourriture pour chien et peuvent livrer en moins d'une heure à mon domicile », « Quel membre de ma famille n'ai-je pas contacté depuis plus de trois mois ? » Il pourra aussi répondre à des questions complexes : « Dans quelle grande ville trouve-t-on le plus gros pourcentage de gens passionnés par les vidéos de rock et le commerce international ? » Une recherche ne prendra guère de temps : la plupart des questions auront déjà été posées et les réponses archivées.

Les « filtres » sont des sortes de recherches permanentes. Les filtres travaillent sans interruption, retenant toute information qui nous intéresse, rejetant les autres. Vous programmerez un filtre pour l'équipe de football locale ou telle découverte scientifique. Si vous vous intéressez surtout à la météo, un filtre la mettra en tête de votre journal personnalisé. Certains filtres seront créés automatiquement par votre ordinateur, en fonction de votre passé ou de vos hobbies. Un tel filtre me préviendrait de tout événement concernant une personne ou un lieu de mon enfance. Comme « Un météorite s'écrase sur l'école de Lakeside ». Vous créerez des filtres spécialisés : « Recherche pièces pour Nissan Maxima 1990 » ; « Qui vend des souvenirs de la dernière Coupe du Monde ? » ; « Quelqu'un recherche-t-il de la compagnie pour faire du vélo le dimanche après-midi, qu'il pleuve ou qu'il vente ? » Le filtre cherchera tant que vous n'annulerez pas la recherche. S'il vous trouve un compagnon de randonnée, il examinera les informations que cette personne aura déjà mises sur le réseau. Il essaiera de répondre à la question : « Il est comment ? » qu'on se pose forcément à propos de tout nouvel ami potentiel.

La navigation spatiale est très comparable à la façon dont nous localisons aujourd'hui l'information. Quand nous étudions un sujet, nous suivons naturellement les flèches dans une librairie ou une bibliothèque. Les journaux ont des sections sports, immobilier, affaires ou météo.

Avec la navigation spatiale, déjà utilisée dans certains logiciels, vous interagissez avec un modèle visuel d'un monde réel ou virtuel. Imaginez ce modèle comme une carte – un sommaire illustré en trois dimensions. La navigation spatiale sera particulièrement utile pour interagir avec un téléviseur ou un PC portable dépourvu de clavier. Pour vos opérations bancaires, vous consulterez un plan de votre ville, sur lequel vous pointerez, avec une souris, une télécommande ou même le doigt, l'image de votre banque. Vous pointerez sur un tribunal pour savoir quels procès sont en cours et avec quels juges. Vous pointerez sur la gare du ferry pour connaître les horaires et les retards éventuels. Vous cherchez un hôtel ? Vous saurez s'il reste des chambres, vous en consulterez le plan et, si l'hôtel dispose d'une caméra vidéo connectée à Internet, vous jetterez un coup d'œil dans le hall et le restaurant.

On pourra sauter à pieds joints dans la carte pour naviguer dans une rue ou dans les pièces d'un bâtiment. On zoomera, on pianotera. Vous voulez acheter une tondeuse à gazon ? L'écran montre l'intérieur d'une maison, vous gagnez la porte de derrière, vous apercevez un garage. Un clic sur le garage et vous voici dedans. Parmi les outils, une tondeuse à gazon. Un clic sur la tondeuse, d'autres petites annonces, des catalogues, des vitrines-expo dans le cyberespace s'affichent. Facile de procéder à de rapides comparaisons ! En fait, quand vous cliquez sur l'image du garage et avez l'impression d'y entrer, l'information relative aux objets se trouvant « dans » le garage est fournie à l'écran par des serveurs répartis sur des milliers de kilomètres le long du réseau.

Quand vous pointez sur un objet, il s'agit d'une forme d'hyperlien. Les hyperliens permettent de sauter de place en place instantanément, comme les vaisseaux spatiaux de science-fiction qui sautent d'un lieu géographique à un autre en coupant par l'« hyperespace ». Si vous êtes familiarisé avec le World Wide Web, vous connaissez les hyperliens : des boutons, des images, des légendes, des sous-titres sur lesquels vous cliquez et qui vous envoient à un autre endroit du document, sur une autre page, ou bien dans un autre site. Par exemple : vous regardez les infos et ne reconnaissez pas la personne qui marche à côté du Premier ministre britannique. Avec la télécommande, pointez sur elle. Vous obtenez sa biographie et la liste des événements récents auxquels elle a été mêlée. Pointez un événement de la liste... vous en obtenez un compte rendu presse ou vidéo. Ainsi, de sujet en sujet, des vidéos, du son et du texte vous parviennent du monde entier.

La navigation spatiale... un plus incontestable pour le tourisme. Vous vous intéressez aux œuvres d'un musée lointain ? « Entrez » dans leur représentation visuelle, naviguez-y comme si vous y étiez. Vous voulez en savoir davantage sur un tableau ou une statue ? Servez-vous d'un hyperlien. Pas de foule, pas de bousculade ! Posez toutes les questions qui vous passent par la tête, vous n'aurez pas l'air d'un demeuré. Évidemment, la réalité virtuelle ne remplacera pas la réalité : naviguer dans le Louvre ne procure pas les mêmes sensations que s'y promener, voir les toiles, s'imprégner de l'atmosphère. Mais le plaisir sera tout de même au rendez-vous. Un peu comme un ballet ou un match qu'on suit à la télévision : on préférerait y assister en direct, mais on est tout de même satisfait de les voir.

D'autres personnes visitent le musée en même temps que vous ? Vous pouvez choisir de les rencontrer, d'interagir avec eux, ou de les éviter. À vous de décider si vous préférez ou non la solitude : certains endroits auront pour fonction de permettre la socialisation dans le cyberespace ; d'autres inviteront à la solitude. Dans certains, vous aurez le loisir de vous montrer, dans d'autres non.

De nombreux musées possèdent un site sur le Web. La plupart ne montrent que très peu d'images mais les meilleurs, comme le Louvre, vous permettent d'explorer une bonne partie de leurs collections. Stupéfiant !

Avec la navigation spatiale, l'endroit exploré n'a pas besoin d'exister : on peut construire des lieux imaginaires. Dans votre musée personnel, vous déplacerez les murs, ajouterez des galeries, redisposerez les œuvres. Vous pourrez regrouper les natures mortes : un fragment de fresque de Pompéi exposé dans une galerie d'art romain, un Picasso cubiste d'une galerie moderne. Vous jouerez au conservateur et réunirez vos œuvres favorites aujourd'hui éparpillées. Vous vous rappelez une peinture montrant un homme endormi blotti contre un lion... mais qui en est l'auteur et quel musée l'abrite ? Ne vous mettez pas martel en tête : décrivez le tableau, le programme de recherche travaillera pour vous.

Et pourquoi ne pas organiser des visites avec vos amis, assis à côté de vous dans votre salon ou devant un écran à l'autre bout du monde ?

L'aide à la navigation la plus utile : l'agent intelligent. Un programme de recherche ou un filtre doués de personnalité et d'initiative. Son travail ? Vous assister.

Pour saisir l'utilité d'un agent, regardez comment il peut améliorer l'interface d'un PC contemporain. Actuellement, on utilise l'interface graphique – Macintosh d'Apple ou de Microsoft Windows – qui montre au lieu de décrire. Les interfaces graphiques permettent à l'utilisateur de pointer et de déplacer des objets – y compris des images – sur la surface de l'écran. Mais c'est encore trop compliqué pour les systèmes du futur : on a mis tellement d'options à l'écran, il y a tellement de programmes sous-utilisés que l'utilisateur moyen peut se décourager. L'agent intelligent y remédiera.

Tout d'abord, l'ordinateur se souviendra de vos activités passées. Connaissant vos habitudes de travail, il gagnera en efficacité. Grâce au logiciel, les outils d'information connectés au réseau interactif apprendront de vos interactions et vous feront des suggestions. J'appelle cela un « logiciel souple ».

Actuellement, le logiciel est figé : il permet au matériel d'accomplir un certain nombre de fonctions, mais, une fois écrit, il n'« auto-évolue » pas. Un logiciel souple croîtra en intelligence à mesure que vous vous en servirez : il découvrira vos besoins de la même façon qu'un assistant humain. Le jour où votre nouvel assistant prend ses fonctions, vous ne pouvez vous contenter de lui demander de formater un document « comme le mémo du mois dernier » ou de « faire parvenir une copie à toutes les personnes concernées. » Mais, au fil des mois et des années, l'assistant prend de la valeur en apprenant les tâches de routine.

Aujourd'hui, un ordinateur réagit comme un perpétuel assistant du premier jour : il a constamment besoin qu'on lui répète les mêmes instructions. Il ne s'adapte pas, il n'acquiert pas d'expérience. Nous travaillons beaucoup à perfectionner le logiciel souple. Personne ne devrait se retrouver coincé avec un assistant, dans ce cas un logiciel, qui ne tire aucune leçon de l'expérience !

Si un agent sachant apprendre était disponible dès maintenant, je me déchargeais de pas mal de choses : vérifier les calendriers des projets, noter les retards, en distinguant ceux que je dois surveiller de ceux de moindre importance. Il apprendrait les critères qui m'importent : la valeur d'un projet, si d'autres projets en dépendent, la cause et l'ampleur des retards. Il saurait si un dérapage de quinze jours est sans gravité ou s'il révèle un vrai problème que je ferais mieux de régler rapidement.

Créer un agent parfaitement au point prendra du temps : il est difficile de trouver l'accord parfait entre improvisation et routine, anticipation et synchronisation. Si l'agent incorporé dans l'ordinateur tend à être trop intelligent, à anticiper, à accomplir des tâches non désirées, cela risque de choquer ceux qui sont habitués à avoir le contrôle total de leur machine.

Quand vous avez recours à un agent, vous dialoguez avec un programme qui se comporte, dans une certaine mesure, comme un être humain. Pourquoi ne mimerait-il pas les gestes d'une célébrité ou d'un personnage de dessin animé ? Un agent doté de personnalité apporte une interface-utilisateur « sociale ». Nombre d'entreprises, y compris Microsoft, développent en ce moment des agents à capacité « sociale ». Ils ne remplaceront pas l'interface graphique : ils la compléteront en mettant à votre disposition un personnage choisi par vous, qui s'effacera dès que vous accéderez à des données connues sur le bout des doigts. Vous hésitez et avez besoin d'aide ? Le voici qui réapparaît ! Vous finirez par le considérer comme un véritable collaborateur, incorporé dans le logiciel. Il vous rappellera vos points forts, vos travaux passés, essaiera d'anticiper les problèmes, de suggérer des solutions. Il attirera votre attention sur ce qui sort de l'ordinaire. Vous travaillez quelques minutes sur un fichier, puis jetez les corrections au panier : l'agent vous demandera de confirmer. Certains logiciels le font déjà. Si vous travaillez deux heures et demandez d'effacer, l'interface sociale saura que quelque chose cloche... et que vous faites peut-être une bêtise.

Certains frémissent en entendant parler de logiciel souple et d'interface sociale. Un ordinateur humanisé, quelle horreur ! Mais l'essayer, c'est l'adopter. J'en suis convaincu : nous avons tous tendance à faire de l'anthropomorphisme. Tendance qu'exploitent les dessins animés. *Le Roi Lion* n'est pas très réaliste, et ne veut pas l'être. N'importe qui fait la différence entre le petit Simba et une vidéo de lionceaux. Quand une voiture tombe en panne ou qu'un ordinateur se plante, nous sommes enclins à les insulter, à leur demander pourquoi ils nous laissent tomber. Nous ne sommes pas dupes, évidemment ; pourtant nous traitons les objets inanimés comme s'ils étaient vivants et dotés de volonté. Les chercheurs et les éditeurs de logiciels qui réfléchissent aux interfaces misent sur ce penchant très humain. Des études ont montré que les gens traitent les guides mécaniques dotés de personnalité avec une surprenante politesse. Par ailleurs, les réactions des utilisateurs diffèrent selon que la voix de l'agent est masculine ou féminine. Nous avons récemment travaillé sur un projet où des utilisateurs notaient leurs réactions face à un ordinateur. Quand l'ordinateur de l'expérience demandait lui-même une évaluation de sa performance, les réponses étaient plutôt positives. Mais qu'un second ordinateur demande aux mêmes personnes d'évaluer leur expérience avec la première machine... et les réponses étaient nettement plus critiques ! La répugnance des utilisateurs à critiquer directement l'ordinateur suggère qu'ils ne voulaient pas le heurter. Les interfaces sociales ne conviendront pas à tous ni à toutes les situations. Mais elles se développeront parce qu'elles humanisent les machines.

Afin de vous aider au mieux, les agents auront besoin de faire votre connaissance. Mais si le réseau stocke des informations qui ne regardent que vous, des mesures de sécurité et de préservation de la vie privée s'imposeront. Par chance, la technologie permet de telles mesures. En fait, la protection légale de la vie privée est parfois si développée que certains États en sont contrariés.

Restreindre l'accès à l'information, pour des motifs militaires ou économiques, a toujours constitué un enjeu stratégique pour les gouvernements. Les grands cerveaux ont toujours été attirés par la nécessité de rendre inviolables les messages personnels, commerciaux, militaires ou diplomatiques – ou de briser leur code. Déchiffrer un message codé est très excitant.

Charles Babbage, qui, au milieu du siècle dernier, a fait considérablement progresser la technique du déchiffrement, écrivait : « Pour moi, le déchiffrement est l'un des arts les plus fascinants. J'y ai consacré plus de temps qu'il ne le mérite. »

Quand j'étais petit, j'étais moi aussi complètement fasciné et je m'amusais à coder des messages avec des copains. C'était assez simple : on substituait une lettre à une autre. Si un copain m'envoyait un mot commençant par ULFW NZXX, je n'avais pas un mal fou à découvrir que cela signifiait DEAR BILL (Cher Bill). Avec ces sept lettres, il n'était pas difficile de décrypter le reste du message.

Certaines guerres ont été gagnées ou perdues parce que les États les plus puissants de la terre ne possédaient pas la capacité cryptologique d'un lycéen d'aujourd'hui motivé et doté d'un ordinateur personnel. Bientôt, n'importe quel bambin suffisamment mûr pour se servir d'un ordinateur pourra envoyer des messages cryptés presque indéchiffrables. C'est l'une des conséquences de la fantastique expansion de l'informatique.

Le cryptage est en passe de devenir un élément clé de la communication en réseau. Et cela pour une raison essentielle : sans sécurité garantie des transactions, en particulier financières, comment un réseau pourrait-il se développer en un marché dynamique ?

Vous voulez envoyer un message confidentiel sur le réseau interactif ? Bientôt, il sera « signé » par votre ordinateur ou l'appareil que vous utilisez au moyen d'une signature numérique que vous serez seul à pouvoir apposer. Et il sera crypté de telle manière que seul le destinataire sera en mesure de le décrypter. Vous pourrez envoyer toutes sortes de données – voix, images, vidéo, argent numérique ; votre destinataire sera à peu près sûr que le message vient vraiment de vous, qu'il a été envoyé précisément à l'heure indiquée, qu'il n'a pas été altéré et que les autres sont incapables de le décrypter.

Le mécanisme qui rend tout cela possible est fondé sur des principes mathématiques, entre autres les « fonctions à sens unique » et le « cryptosystème à clé publique ». Des concepts assez sophistiqués, dont je vous épargne la description. Vous vous en servirez sans problème : vous vous contenterez de dire à votre appareil d'information ce que vous souhaitez, et il le réalisera sans effort apparent.

Il est plus facile de faire que de défaire une fonction à sens unique. L'opération consistant à briser un carreau est une fonction de ce genre... mais elle n'est guère utile au chiffrement ! Une fonction à sens unique ne sert en cryptographie que si elle est aisée à défaire lorsqu'on lui adjoint une information particulière, et à peu près irréversible sans cette information. Les fonctions mathématiques de ce genre sont nombreuses. L'une d'entre elles concerne les nombres premiers. Sont premiers 2, 3, 5, 7 et 11 – divisibles uniquement par 1 et par eux-mêmes. Mais 4, 6, 8 – divisibles par 2 –, ou 9 – divisible par 3 – ne le sont pas. Les nombres premiers sont illimités, et on ne leur connaît pas de propriété commune, excepté le fait qu'ils sont premiers. Quand vous multipliez deux nombres premiers entre eux, vous obtenez un chiffre qui n'est divisible que par ces deux nombres premiers. Ainsi, 35 n'est divisible que par 5 et 7. Trouver ces nombres premiers s'appelle « décomposer en facteurs premiers ».

Il est facile de multiplier le nombre premier 11 927 par 20 903. Mais retrouver, à partir de ce résultat, les deux facteurs premiers est une autre affaire ! Cette fonction à sens unique – la difficulté de décomposer de grands nombres – est à la base du système de cryptage le plus complexe en usage aujourd'hui. Décomposer en facteurs premiers un très grand nombre prend énormément de temps – même aux plus gros ordinateurs.

Un système de cryptage fondé sur ce principe utilise deux clés : l'une pour crypter le message ; l'autre, différente mais en relation avec la première, pour le décrypter. Avec la seule clé de cryptage, il est facile de coder le message. Mais le décrypter est presque impossible dans un délai raisonnable, car le décryptage requiert une clé différente, à disposition du seul destinataire du message – ou du moins de l'ordinateur du destinataire.

La clé de cryptage se fonde sur le produit de deux nombres premiers de rang élevé, alors que la clé de décryptage repose sur les nombres premiers eux-mêmes. Un ordinateur peut créer en un éclair une nouvelle paire unique de clés : il génère deux grands nombres premiers et en effectue ensuite le produit. La clé de cryptage peut être rendue publique sans grand risque : même un autre ordinateur aurait les plus grandes difficultés à décomposer le produit de ces deux nombres en facteurs premiers.

L'application de ce principe sera au cœur du système de sécurité du réseau interactif. Nous allons devenir de plus en plus dépendants de ce réseau. La sécurité y est donc une priorité. Considérons le réseau comme un réseau postal. Chacun possède une boîte aux lettres inviolable dans laquelle tout le monde peut glisser un message. Mais vous seul possédez la clé qui vous permet d'en sortir les informations.

Chaque ordinateur, chaque support d'information, utilisera des nombres entiers pour générer deux clés : une clé de cryptage, qui sera rendue publique, et une clé de décryptage correspondante que seul l'utilisateur connaîtra. En pratique : si je désire vous envoyer des informations, mon système informatique consulte votre clé publique et l'utilise pour crypter le message avant que je ne vous l'expédie. Personne ne peut le lire, même si votre clé est largement connue, parce que cette clé ne contient pas les informations indispensables au décryptage. Lorsque vous recevez mon message, votre ordinateur le déchiffre avec une clé privée qui correspond à la clé publique.

Vous voulez répondre ? Votre ordinateur consulte ma clé publique et l'utilise pour coder votre réponse. Personne d'autre ne peut lire le message, même s'il est crypté avec une clé totalement publique. Je suis le seul qui puisse le lire parce que je suis le seul à avoir la clé de décryptage privée. C'est très pratique : ainsi, il n'y a pas besoin de distribuer les clés à l'avance.

Quelle doit être l'importance des nombres premiers et de leur produit pour assurer une fonction à sens unique efficace ?

Le concept de cryptage à clé publique a été inventé par Whitfield Diffie et Martin Hellman en 1977. Un autre groupe de savants, Ron Rivest, Adi Shamir et Leonard Adelman, en sont rapidement arrivés à l'idée d'utiliser la décomposition en facteurs premiers dans ce qu'on appelle aujourd'hui l'algorithme RSA, d'après les initiales de leurs patronymes. Ils ont calculé qu'il faudrait des millions d'années pour trouver les facteurs premiers d'un nombre de 130 chiffres qui serait le produit de deux nombres premiers, quelle que soit la puissance informatique mise en œuvre. Pour le démontrer, ils ont mis le monde au défi de découvrir les deux facteurs du nombre à 129 chiffres suivant (connu des spécialistes sous le nom de RSA-129) :

114 381 625 757 888 867 669 235 779 976 146 612 010
218 296 721 242 362 562 561 842 935 706 935 245 733
897 830 597 123 563 958 705 058 989 075 147 599 290
026 879 543 541.

Ils étaient certains que le message qu'ils avaient crypté resterait secret à jamais. Mais ils n'avaient prévu ni les effets de la loi de Moore, qui rend compte de la puissance croissante des ordinateurs, ni le succès de l'ordinateur personnel, qui a considérablement accru le nombre de ces appareils et de leurs utilisateurs ! En 1993, plus de six cents universitaires et mordus d'informatique du monde entier se sont attaqués au RSA-129, en utilisant Internet pour coordonner le travail. En moins d'un an, ils ont décomposé le nombre en deux facteurs premiers, l'un de 64 chiffres et l'autre de 65 :

3 490 529 510 847 650 949 147 849 619 903898 133 417
764 638 493 387 843 990 820 577
et
32 769 132 993 266 709 549 961 988 190 834 461 413
177 642 697 992 942 539 798 288 533.

Et le message codé dit : *The magic words are squeamish and ossifrage* (« Les mots magiques sont " délicat " et " cruel " »).

Premier enseignement de cette affaire : une clé publique à 129 chiffres n'est pas assez longue si les informations encodées sont réellement importantes. Deuxième leçon : on ne peut jamais être complètement sûr d'un codage.

Mais, si l'on ajoute quelques chiffres à la clé, l'affaire se corse ! Les mathématiciens considèrent aujourd'hui qu'un nombre de 250 chiffres qui serait le produit de deux nombres premiers ne pourrait être décomposé avant des millions d'années... même en tenant compte des progrès des ordinateurs. Mais qui sait ? Cette incertitude – et l'éventualité très peu vraisemblable mais concevable qu'on découvre une méthode facile de décomposition des grands nombres – signifie qu'une plate-forme logicielle pour le réseau interactif devra être conçue de manière à pouvoir changer à tout moment son procédé de cryptage.

Ce besoin essentiel de flexibilité a été démontré fin 1995, quand un consultant en cryptographie, Paul Kocher, a réussi à décoder certaines procédures de clé publique sans recourir à la décomposition en facteurs. Après avoir utilisé la clé publique d'un système-cible pour coder des messages, Paul Kocher a chronométré le temps passé par le système pour les décrypter. Après quelques milliers d'essais, il a rassemblé assez de renseignements sur la durée de déchiffrage pour établir le nombre secret utilisé par le système. Par chance, modifier les programmes de décryptage afin d'empêcher un chronométrage précis ne soulève aucun problème. Mais, hélas, il se pourrait que d'autres méthodes existent auxquelles nous n'avons pas encore songé. Pas moyen donc, de se reposer sur ses deux oreilles.

Épargnons-nous cependant quelques craintes : les nombres premiers ne s'épuiseront pas ; et deux ordinateurs n'utiliseront pas une clé identique, même par coïncidence. Comme il existe plus de nombres premiers d'une longueur appropriée que d'atomes dans l'univers, la probabilité de rencontres accidentelles est infinitésimale.

La cryptographie à clé permet davantage que la confidentialité. Elle assure également l'authenticité d'un document parce qu'une clé privée peut servir à crypter un message que seule la clé publique peut décrypter. Par exemple : si je veux signer l'information que je vous envoie, mon ordinateur utilise ma clé privée pour la crypter. Dès lors, mon message ne peut plus être lu qu'avec la clé publique – accessible à tout le monde. Mais chacun sait qu'il est bien de moi, puisque personne d'autre n'a la clé privée qui l'aurait crypté de cette façon.

Mon ordinateur code à nouveau le message crypté en utilisant cette fois la clé publique. Puis il vous envoie le message doublement crypté sur le réseau. Votre ordinateur le reçoit et utilise votre clé privée pour le décrypter. Cela supprime le second niveau de cryptage mais conserve le niveau que j'ai déclenché avec ma propre clé. Votre ordinateur utilise ma clé publique pour le décrypter à nouveau. Comme il est vraiment de moi, il est correctement déchiffré et vous savez qu'il est authentique. Si un seul bit d'information avait été modifié, le message ne serait pas décodé correctement et l'altération ou l'erreur de communication apparaîtrait. Vous aurez ainsi la certitude que la monnaie numérique est valable et que les signatures de documents sont authentiques... De quoi faire des affaires avec des inconnus... ou avec des partenaires en qui vous n'avez pas entièrement confiance !

La sécurité peut être encore accrue en incorporant des dates dans les messages cryptés. Si quelqu'un essaie de modifier la date à laquelle un document est censé avoir été écrit ou envoyé, l'altération sera détectable. Cela rétablira la valeur de preuve des photographies et des vidéos, fortement remise en question depuis qu'il est devenu si facile de les retoucher numériquement.

En décrivant le cryptage à clé publique, j'ai simplifié à l'extrême les détails techniques du système. Comme ce procédé est relativement lent, ce ne sera pas le seul procédé de cryptage utilisé sur les futures autoroutes de l'information. Mais il permettra la signature et l'authentification des documents, ainsi que la distribution des clés pour les autres systèmes de cryptage.

Les capacités de navigation, une interface utilisateur et les moyens de cryptage ne sont pas, à proprement parler, des applications. Ce sont des services standardisés fournis par un système d'exploitation à toutes ses applications. Certaines des applications tournant sur un réseau interactif pourront élargir l'éventail des services de base du système d'exploitation en leur apportant des caractéristiques supplémentaires. Les services fondamentaux sont vitaux : ils aident les utilisateurs en développant l'efficacité et l'utilité des applications et ils aident les créateurs de programmes et les éditeurs de contenus interactifs en accomplissant une bonne part du travail.

Internet offrira des applications en tout genre et en grande quantité – bien plus qu'aujourd'hui.

De nombreuses applications relèveront de la distraction pure, de plaisirs simples : partie de bridge ou d'échecs avec des amis, même s'ils habitent une autre ville. Vous regardez un reportage sportif à la télévision ? Choisissez l'angle de la caméra, revenez en arrière, rediffusez, sélectionnez votre commentateur préféré. Écoutez la musique de votre choix, quand vous le voulez, puisée dans le plus grand magasin de disques du monde : le réseau interactif. Fredonnez un petit air de votre invention dans un micro, puis écoutez ce qu'il donne une fois orchestré ou joué par un groupe de rock. Réalisez un fantasme : prenez la place de Vivien Leigh ou de Clark Gable dans *Autant en emporte le vent*, ou regardez-vous défiler sur un podium haute couture, revêtu des dernières créations de Paris coupées sur mesure pour vous, ou pour le corps dont vous rêvez.

Vous êtes un incorrigible curieux ? Le monde sera à votre portée. Comment fonctionne une horloge mécanique ? Vous ouvrirez le mécanisme et poserez vos questions. Grâce à une application de réalité virtuelle, vous pourrez même vous glisser à l'intérieur de l'horloge. Vous mettre à la place d'un chirurgien du cœur. Tenir la batterie dans un concert de rock. Certaines options ne seront que les versions améliorées de logiciels existants, mais les graphismes et l'animation seront très supérieurs.

D'autres applications seront strictement pratiques – certaines, d'ailleurs, existent déjà. Avant votre départ en vacances, une application de gestion domestique actionnera le chauffage, dira à la Poste de garder votre courrier et au facteur de ne pas déposer les imprimés, fera tourner en boucle l'éclairage intérieur pour faire croire que vous êtes chez vous, et paiera automatiquement vos factures.

Passons à des applications plus sérieuses. Un dimanche, mon père s'est cassé un doigt. Il a dû se rendre aux urgences les plus proches, qui se trouvaient à l'Hôpital pour Enfants de Seattle. Là, on a refusé de le soigner : il était trop vieux de plusieurs décennies. Si le réseau interactif avait existé, il l'aurait prévenu de ne pas perdre son temps et l'aurait orienté vers un autre hôpital. Dans quelques années, si mon père se recasse un doigt – je ne le lui souhaite pas –, il ira directement au bon hôpital, enregistrera son entrée électroniquement depuis sa voiture et évitera la paperasse habituelle. L'ordinateur de l'hôpital alertera le bon médecin, qui consultera sur un serveur le dossier médical de mon père. La radio du doigt, stockée numériquement sur un serveur, sera immédiatement mise à la disposition des spécialistes, dans le même hôpital ou n'importe où dans le monde. Le diagnostic, oral ou écrit, sera joint au dossier médical et, plus tard, papa pourra visionner la radio chez lui et écouter le diagnostic. Et en famille : « Regardez-moi cette fracture ! Et écoutez ce que dit le médecin ! »

La plupart de ces applications – lire un menu de pizzeria, partager des informations médicales centralisées – font déjà leur apparition sur les PC. Le partage interactif de l'information va très vite faire partie intégrante de notre vie quotidienne. À nous d'installer les éléments manquants du réseau.

## 5

# DE L'INTERNET AUX AUTOROUTES

Les autoroutes de l'information n'existent pas. J'entends quelques cris d'indignation : mais alors comment appelez-vous le réseau Internet sur lequel communiquent déjà des millions d'entre nous ? Oui, Internet préfigure le réseau mondial tel qu'il existera un jour – et il est probable qu'au terme de son évolution, son nom d'Internet ne changera pas. Mais aussi pompeux que paraisse le terme d'autoroutes de l'information, il permet de différencier le réseau à bande étroite d'aujourd'hui – Internet tel qu'on le connaît – du réseau interactif à bande large de demain – les autoroutes.

Peu importe son nom. La construction d'un réseau interactif aux capacités gigantesques : un très gros travail. Des infrastructures matérielles nouvelles : les câbles en fibre optique, les serveurs et les commutateurs rapides. Des plates-formes logicielles adaptées. Nous avons vu que l'évolution des matériels et des plates-formes logicielles a conduit au développement de l'ordinateur personnel. Dans les années 1980, la compétition a fait rage dans le secteur de la micro-informatique. Aujourd'hui, même combat avec la création de la plate-forme logicielle d'Internet. Il existe une forte demande de connexion au réseau de la part des entreprises. L'évolution de la demande domestique, moins pressante, suivra la croissance du réseau : de la bande étroite à la bande moyenne. Puis enfin la fibre optique à haute capacité : les véritables autoroutes de l'information.

La limite entre les réseaux de données sur bande

étroite et sur bande moyenne, et entre cette dernière et ceux sur bande large, est impossible à fixer. En pratique, cependant, une connexion sur bande étroite permet le transfert, au maximum, de 50 000 bits de données par seconde ; sur une bande large, 2 millions de bits par seconde circulent en continu – 6 millions pour des images vidéo de qualité. Une connexion sur bande moyenne se situe quelque part entre ces deux chiffres. Cette classification en largeur de bande, simplifiée, ignore les cas de connexions assymétriques pour lesquelles l'information reçue circule plus vite que l'information émise. Et sur certaines bretelles d'accès partagées, la vitesse de connexion dépendra du nombre d'utilisateurs engagés.

Aujourd'hui, la majorité d'entre vous branche son micro-ordinateur sur Internet par le biais du réseau téléphonique – dont la largeur de bande est étroite. Les PC sont reliés au réseau téléphonique par des « modems » (modulateur-démodulateur), qui, en convertissant les 0 et les 1 – les informations numériques – en différentes fréquences sonores, permettent l'échange de données. Dans les premiers temps de l'IBM-PC, les modems transportaient les données à la vitesse de 300 ou de 1 200 bits par seconde. De petites vitesses qui obligeaient à se cantonner à l'émission de texte. Pour la transmission d'images, c'était bien trop lent.

Aujourd'hui, les modems abordables sont beaucoup plus rapides : 28 800 bits par seconde. Une largeur de bande encore insuffisante pour de nombreux types de communications : une seconde pour une page de texte ; dix secondes pour la transmission d'une photographie de la taille de l'écran, même compressée ; et plusieurs minutes pour envoyer une photographie couleur d'une résolution telle qu'elle permet d'en tirer une diapositive... On trouve des modems à 33 600 bits par seconde, voire à 38 400 – ce sont les performances maximales. Dans ces conditions, le transfert de vidéos est impraticable.

Dans les prochaines années, les câblo-opérateurs et les compagnies de téléphone amélioreront leurs réseaux et les équiperont de commutateurs numériques et de fibre optique d'une largeur de bande supérieure au fil de cuivre. Quand cette nouvelle infrastructure sera en place, l'ère des communications à large bande – l'ère des autoroutes de l'information – aura commencé.

Les commutateurs numériques ne ressemblent en rien aux commutateurs électriques. Ce sont des ordinateurs complexes qui orientent les flux de données, comme les gares de triage pour les wagons. Sur les futurs grands réseaux circuleront des millions de communications simultanées. Et peu importe le nombre de relais intermédiaires : tous les bits d'information devront parvenir à leur destination en temps et en heure.

Tâche colossale ! Imaginez qu'il faille acheminer des milliards de wagons de marchandises le long de voies ferrées à travers de vastes systèmes de commutateurs. Et cela en respectant des horaires rigoureux ! Les wagons étant attachés les uns aux autres, les aiguillages sont encombrés quand passent des trains longs : il y aurait moins d'embouteillages si chaque wagon voyageait seul, s'orientait à travers les commutateurs, et si chaque train se reformait automatiquement en arrivant à destination.

L'information circulant sur le réseau interactif sera fragmentée en minuscules paquets. Chaque paquet sera acheminé indépendamment, avec une liberté semblable à celle des automobiles sur le réseau routier. Lorsque nous commanderons un film, il sera fragmenté en millions de petits morceaux, chacun d'eux trouvant sa voie jusqu'à notre poste de télévision.

Ce routage des paquets aura lieu grâce à l'utilisation d'un protocole de communication : la TTA, Technique temporelle asynchrone (ATM en anglais). La TTA sera l'un des fondements du réseau interactif. Les compagnies téléphoniques du monde entier commencent déjà à lui faire confiance, parce qu'elle optimise l'étonnante largeur de bande de la fibre optique. L'une des forces de la TTA : sa capacité de garantir un délai d'acheminement. La TTA fragmente chaque flux numérique en paquets uniformes. Chacun d'eux contient 48 octets d'information à transporter et 5 octets de contrôle, ce qui permet aux commutateurs de la ligne de convoyer les paquets très rapidement. Arrivés à leur destination, ils sont recombinés pour recomposer le flux initial.

La TTA achemine des flux de données à de très hauts débits – au départ jusqu'à 155 millions de bits par seconde, puis 622 millions, et finalement 2 milliards par seconde. Pour gérer une telle quantité de données, une seule solution : les lignes de communication à grande capacité. D'où l'intérêt pour la fibre optique, véritable asphalte des autoroutes de l'information, ou encore, pour poursuivre notre analogie ferroviaire, ses voies de chemin de fer. Les opérateurs ne pensaient pas au protocole TTA au moment de l'installation ; aujourd'hui, son intérêt ne risque pas de leur échapper. Peu à peu, tous les réseaux – ceux des câblo-opérateurs comme ceux des compagnies téléphoniques – seront constitués de fibre optique. Au moins jusqu'au point de distribution dans les différents quartiers des villes. À partir de là, les câbles coaxiaux – pour la télévision – ou à fil de cuivre – pour le téléphone – relaieront la fibre. Car même sans fibre, nous pourrons tirer parti d'un réseau à large bande. Les foyers gros consommateurs de communication pourront, eux, être équipés en fibre optique.

Dans les quartiers d'affaire ou dans les zones où les utilisateurs seront prêts à payer les coûts, les réseaux à large bande se développeront rapidement. Ailleurs, la mise en place d'une infrastructure domestique prendra plus de temps. En 1994, les câblo-opérateurs et les compagnies téléphoniques envisageaient le contraire : des millions de foyers américains branchés à un réseau à large de bande dans un temps record. Que de promesses extravagantes n'avons-nous pas entendues ! Chez Microsoft, nous étions prudents. Car pour s'engager dans de telles dépenses, encore fallait-il posséder quelques certitudes concernant les bénéfices. Nous passions pour des frileux... nous étions simplement prévoyants : dès que les entreprises ont réalisé que les coûts crevaient les plafonds alors qu'existaient bien peu d'applications nouvelles, elles ont fait machine arrière... et admis que rien ne pressait.

Le succès simultané d'Internet, en 1995, l'a montré : des millions d'entre vous se satisfont d'un réseau interactif sur bande étroite. Je l'ai dit plus tôt : l'enthousiasme suscité par Internet m'a pris par surprise. J'avais sous-estimé l'engouement qui naîtrait de ce nouveau moyen de communication. Et l'identification de toute une génération à la culture Internet. Ce réseau m'était apparu victime de handicaps insurmontables : sa lenteur, la difficulté à se connecter, son manque de sécurité.

Mais dès la fin de 1995, un seuil de viabilité était atteint, impulsant une spirale positive encore plus vigoureuse que celle qui avait accompagné le PC : vous êtes de plus en plus nombreux à utiliser le réseau, les applications sont multipliées, le contenu se diversifie... ce qui attire de nouveaux surfers. Cette réussite irrésistible témoigne du potentiel des réseaux interactifs. Une ligne de crêtes a été franchie, le paysage de l'avenir apparaît moins brouillé.

Au printemps 1993, lorsque le terme d'autoroutes de l'information est devenu à la mode, qu'imaginaient la plupart des acteurs industriels ? Que la télévision interactive impulserait la révolution des communications. Que le succès commercial des réseaux numériques s'appuierait sur les applications vidéo. Le téléviseur, bon marché, plus répandu et plus simple d'emploi que le PC, recevrait, à l'évidence, les premiers services... Dans la majorité des projets, l'interactivité à domicile passait par la vidéo à la demande, service déjà disponible et ne présentant pas de difficultés techniques. Les câblo-opérateurs et les compagnies de téléphone multipliaient les expériences de télévision interactive – à la fois pour tester le marché et pour montrer qu'ils se positionnaient pour la nouvelle ère. D'un point de vue technologique, plusieurs de ces expériences relevaient de la blague. Les autoroutes de l'information n'avaient rien à y gagner.

Chez Microsoft, nous avons suivi une ligne de conduite très simple, fondée sur la conviction que la vidéo à la carte constituait une application tueuse pour les connexions à large bande. Le réseau connaîtrait le succès, à la condition que vous puissiez disposer d'un large éventail d'applications. Et nous nous sommes attelés à créer deux éléments : une plate-forme logicielle fonctionnant avec une myriade d'applications et les applications elles-mêmes. En d'autres termes, nous avons essayé de répéter le succès de Windows. Nous n'avons pas lancé de tests publics – et tant pis si les médias ont claironné que nous prenions du retard dans la compétition pour les autoroutes de l'information ! Nous avions mieux à faire : mettre sur pied une architecture globale capable de supporter tous les aspects d'un réseau. À nos yeux, les tests, trop précoces, tenaient surtout de l'exercice en relations publiques. Ils favorisaient la dispersion des énergies, au lieu de concentrer les recherches sur la constitution de fondations solides. Avant de songer aux tests, nous voulions disposer d'un produit véritablement nouveau.

Pour beaucoup, le PC n'aurait pas sa place sur le marché interactif. Mais nous, nous voulions au contraire coordonner micro-ordinateur et téléviseur. Nous étions persuadés qu'à long terme les réseaux informatiques d'entreprises et le réseau interactif grand public posséderaient une architecture commune.

Pendant ce temps, les industriels du secteur se lançaient dans une grande campagne d'explications. Leur but ? Justifier les investissements colossaux nécessaires à la connexion de millions de foyers sur le réseau à large bande, et cela en une poignée d'années. À quelques centaines de dollars près, ils estimaient le coût de la connexion d'un téléviseur ou d'un PC sur le réseau à large bande à 1 200 dollars. Prix incluant l'installation de la fibre optique, les serveurs, les commutateurs et l'électronique de la maison. Faites le calcul pour les quelque cent millions de foyers américains : 120 milliards de dollars. Les entreprises les plus impliquées commençaient à réfléchir : Combien d'entre vous, utilisateurs, étiez prêts à payer ce prix pour disposer de services interactifs ? Pour l'accès à ces services, vous verseriez des droits comparables à ceux de la télévision câblée... Nettement insuffisants pour financer le développement du réseau interactif. Les tests marketing montraient que la vidéo à la carte allait générer à peine plus de bénéfices que les chaînes de cinéma diffusant quantité de films récents... Alors, à quoi bon se presser ?

J'étais convaincu que la solution viendrait d'applications novatrices. Lors de nos réunions je demandais : Quels projets développons-nous pour le médical ? Pour le tourisme ? Pour l'éducation ? Vous croyez vraiment que ces applications vont passionner ? Comment allons-nous les développer ?

Nous savions qu'il nous fallait la collaboration d'autres entreprises. Sans réseau préexistant, qui allait investir ?

Dès que le secteur a réalisé qu'il n'y aurait pas, à moyen terme, de retour sur investissements à attendre du réseau à large bande, presque tous les tests de technologie interactive prévus – soit une bonne quarantaine – furent annulés ou réduits.

Le réseau à large bande était trop coûteux... Alors, que faire ? Envisager une étape intermédiaire : un réseau à bande moyenne ? Pour cela, il fallait sacrifier la vidéo à la carte. Évidemment, des technologies telles que le RNIS (réseau numérique à intégration de services) ou l'ADSL (Asymetrical Digital Subscriber Line) pouvaient offrir des services de données sur les câbles existants. Mais les industriels étaient convaincus que le public – supposé demandeur de vidéo à la carte – rejetterait un réseau de moindre qualité. La révolution interactive était en panne.

Soudain, Internet fournit les réponses : le réseau interactif se construisait d'abord autour du PC. Le tour du téléviseur viendrait plus tard, quand il ressemblerait davantage à un ordinateur personnel. Une synergie naîtrait entre le PC – à l'environnement bien établi – et la télévision interactive, à l'environnement balbutiant.

Il apparut tout aussi clairement que le réseau public – les autoroutes – et les réseaux d'entreprise seraient de même nature et communiqueraient entre eux.

Enfin, tout le monde se rendit compte que des milliers, voire des millions d'entre vous, étaient prêts à payer l'accès au réseau.

Certes, on était loin du domaine des loisirs et de la vidéo à la carte ! Les premiers contenus interactifs – liés pour l'essentiel à l'information et au commerce – fonctionnaient déjà sur le réseau à bande étroite. Le passage à la bande moyenne favoriserait leur développement.

Un avenir radieux s'ouvrait, soudain, aux connections sur bande moyenne. La bande large, nécessaire pour la vidéo à la carte, était repoussée *sine die*.

Internet était à l'origine une excroissance d'un réseau d'État, nommé Arpanet, créé en 1969 par le ministère de la Défense américain et destiné à permettre le maintien des communications entre l'industrie militaire et la recherche après une offensive nucléaire. Il gagna la faveur des chercheurs et des ingénieurs et servit de lien permanent entre collaborateurs éloignés. Hors de ce milieu, l'existence du réseau était largement ignorée.

Né dans un univers informatique et étranger à toute motivation commerciale, Internet a toujours attiré les pirates informatiques.

2 novembre 1988. Des milliers d'ordinateurs connectés au réseau commencent à ralentir. Beaucoup s'arrêtent temporairement. Aucune donnée n'est détruite, mais le temps de calcul perdu pendant que les administrateurs des réseaux bataillent pour reprendre le contrôle de leur machine se chiffre en millions de dollars. Seul bénéfice, si j'ose dire : Internet est alors sorti de l'anonymat – c'est après cet incident qu'une bonne partie d'entre vous en a entendu parler pour la première fois. La cause de ces ennuis ? Un programme informatique espiègle, un *worm* – un ver – qui circulait sur le réseau, d'un ordinateur à l'autre, en se dupliquant au passage. (On parle de « ver » plutôt que de virus quand il n'affecte pas les autres programmes.) Ce ver s'était introduit dans les logiciels du système par une « porte dérobée » pour attaquer, incognito, la mémoire des ordinateurs. Il s'y était dissimulé et diffusait des informations trompeuses destinées à le protéger.

Après quelques jours, le *New York Times* a identifié le pirate : Robert Morris Jr, vingt-trois ans, étudiant en troisième cycle à l'université Cornell. Robert Morris n'avait conçu et lâché le « ver » que pour voir combien d'ordinateurs il pourrait atteindre... mais il avait commis une erreur de programmation, et le ver s'était reproduit à un rythme effréné ! Robert Morris fut traduit en justice pour infraction à la loi de 1986 sur la fraude et les abus informatiques. Il a été condamné à trois ans de mise à l'épreuve, dix mille dollars d'amende et quatre cents heures de travaux d'intérêt général.

En 1989, l'administration américaine cessa de financer Arpanet. Aussitôt, ses utilisateurs cherchèrent à le remplacer. Le successeur allait s'appeler Internet, terme qui désignait à la fois le réseau et les protocoles régissant les communications. Un double sens qui continue à être une source de confusion.

Même lorsqu'il devint un service commercial, ses premiers clients restaient, pour l'essentiel, des instituts de recherche, des sociétés informatiques, des universitaires ou des étudiants de troisième cycle. Au cours de ces toutes dernières années, Internet est devenu l'arc nerveux reliant les différents systèmes de courrier électronique du monde.

Sur Internet, vous pouvez communiquer avec qui vous voulez – dans un but professionnel, éducatif, ou pour le plaisir. Vous pouvez échanger des messages avec des interlocuteurs du monde entier. Vous êtes malade et obligé de garder la chambre ? Rien ne vous empêche de converser sur le réseau avec vos amis. Vous êtes timide et avez du mal à vous exprimer en société ? La discussion sur le réseau fait tomber bien des barrières. Et bientôt, le réseau interactif permettra la vidéo. Ce qui n'est pas forcément un bien : finie notre heureuse ignorance concernant l'identité sociale, raciale ou sexuelle de nos interlocuteurs !

*"On the Internet, nobody knows you're a dog."*

Dessin humoristique du *New Yorker* :
« Sur Internet, personne ne sait que tu es un chien. »

Le courrier électronique a engendré une culture et un vocabulaire propre. La notion de *flaming* : une attaque personnelle délibérée. Les « émoticons », néologisme associant émotion et icône : altérations des conventions dactylographiques qui soulignent une intention humoristique. Vous voulez conclure une phrase d'un sourire ? Ajoutez deux points un tiret et une parenthèse fermante. Regardé de côté ce symbole :–) est un visage souriant. Vous écrivez « Votre idée ne me plaît pas », vous ajoutez l'émoticon, et votre phrase paraît moins abrupte. Vous êtes déçu ? Dessinez le même symbole, mais avec une parenthèse ouvrante :–(. Ces cousins nuancés du point d'exclamation ne survivront sans doute pas à l'association son-image-message.

Quand je vous envoie un message à partir de mon ordinateur, il est transféré par une ligne téléphonique jusqu'au serveur où se trouve ma « boîte aux lettres ». De là, il passe, directement ou indirectement, au serveur qui gère la vôtre. Via le réseau téléphonique ou un réseau d'ordinateurs d'entreprise, vous vous connectez à votre serveur. Vous récupérez (par téléchargement) le contenu de votre boîte aux lettres, où se trouve le message que je vous ai adressé... C'est le fonctionnement du courrier électronique. Vous pouvez envoyer un message à 1 ou 25 personnes, ou le placer sur un babillard – un endroit où tout le monde peut accéder aux messages et les lire. Les uns et les autres se répondent, des conversations publiques s'ensuivent.

Les échanges sont d'ordinaire asynchrones. Ces babillards sont soit thématiques, soit spécialisés : on s'y rencontre en fonction de centres d'intérêt communs. Certaines entreprises en proposent aux pilotes, aux journalistes, aux enseignants... Sur Internet, on appelle groupes de *news* – Usenet – les milliers de forums dont le contenu n'est ni contrôlé ni censuré et qui s'organisent autour de sujets aussi particuliers que la caféine, Ronald Reagan ou les cravates ! Vous pouvez télécharger tous les messages sur un thème donné, ou seulement les plus récents, ou tous ceux émanant d'une personne, ou encore ceux qui répondent à une demande particulière, ceux qui contiennent un mot spécifique dans leur résumé thématique, etc.

L'une des applications les plus populaires d'Internet est la navigation sur le Web. Qu'est-ce que le *World Wide Web* (Web ou WWW) ? Des serveurs connectés à Internet qui offrent des pages graphiques d'information.

Connectez-vous sur l'un de ces serveurs : un écran apparaît, avec un certain nombre de liens hypertextes. D'un clic de souris, activez l'un d'eux... Vous vous retrouvez avec une nouvelle page contenant de nouvelles informations et d'autres liens hypertextes. Pour l'enregistrer, vous avez le choix : le même serveur ou un autre.

La page principale d'une société ou d'un particulier s'appelle « page d'accueil ». En la créant, vous lui associez une « adresse électronique », qui permet de retrouver la connexion. Lorsqu'elle est créée, vous y accédez en tapant l'adresse ou en cliquant sur un lien qui appellera l'adresse. Dans les publicités actuelles, on commence à voir des extraits de pages de présentation Web. Aux États-Unis, le logiciel qui permet de se connecter à un serveur n'est pas cher et fonctionne sur la plupart des ordinateurs. Le logiciel qui parcourt le Web est en général gratuit et compatible avec toutes les machines. À l'avenir, les systèmes d'exploitation intégreront ce programme de navigation sur le Web.

1996 : Page d'accueil, montrant des hyperliens, de la bibliothèque du congrès sur le World Wide Web

Internet bénéficie d'un cycle de feed-back positif. Tout le monde le reconnaît comme un canal de distribution essentiel, comme un champ d'innovations. Il y a des décennies, les prédictions des pionniers – comme Ted

Nelson – sur l'informatique avaient l'air de relever de la pure fantaisie. Aujourd'hui, bon nombre d'entre elles se sont réalisées – les livres interactifs, les liens hypertextes.

Chaque jour, littéralement, Internet connaît un développement nouveau et digne d'intérêt. Inutile de chercher à les décrire : l'évolution est trop rapide. Rester en phase avec une réalité aussi dynamique n'est pas une mince affaire. Bientôt, la culture Internet du début de cette décennie nous paraîtra complètement désuète, aussi rétro que les histoires des pionniers.

Quoi de plus parlant, en filant la métaphore des autoroutes, que la piste de l'Oregon. De 1841 jusqu'au début des années 1860, plus de trois cent mille hommes et femmes sont partis en chariots d'Independence, dans le Missouri, pour les territoires de l'Oregon ou les mines d'or de Californie. Un voyage de 3 300 kilomètres à travers des terres inconnues; on estime que vingt mille d'entre eux sont morts victimes des brigands, de la faim, du froid ou du choléra. La piste de l'Oregon a été le point de départ du réseau d'autoroutes actuel. Elle traversait de nombreux États et permettait aux véhicules de circuler dans les deux sens. Nos autoroutes américaines suivent le vieux tracé de la piste sur la plus grande partie de sa longueur. Mais ne poussons pas la comparaison trop loin ! La piste de l'Oregon n'annonçait pas complètement la réalité moderne : il n'y a ni choléra ni famine sur nos autoroutes; les embouteillages et les conducteurs ivres ne constituaient pas un danger bien sérieux pour les caravanes.

Dès ses premiers balbutiements, Internet a préfiguré le réseau interactif à large bande, à la façon dont l'Altair 8800 avait servi de précurseur au PC moderne. L'Altair était lent, primitif, d'un usage difficile. Et pourtant, nous étions un petit groupe de mordus à avoir confiance dans ses possibilités. Comparé au futur réseau interactif à large bande, Internet est lent, primitif et d'un usage difficile. Mais il s'améliore à un rythme soutenu – plus que pour le PC. Quant à ses possibilités, elles sont encore plus prometteuses. Son succès, déjà : l'événement le plus important dans le monde informatique depuis l'apparition du PC d'IBM en 1981.

La comparaison avec le PC vaut pour bien des aspects. Le PC était loin de la perfection : compromis arbitraires, faiblesses technologiques. Il a conquis le public, est devenu le standard pour le développement de programmes. Des entreprises ont tenté de s'opposer à cette standardisation ; elles avaient souvent de bonnes raisons. Elles ont échoué : trop d'entreprises s'attachaient à améliorer le PC.

Microsoft comme Netscape – notre partenaire et souvent notre concurrent – ont tiré les leçons de cette histoire encore fraîche : il nous faut améliorer et élargir les standards. Tous les acteurs du secteur s'y emploient : en 1994, Microsoft projetait de bâtir sa propre plate-forme logicielle pour réseaux interactifs ; AT&T réfléchissait à un projet concurrent ; IBM avait ses propres plans, de même qu'Oracle. Chacune de ces plates-formes devait constituer une solution globale, privilégiant les points forts et les centres d'intérêt de l'entreprise qui la créait, quitte à ménager un certain degré de compatibilité entre ces solutions. Aux câblo-opérateurs de choisir la plate-forme plébiscitée par leurs clients.

Une certitude : la seule plate-forme viable descendra en ligne directe d'Internet. Elle constituera le standard unique, pour les réseaux publics internationaux et pour les réseaux d'entreprises – les intranets. La compétition a changé de terrain : on ne s'affronte plus pour élaborer la meilleure plate-forme, mais pour promouvoir l'évolution d'Internet. Changement significatif, qui explique les nombreuses modifications que j'ai apportées à cette deuxième édition de ce livre.

L'approche radicale – nouvelle plate-forme – est-elle condamnée ? Probablement pas : des réseaux à large bande indépendants d'Internet verront sans doute le jour. Plusieurs États, parmi lesquels Hong Kong et Singapour, s'apprêtent à financer des initiatives indépendantes. Ces efforts ont leur utilité : ils encouragent l'expérimentation d'interfaces et d'applications nouvelles. Mais ces réseaux resteront des tentatives isolées. Internet dominera.

À quoi est due la position exceptionnelle d'Internet ? À son langage, les protocoles TCP/IP. Régissant la navigation sur le Web, ils sont simples et ont permis aux serveurs de gérer des flux de trafic importants. Cependant, la partie n'est pas gagnée : les bases sont solides, mais il reste beaucoup à faire avant que la plate-forme logicielle ne constitue un tout cohérent. Elle doit répondre à nos attentes, voire les devancer, dans tout ce qui facilite l'usage quotidien du réseau interactif : la navigation et la sécurité, le courrier électronique, la collaboration de groupes, la compatibilité avec des logiciels concurrents, les services de facturation et de gestion, les connexions sur des composants logiciels arbitraires... Le rôle de la plate-forme : définir une norme correspondant à chacun d'entre nous afin que nous puissions faire fonctionner simultanément plusieurs applications. Rien de plus facile, alors, que de changer d'application – sans intermédiaire – en fonction de nos besoins et de nos désirs !

Exploiter au mieux Internet, c'est aussi préserver sa qualité de service. Une solution : réserver une partie de la largeur de bande à la qualité. La technologie TTA intègre ces garanties ; logiquement, elle fournirait donc la meilleure réponse, bien qu'il existe certains protocoles de qualité de service qui se passent de cette technologie.

Quel est le principe ? Permettre à chacun d'entre nous de réserver une certaine largeur de bande entre deux points du réseau. Le but ? Obtenir une réception de qualité et en temps réel de contenus, tels que des transmissions audio ou vidéo. Les garanties de qualité sont nécessaires au succès d'applications telles que la visioconférence ou la vidéo à la carte. Malheureusement, elles entameront un peu plus l'innocence initiale d'Internet : elles introduiront une tarification dans la gestion du trafic. Car il faudra les payer, même un prix minime. Si ces garanties sont gratuites, pourquoi s'en priverait-on ? Surchargé de demandes de cet ordre, Internet, techniquement limité, ne serait pas en mesure de réserver de la largeur de bande pour tous.

Un problème : comment facturer au mieux cette garantie ? À l'heure actuelle, Internet ressemble à un restaurant qui n'accepte pas les réservations : n'importe qui pousse la porte et se contente de ce qui est proposé. Le système fonctionne sur l'assurance, partagée par tous les utilisateurs, que le traitement est équitable et qu'il n'existe pas de passe-droits. Après l'institution des réservations payantes, le seul service disponible pour tous se réduira au surfage sur la bande non réservée. Sur la bande avec garantie de service circuleront toutes les connexions audio. Le coût mensuel supplémentaire restera faible, même pour une utilisation intensive.

Dans le monde, Internet est peu cher, à quelques pays près. Pour une somme relativement modeste on s'y connecte à des serveurs qui gèrent les échanges, le courrier électronique, les services télématiques... Ces échanges vont de courts messages de quelques dizaines de caractères à des transferts de millions d'octets (photographies, logiciels, etc.). Que le serveur soit proche ou éloigné, le prix ne varie pas.

Le modèle de facturation sur Internet a déjà bouleversé une notion bien ancrée dans nos mentalités : la nécessité de payer la communication en fonction de la durée et de la distance. Il s'était produit la même chose avec le calcul sur ordinateur, il vous fallait payer le temps de calcul à l'heure. Les ordinateurs personnels ont changé cela.

Pourquoi Internet est-il si peu cher ? Grâce à sa structure financière très particulière. Si vous utilisez un téléphone, vous payez en fonction de la distance et de la durée de la communication. Les entreprises contraintes d'appeler régulièrement une de leurs succursales éloignées empruntent une ligne à tarif forfaitaire réservée aux seuls appels entre les deux sites.

Internet repose sur une série de lignes spécialisées, reliées par des systèmes de communication qui acheminent les données. Les liaisons à longue distance d'Internet sont assurées aux États-Unis par cinq compagnies qui louent chacune des lignes aux sociétés de télécommunication. Depuis le démantèlement d'AT&T, en 1984, les tarifs de location de ces lignes sont devenus compétitifs. Comme le trafic sur Internet est énorme, ces cinq compagnies s'efforcent d'offrir les prix les plus bas possibles ; elles utilisent d'énormes largeurs de bande presque gratuitement.

La plupart des entreprises utilisent une ligne téléphonique d'un genre particulier pour se connecter sur Internet : une T-1. Elle transporte 1,5 million de bits par seconde – une largeur de bande assez élevée. Pour une T-1, qui peut acheminer leurs données jusqu'aux points les plus éloignés du réseau, les abonnés paient un forfait mensuel, plus un abonnement annuel de 20 000 dollars à la société qui les connecte à Internet. Cette redevance, fondée sur la capacité de connexion, couvre tous les usages : vous pouvez utiliser Internet à longueur de journée ou presque jamais, pour des communications au bout du monde ou la porte à côté. Internet tire ses ressources de l'ensemble de ces versements, sans aide gouvernementale.

Cela fonctionne bien parce qu'on paie pour la capacité, et que les tarifs ont suivi. Dès que vous êtes connecté à Internet, vous pouvez l'utiliser de façon intensive sans payer davantage. Ce qui, bien sûr, en favorise l'emploi. Pourquoi perdre du temps et de l'énergie à vouloir garder trace de la durée et de la distance d'une communication si les affaires marchent sans cela ?

Vous ne pouvez pas vous permettre de louer une T-1 ? Pour vous connecter à Internet, entrez en contact avec un prestataire de services local : une société qui a payé pour se connecter sur une T-1 ou un autre système à haut débit. Servez-vous de votre propre ligne téléphonique pour appeler ce prestataire de services.

Aux États-unis, en 1995, l'abonnement mensuel moyen sur Internet se montait à vingt dollars pour vingt heures de connexion en heures pleines. Au printemps 1966, plusieurs sociétés, dont AT&T, ont commencé à offrir un temps de connexion illimité pour le même tarif. La compétition s'aiguisait... Désormais, des géants des télécommunications du monde entier offrent des services d'accès à Internet. Des sociétés de services en ligne, telles Compuserve ou America Online, incluent l'accès à Internet dans leurs tarifs. Au cours des prochaines années, un marché de masse va se développer, tandis qu'Internet continuera de s'améliorer. Les compagnies téléphoniques sauront-elles en tirer parti ?

Elles ont l'occasion de devenir les plus grands fournisseurs d'accès à Internet. Mais le réseau menace leur source de revenus la plus lucrative : les communications longue distance. La majorité d'entre vous préfère déjà le réseau au téléphone pour les appels longue distance. Et quand le dernier obstacle – la mauvaise transmission de la voix – sera levé...

Bonne nouvelle pour les consommateurs. Pas pour les compagnies de téléphone. Qui ont décidé de se battre. En mars 1996, aux États-Unis, une association professionnelle, l'Association des opérateurs de télécommunications des États-Unis, représentant plus de 130 entreprises de télécommunications, a engagé des discussions avec la Federal Communications Commission la Commission fédérale des communications. Son but : obtenir la création d'une réglementation, en particulier d'une taxe sur la vente de tout produit – matériels et logiciels – permettant les communications longue distance sur Internet. Un communiqué de presse signé de cette association accusait Internet « de créer la possibilité de contourner les opérateurs des communications longue distance nationales et internationales et de permettre la quasi-gratuité des communications... ». Le communiqué mettait en outre l'accent sur l'engorgement qui risquait de se produire sur le réseau.

Les préoccupations de ces entreprises sont compréhensibles. La forte tradition de l'accès égal aux services publics fonde la politique des tarifs imposés par l'administration américaine ; politique qui contraint les opérateurs à accepter de perdre de l'argent sur les communications locales. Comment s'en sortent-ils ? En augmentant leurs marges sur les appels longue distance : leurs tarifs surévalués subventionnent les services locaux. Mais si vous préférez utiliser Internet pour les communications longue distance, ces subventions disparaissent...

Le problème est réel. Va-t-on le résoudre en imposant à Internet les règles du téléphone classique ? J'en doute : comment identifiera-t-on les communications téléphoniques parmi les paquets de données numériques échangées par les utilisateurs ?

En ce qui concerne l'engorgement du trafic sur Internet, les compagnies de téléphone disent vrai. Mais que l'infrastructure s'améliore – grâce aux investissements – et que la largeur de bande augmente – grâce aux avancées technologiques –, et le problème sera résolu ! La demande augmente vite, mais la capacité progresse plus vite encore. L'équilibre entre ces deux composantes tiendra parfois de la prouesse de funambule. Nous connaîtrons des moments difficiles, des ralentissements. Mais rien n'arrêtera Internet.

Les embouteillages deviennent un problème majeur ? Première solution : augmenter le tarif d'abonnement. Deuxième solution : instaurer le paiement à l'unité. Un paiement fondé sur le temps de communication, la distance, le nombre de bits... Solution complexe : un nombre important de sociétés proposent un accès à Internet ; si quelques-unes adoptent une tarification pénalisant les plus gros utilisateurs, ceux-ci se tourneront vers des sociétés plus accueillantes et le trafic sur Internet n'en sera guère affecté.

Si Internet change notre façon de payer la communication, pourquoi ne modifierait-il pas également la rétribution – ou la non-rétribution – de l'information? Actuellement, sur Internet, nous payons rarement les éditeurs de contenu : la grande majorité des publications disponibles sur le Web reste le travail de passionnés, ou un effort de promotion pour les produits vendus en dehors de l'univers électronique. En attendant l'idée géniale qui va permettre aux éditeurs d'engranger des revenus, une vaste industrie des produits interactifs a fleuri, dans laquelle à peu près personne ne gagne d'argent.

Quelques commentateurs expliquent qu'à l'avenir l'information devrait circuler gratuitement. Un grand nombre de données – depuis les photographies de la NASA jusqu'aux messages des services télématiques apportés par les utilisateurs – resteront gratuites. Mais, à mon avis, il faudra continuer à payer les contenus les plus attrayants : les films de Hollywood, par exemple, ou les bases de données encyclopédiques.

Comment imaginer un média prospère sur lequel les fournisseurs de contenus ne sont pas payés pour leur travail? Dans ce domaine, les entreprises n'ont pas trouvé de solution. Celles qu'elles expérimentent – publicité et abonnements – devraient, à court terme, se révéler peu satisfaisantes : les annonceurs hésitent à s'investir dans un nouveau média tel qu'Internet; peu d'entre vous sont prêts à payer des contenus qu'ils ont apprécié tant qu'ils étaient gratuits. Le nombre d'abonnés qu'une société de contenus peut présenter à un annonceur est donc faible... ce qui diminue les tarifs publicitaires et les revenus de l'éditeur.

Autre obstacle à la tarification des contenus : il est peu pratique de prélever – ou de régler – des sommes faibles. Peut-on envisager de prélever 15 centimes sur votre compte pour la lecture d'un article? L'évolution du système va permettre de simplifier ce problème. Vous décidez de visiter une page du Web qui coûte 50 centimes... cette somme sera ajoutée à votre facture totale, tout comme vos communications téléphoniques sont actuellement facturées mensuellement. La consultation de la plupart des contenus restera d'un coût modique, mais un site dont l'accès coûte 15 centimes engrangera des bénéfices s'il plaît à un grand nombre d'entre vous.

En plus de l'information gratuite, on a accès sur Internet à de nombreux logiciels. Logiciels commerciaux, offerts dans le cadre d'une campagne promotionnelle. Thèses d'étudiants. Travaux de laboratoires subventionnés par l'État. Mais un logiciel est un outil important, exigeant de la qualité, de la documentation et une certaine universalité. On va avoir de plus en plus besoin de logiciels commerciaux. Déjà, de nombreux étudiants ou enseignants qui ont créé des logiciels diffusés gratuitement s'emploient à lancer des versions commerciales plus sophistiquées.

Un des développements les plus prometteurs : les connexions par voie hertzienne à double sens. Nous utilisons déjà de multiples appareils de communication sans fil : téléphones cellulaires, téléappel, télécommandes, à faible largeur de bande. Les réseaux hertziens resteront à bande étroite, au moins dans un futur proche. La police ou certains intervenants médicaux pourront acheter assez de largeur de bande pour la transmission de la vidéo hertzienne à double sens, mais pour le commun des mortels, les possibilités seront limitées. Aujourd'hui, les PC captent des données transmises par satellite, mais la circulation s'effectue à sens unique. Les réseaux hertziens vont se développer à partir des systèmes actuels : téléphone cellulaire et service téléphonique sans fil appelé PCS. Vous êtes loin de chez vous ou de votre bureau et vous avez besoin de consulter votre ordinateur à distance ? Qu'à cela ne tienne ! Connectez votre appareil informatique portable au réseau sans fil. Un commutateur relie le réseau hertzien au secteur câblé... mettant ainsi en communication votre appareil portable à votre ordinateur. Quoi de plus facile, alors, que de chercher l'information dont vous aviez besoin ?

Les réseaux hertziens locaux vont apparaître... et seront bon marché. Ils fonctionneront dans les entreprises et à domicile. Limitez-vous à des communications dans un certain rayon géographique. Connectez-vous au réseau interactif ou à votre propre système d'ordinateur, et ne payez pas le temps de connexion ! La technologie diffère de celle des grands réseaux hertziens, mais ne vous inquiétez pas de ces problèmes techniques : vos appareils portables vont automatiquement sélectionner le réseau sans fil le moins cher.

Une autre technologie importante va faire son apparition sur le réseau à bande étroite : le partage d'écran ou la fenêtre sur écran. L'image pourra être regardée par deux ou plusieurs personnes en des endroits différents. Des versions préliminaires existent déjà dans certains logiciels de navigation sur le Web et quelques modems permettent la transmission simultanée de voix et de données par les lignes téléphoniques. Vous faites des projets de vacances... Vous possédez un ordinateur personnel, votre agence de voyages aussi. Vous sélectionnez quelques hôtels parmi ceux qu'elle vous présente ? Elle vous en montre les photos et vous offre un tableau comparé des tarifs. Vous téléphonez à une amie pour lui demander comment aller chez elle ? Si vous possédez tous les deux des ordinateurs connectés à la ligne téléphonique, elle vous transmet un plan du quartier, que vous commentez et annotez, au cours de votre conversation.

Une connexion à bande moyenne fournit une capacité huit fois supérieure, environ, à celle d'un modem à bande étroite. Les images sont transmises sans délai sur un écran. Vous pouvez même utiliser de la vidéo à basse définition, surtout sur une petite fenêtre. La largeur de bande supplémentaire change du tout au tout la navigation sur le Web.

Les compagnies de téléphone assurent déjà des transmissions domestiques à bande moyenne : elles envoient des signaux numériques à la place de signaux analogiques. Ils continuent de circuler sur du fil de cuivre, mais les commutateurs qui routent l'information sont plus performants.

Les compagnies de téléphone privilégient la technologie RNIS (réseau numérique à intégration de services). Le RNIS transmet la voix ou des données à 64 000 ou 128 000 bits par seconde. Il peut transmettre des images animées, mais de médiocre qualité – trop médiocre pour un film, à peine acceptable pour une visioconférence, bien qu'on puisse dans ce cas améliorer la qualité en utilisant simultanément plusieurs circuits RNIS.

Chez Microsoft, des centaines de collaborateurs utilisent le RNIS pour relier leur ordinateur familial à notre réseau d'entreprise. Le RNIS a été inventé il y a plus de dix ans mais, en l'absence d'une demande d'applications pour micro-ordinateur, personne ne s'en servait. Il est curieux que les compagnies du téléphone aient investi des capitaux énormes pour construire des commutateurs capables de gérer le RNIS sans avoir une idée précise de la manière dont elles l'utiliseraient. L'ordinateur personnel va susciter une demande explosive. Vous payez 500 dollars la carte électronique nécessaire à l'utilisation du RNIS ; dans quelques années, il ne vous en coûtera plus que 200 dollars. Les frais de ligne varient selon les lieux mais sont en général de 50 dollars par mois. Ils descendront jusqu'à 20 dollars – à peine plus qu'une liaison téléphonique.

Pour les compagnies de téléphone, le RNIS a un grand défaut : il mobilise en partie l'infrastructure du réseau traditionnel. Une autre technologie – novatrice – à bande moyenne ne présente pas ce désavantage : l'ADSL (asymetrical digital suscriber line). Elle va prendre de l'importance dans les prochaines années. Indépendante du réseau de téléphone, elle fonctionne avec des câbles téléphoniques traditionnels et connecte l'ordinateur personnel directement au central de la compagnie de téléphone, d'où il est routé sur Internet.

L'indépendance à l'égard du réseau téléphonique n'est pas son seul avantage : l'innovation majeure de l'ADSL est d'offrir une largeur de bande plus importante que le RNIS jusqu'au branchement domestique. L'ADSL peut transmettre au moins 1,5 millions de bits par seconde en direction d'un foyer, soit l'équivalent des lignes T-1. Elle peut fonctionner à 6,2 millions de bits par seconde – voire plus – si la distance entre le central téléphonique et l'ordinateur est inférieure à trois kilomètres.

Hélas, la vitesse de transmission à partir du foyer – sur le canal de retour – ne dépasse pas 64 000 bits par seconde ! Une vitesse supérieure à celle des modems disponibles, mais insuffisante pour la transmission à double sens d'images animées. Par chance, la technologie évolue. Bientôt, nous pourrons bénéficier de 600 000 bits par seconde. Une vitesse intéressante pour des visioconférences de qualité.

À l'origine, les compagnies téléphoniques ont conçu ADSL comme une riposte à la menace des câblo-opérateurs : la télévision interactive. Aujourd'hui, il constitue un excellent moyen d'accéder à Internet : les plus riches pages graphiques du Web apparaissent sans délai sur l'écran. Les modems ASDL remportent un très grand succès... leur prix devrait donc baisser.

Les compagnies téléphoniques ne sont pas les seules à pousser leurs clients vers Internet. Les câblo-opérateurs ont des technologies et des stratégies intérimaires particulières : ils souhaitent utiliser leurs réseaux de câbles coaxiaux pour concurrencer les compagnies du téléphone. Les câbles coaxiaux, semblables à ceux qui relient un téléviseur à un magnétoscope, offrent une largeur de bande potentielle de loin supérieure à celle des lignes téléphoniques. Une part considérable de ce potentiel est gâchée car sur ces réseaux ne circulent pas des bits : les câblo-opérateurs utilisent la technologie analogique. Avec l'introduction de commutateurs traitant l'information numérique, les réseaux pourront transmettre des centaines de millions de bits par seconde.

D'un point de vue pratique, la largeur de bande fournie à domicile par un câblo-opérateur est moins importante qu'il n'y paraît : les lignes téléphoniques conduisent un signal spécifique jusqu'à un destinataire unique ; les signaux du câble, eux, sont diffusés vers plusieurs centaines de téléviseurs. Quand une compagnie de téléphone vous adresse 1,5 million de bits par seconde sur un câble ADSL, vous êtes seul à en bénéficier. Mais quand un câblo-opérateur mobilise 6 mégahertz de largeur de bande pour envoyer 27 millions de bits par seconde à un ensemble de récepteurs, tous les modems reliés au câble sont en compétition pour capter leur part de la largeur de bande. Résultat : dans tous les cas le foyer bénéficie d'une connexion à bande moyenne. Accroître la largeur de bande : pour les compagnies téléphoniques en connectant plusieurs lignes sur un foyer ; pour les câblo-opérateurs en utilisant des canaux à plus de 6 mégahertz – ou en équipant le quartier en fibre optique.

Une autre entreprise dans laquelle se sont engagés les câblo-opérateurs : multiplier par cinq ou dix le nombre de canaux de transmission. Comment y parvenir ? En recourant à la fibre optique et en utilisant la compression numérique.

Disposer de trois cents à cinq cents nouvelle chaînes, c'est nous rapprocher de la vidéo à la carte, mais pour un nombre limité d'émissions télévisées et de films. Nous effectuerons notre choix à partir d'une liste apparaissant à l'écran au lieu de nous régler sur un canal. Un film célèbre pourra passer sur vingt de ces canaux, avec un début décalé de cinq minutes en cinq minutes, pour que chacun d'entre nous puisse commencer à le regarder quand cela lui convient. Nous choisirons parmi les programmes de télévision disponibles et les heures de films... et le boîtier de connexion commutera vers le canal approprié. Les Headline News de CNN, qui durent une demi-heure, pourront nous être présentées sur six canaux différents, et être diffusées de façon décalée, toutes les cinq minutes. Nous pourrons suivre une nouvelle émission d'information en direct toutes les demi-heures, comme aujourd'hui. Cinq cents canaux seraient ainsi vite épuisés !

La concurrence pousse les câblo-opérateurs à répondre à cette demande de multiplication. Les satellites de transmission en direct envoient déjà des centaines de canaux vers les foyers et commencent à le faire en direction de PC. Si la seule ambition du réseau interactif était de livrer à domicile un nombre limité de films, cinq cents canaux suffiraient.

Mais un tel système, synchrone pour l'essentiel, n'offre qu'un choix limité. Et ne fournit qu'un canal de retour à faible largeur de bande. Par le canal de retour, vous acheminez vos instructions, via le câble, jusqu'au réseau. Vous pourrez ainsi utiliser le boîtier de connexion pour commander des produits ou des programmes, répondre aux sondages, participer aux jeux télévisés... Mais avec un canal de retour à faible largeur de bande, vous n'aurez à votre disposition qu'une souplesse et une interactivité limitées.

Comprenez-moi bien : disposer de cinq cents chaînes, c'est un progrès, et je serais heureux d'en bénéficier. Si le câblo-opérateur réussit à nous proposer une connexion à bande moyenne et des centaines de films, quelle aubaine ! Mais cela n'aura rien à voir avec les autoroutes de l'information. Vous ne pourrez pas regarder n'importe quelle émission de télévision, passée ou présente, à l'heure de votre choix. Vous ne pourrez pas manipuler l'avance et le retour rapide, ou la pause, pour les milliers de films diffusés par la chaîne. Vous pourrez tirer une croix sur les programmes éducatifs ou de loisirs en images animées de haute définition. Vous n'organiserez pas de séance de visioconférence avec vos parents et leurs petits-enfants... Le monde interactif ne sera pas à votre portée.

Combien d'années faudra-t-il encore avant que nous soyons des millions à bénéficier de connexions à large bande ? La fibre optique et les autres technologies novatrices atteindront progressivement nos foyers, à mesure que les câblo-opérateurs et les compagnies de téléphone moderniseront leurs systèmes. Disposer de l'infrastructure est une condition nécessaire à l'existence d'un réseau interactif à bande large. Mais insuffisante : il y faut aussi des applications, des contenus.

Une chance : les infrastructures et les contenus ne se mettent pas en place simultanément. Vous avez massivement adhéré à Internet, impulsant ainsi une dynamique. Votre désir d'obtenir une plus large bande est aujourd'hui le moteur de l'évolution. Si vous naviguez sur Internet de chez vous, vous connaissez les contraintes pesantes du réseau à bande étroite. Si vous disposez au bureau ou à l'université d'un réseau à large bande, vous rêvez sûrement d'avoir l'équivalent chez vous, de pouvoir vous connecter rapidement au réseau. Les compagnies de téléphone et de câble connaissent vos souhaits : elles investissent dans la bande moyenne pour leurs usagers privés.

Les connexions en large bande suivront. Contrairement à l'idée qui prévalait il y a quelques années, la technologie, les applications, les contenus descendront directement de l'ordinateur personnel et d'Internet. Ils n'auront avec la télévision qu'un cousinage lointain. Cette évolution, cohérente, est engagée. Elle se poursuivra jusqu'à son terme.

# 6

# LA RÉVOLUTION DU CONTENU

Pendant plus de cinq cents ans, l'essentiel du savoir humain a été conservé sous forme de documents papier. Vous en tenez un en ce moment même (à moins que vous ne soyez en train de lire ce texte sur un CD-ROM ou sur une édition en ligne). Nous ne pourrons jamais nous passer du papier, mais son importance diminue déjà.

Quand on parle d'un « document », on pense généralement à un texte imprimé sur papier. Mais tout ensemble d'informations constitue un document : une page du Web, un article de journal, une émission de télévision, une chanson ou un jeu vidéo interactif. Grâce à l'enregistrement numérique, les documents seront faciles à trouver, à mémoriser et à charger sur un réseau. Envoyer du papier peut être un vrai casse-tête, surtout si des dessins, des images s'ajoutent au texte. À l'avenir, tout sera stocké numériquement : photos, enregistrements, instructions de programmation pour l'interactivité, animations, combinaisons de ces éléments avec d'autres.

La richesse des documents électroniques nous apportera une aide qu'on ne peut attendre d'aucune feuille de papier. On va pouvoir répertorier et interroger les bases de données grâce à l'exploration interactive. Les distribuer sera extrêmement économique et facile. Ces nouveaux documents numériques sont donc voués à remplacer le papier imprimé dans de très nombreux cas, et à nous ouvrir de nouveaux horizons.

Mais cela ne va pas se produire du jour au lendemain. Les livres, les magazines, les journaux traditionnels présentent encore de nombreux avantages. Pour lire un document numérique, il faut un support informatique, un micro-ordinateur, par exemple. Par comparaison, un livre est petit, léger, très visible et économique. Pendant une bonne dizaine d'années encore, il sera moins commode de lire un long document séquentiel sur un écran que sur papier. Les premiers documents numériques d'usage courant seront plus fonctionnels. Ils ne se contenteront pas d'imiter platement l'ancien support. Les postes de télévision sont plus grands, plus chers, plus encombrants et possèdent une moindre résolution qu'un livre ou un magazine... mais cela n'a pas empêché leur succès. La télévision nous a apporté du divertissement vidéo à domicile. Processus tellement irréversible que les téléviseurs ont naturellement trouvé leur place à côté des livres et des journaux.

Grâce aux améliorations technologiques constantes des ordinateurs et des écrans, nous aurons bientôt entre les mains un « livre électronique », léger, universel, au format proche de son équivalent imprimé. Pour le consulter, nous ouvrirons un coffret pas plus lourd qu'un livre actuel. Le texte, accompagné d'images ou d'une vidéo d'excellente qualité, défilera sur un écran. Nous le feuilletterons en touchant l'écran du doigt ou en utilisant les commandes vocales pour rechercher les passages qui nous intéressent. Grâce à ce dispositif, nous pourrons avoir accès à tous les documents du réseau.

Cependant, pas question de limiter la communication électronique à la lecture sur matériel informatique ! Ce qui est fascinant, dans la documentation numérique, c'est qu'elle va redéfinir le document lui-même.

Vous imaginez les répercussions ! Il va falloir repenser les notions de « document », d' « auteurs », d' « éditeur », de « bureau », de « salle de classe », de « manuel ».

Quand deux entreprises discutent les termes d'un contrat, elles en font taper puis imprimer une première version, qui est ensuite faxée à l'autre partie. Cette dernière la corrige et la remanie en écrivant directement sur le document ou en ressaisissant le document modifié sur ordinateur, à partir duquel il sera de nouveau imprimé. Puis elle l'envoie par fax à son interlocuteur ; lequel prend note des changements, propose une nouvelle version papier qui est à son tour imprimée et refaxée, etc. On finit par ne plus vraiment savoir qui est l'auteur de telle ou telle modification. Coordonner tous ces commentaires et modifications coûte cher. La communication électronique simplifie le processus : le contrat fait plusieurs aller-retour ; et en marge de l'original, on peut systématiquement noter à quel moment il a été modifié, par qui, pour quelles raisons, comment...

Dans quelques années, le document numérique, doté de signatures numériques authentifiables, sera l'original... et les copies papier deviendront accessoires. De nombreuses entreprises ont déjà dépassé le stade du papier et des télécopies : elles échangent des documents modifiables, par ordinateur interposé, par courrier électronique. La rédaction de ce livre aurait été beaucoup plus difficile sans le courrier électronique. J'ai envoyé des moutures de ce texte par modem à des lecteurs dont je sollicitais l'opinion ; j'ai lu les corrections suggérées, et il m'a été utile de savoir qui les avait faites et quand.

Avant l'an 2000, un pourcentage significatif de documents ne sera plus imprimé sur papier. Comme un film ou une chanson d'aujourd'hui : nous pourrons encore les imprimer en deux dimensions, mais cela nous fera le même effet que de lire une partition au lieu d'écouter son interprétation enregistrée.

Certains documents numériques présentent des avantages colossaux. Pour concevoir son nouveau 777 à réaction, Boeing a utilisé un gigantesque protocole électronique capable de contenir toutes les informations techniques. Avant, Boeing devait tirer des milliers d'épures et construire une coûteuse maquette grandeur nature, afin de coordonner le travail des équipes de conception, de fabrication et des sous-traitants. Maquette indispensable pour vérifier que les diverses parties de l'avion, conçues par des ingénieurs différents, s'ajustaient correctement. Pour le développement du 777, finies épures et maquette ! Dès le départ, Boeing a utilisé un document électronique comprenant des modèles numériques en trois dimensions de toutes les pièces, ainsi que de la façon dont elles s'emboîtaient. Sur les terminaux informatiques, les ingénieurs examinaient le projet sous des angles différents : ils suivaient les progrès dans chaque domaine, consultaient les résultats des tests, ajoutaient des informations sur les coûts, et modifiaient n'importe quelle partie du projet avec une facilité impensable s'il s'était agi de documents papier. Tous travaillaient avec les mêmes données... et chacun pouvait se consacrer à sa spécialité. L'information étant à la disposition de tous, chacun avait la possibilité de voir si une modification avait été effectuée, qui en était l'auteur, quand elle avait été faite, et pour quelle raison. Grâce aux documents numériques, Boeing a économisé des centaines de milliers de feuilles de papier et des milliers d'heures de travail, d'ébauches et de photocopie.

En outre, on travaille plus vite avec des documents numériques qu'avec du papier. On peut transmettre des informations instantanément et les récupérer presque aussi rapidement. Comme on peut très facilement restructurer leur contenu, ces documents numériques sont simples à trouver et il est facile de naviguer à travers eux.

Dans un restaurant, par exemple, les réservations sont classées par jour et par heure. On inscrit le nom d'un client attendu à 21 heures sous le nom de celui qui arrive à 20 heures. Les réservations pour le samedi soir suivent celles du samedi midi. Un maître d'hôtel ou un employé peut rapidement retrouver une réservation. Mais si, pour une raison quelconque, on cherche à se renseigner sur une réservation dont on ignore la date ou l'heure, le classement chronologique ne sert à rien.

Imaginez la perplexité d'un restaurateur si je l'appelle en lui disant :

– Gates à l'appareil. Ma femme a réservé une table chez vous le mois prochain. Pourriez-vous me dire quel jour ?

– Je suis désolé, monsieur, mais connaissez-vous approximativement la date de réservation ? me répondra-t-il sans doute.

– Non, c'est justement ce que j'essaie de savoir.

– S'agit-il d'un week-end ?

Conscient qu'il va devoir feuilleter, page après page, son livre de réservation, il essaiera de gagner du temps en réduisant l'éventail des dates.

Un restaurant peut utiliser un registre pour répertorier ses clients parce que le nombre total de réservations n'est pas très important. Un système de réservations aériennes n'a pas la forme d'un livre mais d'une banque de données contenant une énorme masse d'informations – vols, tarifs, noms des clients, attribution de sièges et informations de dernière minute – sur des centaines de vols quotidiens dans le monde entier. Sabre, le système de réservation d'American Airlines, stocke l'information – 4,4 trillions d'octets, soit 4 400 milliards de signes – sur disque dur. Essayez de reporter les informations du système Sabre sur un livre de réservation : il vous faudrait plus de... deux milliards de pages !

Avec le support papier, l'information s'organise de façon linéaire, à l'aide d'index, de tables des matières, et de renvois divers, autant de moyens de navigation supplémentaires. Dans la plupart des bureaux, les dossiers sont classés par ordre alphabétique – par clients, vendeurs ou projets –, mais, pour accélérer la recherche, un duplicata de la correspondance est également archivé de façon chronologique. Dans un livre, un index est toujours un plus. Avant l'informatisation des catalogues des bibliothèques, les livres étaient référencés sur plusieurs cartes différentes. Un lecteur pouvait ainsi rechercher un ouvrage par titre, par auteur ou par thème. Cette redondance facilitait grandement les recherches.

Quand j'étais petit, j'adorais l'encyclopédie *World Book* de mes parents. Mais elle ne contenait que du texte et des images. Je pouvais voir à quoi ressemblait le phonographe d'Edison, mais pas en entendre le son grinçant. Je contemplais, un peu perplexe, la photo d'une chenille se transformant en papillon, sans comprendre les différentes phases de cette opération. Avec une vidéo, j'aurais pu observer la métamorphose en direct. J'aurais bien aimé que l'encyclopédie me pose des questions sur ce que je venais de lire, ou que les informations soient régulièrement mises à jour. Bien sûr, à l'époque, je n'étais pas conscient des limites du livre. À huit ans, j'ai commencé à lire le premier volume de *World Book*, bien décidé à venir à bout de chaque tome, de la première à la dernière page. Si les articles avaient été classés par thème, cela m'aurait facilité la tâche : j'aurais pu lire à la suite tous les articles sur le XVIe siècle, ou tous ceux concernant la médecine. Mais les rubriques étaient classées par ordre alphabétique : « gardon », « Gary, Indiana », « gaz ». Je me suis tout de même bien amusé à lire cette encyclopédie pendant cinq ans, jusqu'au moment où je suis arrivé à la lettre P. J'ai alors découvert l'*Encyclopedia Britannica*, j'ai compris que je n'aurais jamais la patience de la lire en entier... J'avais déjà la passion des ordinateurs.

Les encyclopédies imprimées actuelles remplissent

une vingtaine de volumes : des millions de mots et des milliers de pages d'illustrations. Et elles coûtent des milliers de francs ; une petite fortune si l'on considère la rapidité avec laquelle les informations se périment ! Une encyclopédie multimédia tient sur un seul CD-ROM. Moins de trente grammes, à moins de 60 dollars, pour 26 000 entrées, 9 millions de mots, 8 heures de son, 8 000 photographies et illustrations, 950 cartes, 250 graphiques et tableaux interactifs, et 100 animations et vidéo-clips ! Et à portée de la main des informations qu'aucune encyclopédie sur papier ne pourra jamais vous fournir : le son de l'ud, un instrument de musique égyptien, le discours d'abdication qu'Édouard VII, roi d'Angleterre, a prononcé en 1936, une animation expliquant le fonctionnement d'une machine...

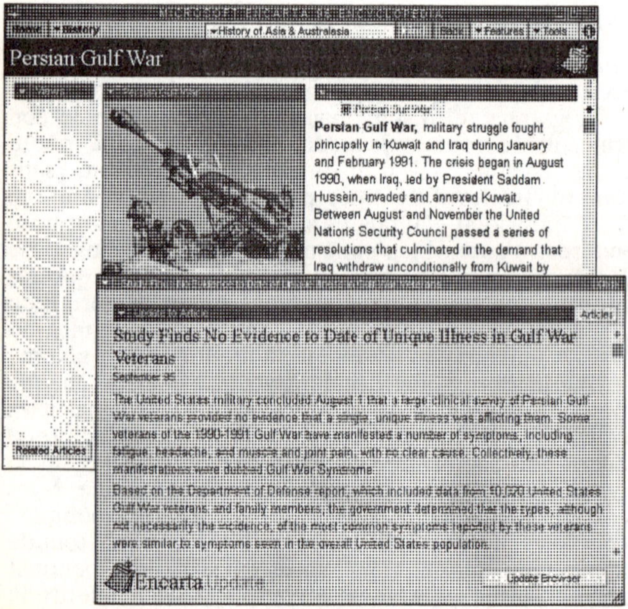


Écran d'une encyclopédie multimédia
montrant des articles mis à jour

Dans une encyclopédie traditionnelle, les articles sont souvent suivis d'une liste des thèmes connexes. Pour les consulter, il faut trouver l'entrée référencée, qui peut très bien être située dans un autre volume. Avec une encyclopédie en CD-ROM, il suffit de cliquer sur la référence, et l'article apparaît. Vous souhaitez recueillir le plus de renseignements possible sur un sujet précis ? Dans le monde électronique, les articles des encyclopédies seront reliés à des sujets connexes traités non seulement par les encyclopédies, mais également par de nombreuses autres sources. Une encyclopédie sera plus qu'une œuvre de référence spécifique. Elle sera, comme le catalogue d'une bibliothèque, un moyen d'accéder à toutes les connaissances.

Il est encore relativement difficile de trouver certaines informations imprimées et presque impossible de rassembler, en peu de temps, les meilleures sources disponibles – livres, articles, extraits de films – sur un sujet spécifique. Vous voulez connaître les biographies de tous les récents lauréats du prix Nobel ? Prévoyez une journée entière pour en dresser l'inventaire. Les documents électroniques, en revanche, seront interactifs. Spécifiez le type d'information que vous recherchez... et le document répondra. Indiquez que votre requête a changé, et un document répondra à nouveau. Une fois habitué à cette procédure, vous vous apercevrez vite que le fait de pouvoir considérer une information sous plusieurs angles en augmente la valeur. La flexibilité suscite l'exploration. Et l'exploration mène à la découverte.

Vous pourrez obtenir votre bulletin d'information quotidien de la même façon. Vous sélectionnez vous-même les événements qui vous intéressent : vous fabriquerez un bulletin sur mesure. Vous serez le seul à le recevoir et à en déterminer la durée. Vous puiserez des informations dans les chaînes de télévision, les quotidiens ou les hebdomadaires de votre choix, ou, plus simplement, dans le compte rendu de votre météorologue local. Vous pourrez demander des reportages longs ou courts, selon l'intérêt que vous portez à certains sujets. Vous regardez les nouvelles et désirez des précisions ? Vous irez les chercher soit dans un autre bulletin d'actualités, soit dans un fichier d'informations.

De tous les types de documents papier, le roman est

sans doute l'un des rares à ne pas bénéficier de cette nouvelle organisation électronique. À la différence de presque tous les ouvrages de référence, le roman n'a pas d'index – on a rarement besoin d'y chercher un nom propre ou un concept. Nous continuerons certainement à regarder la plupart des films du début à la fin. Ce choix n'est pas d'ordre technologique, mais artistique : la linéarité est partie intégrante de la technique romanesque ou cinématographique. Dans le monde électronique, on invente de nouvelles formes de fiction interactive qui deviendront peut-être des succès, mais les romans et les films traditionnels seront toujours appréciés.

Le réseau facilitera une distribution économique des documents numériques. Des millions d'individus et d'entreprises vont créer des documents et les publier sur le Web. Certains documents seront destinés à des abonnés payants, d'autres seront gratuits. Le prix du stockage numérique ? Dérisoire. Les unités de disques durs dans les ordinateurs personnels coûtent 0,15 dollar par mégaoctet d'information. Un mégaoctet représente 700 pages de texte... faites le compte : une page nous coûte moins de 0,00021 dollar ! Près de 200 fois moins qu'une photocopie. Comme on peut réutiliser la mémoire, le coût correspond au stockage par unité-temps – en d'autres termes, au coût de location de l'espace disque. Admettons que la durée moyenne d'un disque dur soit de trois ans : le prix d'amortissement par page et par an est de 0,00007 dollar ! Et le stockage devient de moins en moins cher : ces dernières années, les prix des disques durs ont baissé d'environ 50 p. 100 par an.

Un texte numérisé est très compact, donc facile à mémoriser. La vieille formule : « Un dessin (ou une photo) vaut plus qu'un long discours », s'applique à la lettre au monde numérique. Les images photographiques de haute qualité prennent davantage d'espace que le texte, et la vidéo (jusqu'à trente nouvelles images par seconde) encore davantage. Mais le coût de la distribution pour ce genre de donnée demeure très faible : un long métrage, par exemple, occupe près de 4 gigaoctets dans un format numérique compressé, ce qui représente 1 600 dollars de mémoire sur un disque dur.

Cela vous paraît cher? Songez qu'un magasin de location vidéo achète en moyenne huit copies d'un film qui marche bien, à raison de 80 dollars la pièce. Et avec ces huit vidéocassettes le magasin ne peut satisfaire que huit clients en même temps...

Quand le disque et l'ordinateur qui le fait fonctionner seront connectés au réseau, une seule copie servira à de multiples abonnés. Plusieurs copies des documents les plus demandés seront mises à la disposition des abonnés sur différents serveurs, afin d'éviter les retards lorsque la demande sera trop élevée. Avec un investissement minime – environ ce qu'un seul magasin actuel dépense pour une cassette vidéo très recherchée – un serveur à disques pourra satisfaire des milliers de clients à la fois. Le surcoût pour chaque utilisateur ? Simplement le coût d'utilisation de la mémoire du disque pendant une brève période de temps, et le coût de la communication... Avec la baisse régulière des tarifs, le coût supplémentaire par abonné sera vite très proche de zéro.

Ne confondons pas : l'information ne sera pas gratuite, mais le coût de distribution sera très faible. Quand vous achetez un livre, vous payez bien plus les frais de fabrication et de distribution que le travail de l'auteur : l'abattage des arbres et leur transformation en pâte à papier, l'impression de l'ouvrage, le brochage ou la reliure, enfin le stockage. La plupart des éditeurs investissent dans une première édition en fonction du nombre d'exemplaires qu'ils pensent vendre – plus on imprime d'exemplaires, plus on rentabilise les coûts d'impression. Mais il faut bien stocker ces exemplaires, et un stock est un investissement risqué – les livres vont-ils se vendre ? Combien de temps va-t-on devoir les garder ? En même temps il faut envoyer les ouvrages aux distributeurs, approvisionner les librairies... Autant de professionnels investissant du capital dans leurs stocks et en attendant, en retour, un bénéfice financier.

Voilà ce que j'appelle la « friction » de la distribution : limitation des choix et gaspillage d'argent.

Sur le réseau, ce problème disparaîtra. L'absence de friction dans la distribution de l'information est très importante : les auteurs gagneront mieux leur vie puisque le coût de la distribution sera réduit.

L'invention de Gutenberg a provoqué le premier véritable changement dans la friction de la distribution :

la diffusion des informations est devenue rapide et relativement peu onéreuse. L'imprimerie a créé un moyen de diffusion de masse parce qu'elle offrait une technique de reproduction à basse friction. La prolifération des livres a d'abord incité le grand public à lire et à écrire, puis à garder trace des stocks, à rédiger des contrats, à échanger des lettres d'amour, à prendre des notes, à tenir des journaux intimes, etc. Mais ces applications n'étaient pas suffisamment irrésistibles pour pousser un grand nombre de personnes à faire l'effort d'apprendre à lire et à écrire. Tant qu'il n'y avait pas suffisamment de gens cultivés, l'écrit n'était pas vraiment utile au stockage de l'information. Les livres ont apporté à l'instruction une masse critique, de sorte que l'on peut presque dire que la presse à imprimer nous a appris à lire.

L'imprimerie a facilité la reproduction en série, mais à petit échelle c'était moins facile. Il fallait inventer une nouvelle technologie. Pour une ou deux copies, le papier carbone convenait. Avec les ronéos et autres machines salissantes, on pouvait en tirer des dizaines, mais pas au pied levé : il fallait d'abord préparer le document original.

Dans les années 1930, Chester Carlson, frustré par les énormes difficultés qu'il rencontrait pour préparer des demandes de brevets (il devait copier sans arrêt des dessins et du texte à la main), a eu l'idée d'inventer une façon pratique de reproduire l'information à petite échelle. Il a mis au point un procédé – la « xérographie » – dont il a déposé le brevet en 1940. En 1959, l'entreprise qu'il avait réussi à intéresser – et qui prendra plus tard le nom de Xerox – a sorti son premier photocopieur fabriqué en série. Le modèle 914 permettait de reproduire facilement et à un prix économique de faibles quantités de documents... Il a fait exploser la quantité des informations distribuées dans les petits groupes. Une étude de marché avait prévu que Xerox vendrait 3 000 exemplaires du premier photocopieur. Elle en a écoulé 200 000 ! Un an après, on fabriquait 50 millions d'appareils par mois. En 1986, on réalisait plus de 200 milliards de photocopies par mois, et ce nombre n'a cessé d'augmenter... Un succès époustouflant dû à une technologie simple et peu coûteuse.

Le photocopieur et sa future cousine, l'imprimante

laser de bureau – ainsi que les logiciels de PAO pour PC –, ont facilité la reproduction de documents établis pour un nombre limité d'individus : bulletins d'information, mémos, petits plans, prospectus, etc. Carlson a donc contribué, à sa façon, à réduire la friction de la distribution.

Bien sûr il est plus facile de copier un document que de donner envie de le lire ! Il n'existe pas de limite intrinsèque au nombre de livres que l'on peut publier chaque année. Une librairie américaine moyenne possède environ dix mille titres en stock, et certaines librairies géantes peuvent en avoir jusqu'à cent mille. Seule une petite fraction – moins de 10 p. 100 – de livres publiés rapporte de l'argent à leurs éditeurs, mais certains réussissent au-delà des plus folles espérances.

Mon exemple favori est celui d'*Une brève histoire du temps* de Stephen W. Hawking, un brillant savant atteint d'une sclérose latérale amyotrophique (ou maladie de Lou Gehrig), qui le cloue dans un fauteuil roulant et l'empêche de communiquer oralement. Quelle chance son essai sur les origines de l'univers aurait-il eu d'être publié s'il n'existait qu'une poignée d'éditeurs ne pouvant matériellement publier que quelques livres par an ? Supposez qu'un éditeur ait le choix entre *Sex*, le livre de Madonna, et celui de Hawking. De toute évidence, il publiera le premier, parce qu'il est à peu près sûr d'en vendre un million. C'est ce qui s'est passé... Mais le livre de Hawking, lui, s'est vendu à cinq millions et demi d'exemplaires, et ce n'est pas fini !

Ce type de best-seller inattendu apparaît de temps en temps et surprend tout le monde (sauf l'auteur parfois). L'éditeur n'avait pas mis au point de stratégie particulière pour assurer le succès du livre, mais qui peut prétendre savoir ce qui plaira au public ? Sur la liste des meilleures ventes du *New York Times*, on trouve presque toujours deux ou trois ouvrages complètement inattendus, parce que le coût de publication d'un livre est si bas – comparé, bien sûr, à celui d'autres médias – que les éditeurs peuvent leur donner une chance.

Le prix de revient des émissions de télévision ou des films est bien plus élevé, aussi est-il plus dur de prendre des risques. Au début de la télévision, les postes émetteurs étaient rares, et la plupart des programmes s'adressaient au public le plus large possible. La télévision par câble a multiplié le nombre des programmes et augmenté leur diversité, bien qu'elle n'ait pas été créée dans ce but. À la fin des années 1940, le câble a été conçu pour fournir une meilleure réception aux zones isolées géographiquement. On a érigé des antennes alimentant un système par câble local pour fournir des programmes aux habitants de vallées cernées de collines ou de montagnes. Personne n'imaginait qu'un jour des téléspectateurs bénéficiant d'une réception parfaite s'abonneraient au câble afin de pouvoir regarder un programme ininterrompu de vidéos musicales, d'actualités ou de bulletins météo.

Quand le nombre de chaînes est passé de trois ou cinq à vingt-quatre, voire trente-six, la dynamique de la programmation a totalement changé. Le responsable des programmes de la trentième chaîne pouvait-il espérer attirer des téléspectateurs s'il se contentait d'imiter les vingt-neuf premières ? Les programmateurs des chaînes câblées ont été obligés de cibler très précisément les goûts de leur public. Comme les magazines et les journaux spécialisés, les nouvelles chaînes se sont concentrées sur des événements qui passionnaient un nombre relativement faible de spectateurs... elles ont ainsi attiré et fidélisé les abonnés. Une attitude qui contraste avec celle des chaînes généralistes qui tentent de satisfaire tout le monde. Cependant, les coûts de production et le petit nombre de chaînes limitent encore la diversité des programmes télévisés.

Publier un livre revient moins cher que de diffuser une émission de télévision... mais c'est encore onéreux comparé au coût de l'édition électronique. Un éditeur doit accepter de payer d'avance la fabrication, la distribution et la commercialisation. Franchir les barrières pour entrer sur Internet sera un jeu d'enfant. Internet est le plus grand véhicule d'auto-édition jamais créé. Déjà ses systèmes télématiques indiquent certains des changements qui se produiront lorsque chacun de nous aura accès à une distribution à basse friction et pourra envoyer ses messages, ses images, voir ses propres programmes à qui bon lui semble.

Les systèmes télématiques, ou babillards, ont beaucoup contribué à la popularité d'Internet. Pour apparaître sur ce réseau, vous n'avez qu'une chose à faire : taper vos idées et les envoyer. Internet est encombré par un tas de documents sans intérêt, mais on y trouve aussi quelques trésors. La plupart des messages ne couvrent qu'une ou deux pages. Un seul document transmis sur un babillard très demandé ou adressé à une liste de publipostage peut éveiller l'intérêt de millions de gens. Ou il peut rester dans son coin et ne pas avoir le moindre impact. Si tout le monde est prêt à prendre ce risque, c'est qu'il y a peu de friction dans la distribution. La largeur de bande du réseau est si grande et les coûts si insignifiants que personne ne pense au prix des messages qu'il envoie. Ce qu'il peut vous arriver de pire ? Que votre message dorme quelque part et que personne n'y réponde. Mais il peut aussi avoir un succès fou ! Il sera alors lu et relu par quantité de gens, on se l'enverra entre amis par courrier électronique, en y ajoutant ses propres commentaires.

Communiquer au moyen d'Internet est étonnamment rapide et économique. Le courrier traditionnel ou les communications téléphoniques conviennent parfaitement à un échange entre deux personnes, mais ils deviennent très chers si vous essayez de vous mettre en rapport avec un groupe. Imprimer et envoyer une lettre coûte près de un dollar et un coup de téléphone environ la même somme. Contacter un groupe, même de taille modeste, prend du temps et demande beaucoup d'efforts : il faut connaître le numéro de chacun et convenir d'une heure arrangeant tout le monde. Avec un système télématique, vous tapez votre message une fois sur votre ordinateur, et tous ceux que cela intéresse pourront le lire.

Les babillards sur Internet couvrent un vaste éventail de sujets. Il arrive parfois qu'un message humoristique soit adressé à une liste de publipostage, par exemple, et retransmis par courrier électronique. Fin 1994, un communiqué de presse bidon a annoncé que Microsoft allait acheter l'Église catholique. Des milliers de copies ont circulé chez Microsoft sur notre courrier électronique. Des amis et collègues m'ont envoyé plus de vingt exemplaires de ce faux communiqué !

Plus sérieusement, les réseaux vous permettent de contacter de parfaits inconnus qui partagent vos centres d'intérêt. Durant le récent conflit politique en Russie, par exemple, les deux parties en présence ont contacté des individus et des groupes dans le monde entier en envoyant des messages sur des babillards.

Les informations publiées par les messageries électroniques sont groupées par sujet. Chaque groupe de discussion porte un nom, et toute personne intéressée peut « y jeter un coup d'œil ». Vous pouvez parcourir la liste des groupes de discussion ou celle des noms qui éveillent votre curiosité. Si vous voulez échanger des idées sur les phénomènes paranormaux, tapez « alt.paranormal ». Si vous voulez débattre de ce sujet avec des rationalistes convaincus, tapez « sci.skeptic ». Si vous vous branchez sur « copernicius.blon.com » et consultez le National School Testbed, vous y trouverez un ensemble de cours conçus par des professeurs, du jardin d'enfants à la terminale. Un sujet pique votre curiosité ? Branchez-vous sur le réseau : vous trouverez sûrement un forum qui en traite.

L'invention de Gutenberg a donné naissance à l'édition de masse, mais l'alphabétisation qui en a résulté a fini par provoquer une augmentation considérable du volume de la correspondance privée. La communication électronique s'est, en quelque sorte, développée de la façon inverse. Elle a commencé sous la forme du courrier électronique – qui permet à de petits groupes de communiquer entre eux. Et aujourd'hui des millions de gens profitent de la faible friction dans la distribution pour échanger de l'information sur une grande échelle.

La forme de diffusion la plus large des messages, celle qui ressemble le plus aux formes traditionnelles de publication : la page du Web. L'explosion des contenus sur Internet a pris place sur le World Wide Web. Si vous n'êtes pas spécialiste en informatique, ne vous désolez pas : utilisez les logiciels gratuits ou partagés pour créer votre page d'accueil. Ils vous proposent différentes rubriques : nom, centres d'intérêt, sites préférés sur Internet, citation favorite. Ils vous permettent d'inclure les photos de vos enfants, de la voiture de vos rêves ou de votre chien. Vous obtenez ainsi une page personnalisée que vous pouvez télécharger sur votre service d'accès à Internet. Et voilà : rien de plus simple que de se lancer dans l'édition mondiale instantanée !

Évidemment, la qualité des publications est très inégale. Quoi de plus normal quand chacun peut se lancer dans la création mais que personne n'est rétribué pour son œuvre ? Il m'est arrivé de passer des heures à surfer sur le Web, sans découvrir une seule information digne d'intérêt. Mais, comme des millions d'entre vous, j'ai aussi découvert que plonger dans cet univers est parfois une expérience passionnante. Les contenus sont si divers et les sources si variées que sont nées des sociétés dont la seule raison d'être est de fournir des pages d'orientation pour les autres pages du Web. Et quelques-unes de ces entreprises d'annuaires encore balbutiantes ont déjà réussi leur entrée en Bourse, où elles ont accumulé un capital de plusieurs centaines de millions de dollars !

Le réseau interactif a un énorme potentiel. Mais, pour qu'il reste crédible, gardons-nous de placer en lui de folles espérances. Le nombre total d'habitués d'Internet, et des autres services commerciaux en ligne, Microsoft Network, CompuServe et America Online, représente encore une très petite proportion de la population. Et le taux de renouvellement est très bas : de nombreux clients abandonnent après moins d'un an. D'autres profitent des offres promotionnelles offertes aux nouveaux abonnés en changeant de service tous les deux mois. Certains services ont baissé les bras ou sont découragés : Apple's e-World, Prodigy. MSN de Microsoft a réussi a attirer plus de un million d'abonnés durant ses sept premiers mois d'existence, mais l'attrait exercé par Internet nous a contraints à revoir notre dispositif : d'alternative au réseau de référence, MSN en est devenu un prolongement. D'autres services en ligne adoptent la même stratégie.

Il faudra faire d'importants investissements pour développer un contenu en ligne qui séduise les utilisateurs de micro-ordinateurs et fasse passer le nombre d'abonnés aux services en ligne de 10 p. 100 à 50 p. 100, voire à 90 p. 100, comme je le crois possible. Pour le moment, si on n'investit pas massivement dans Internet, c'est en partie parce que les mécanismes simples qui permettront aux créateurs et aux éditeurs de susciter des abonnements ou d'être payés par les annonceurs publicitaires commencent seulement à se mettre en place.

Les services commerciaux en ligne perçoivent des recettes, mais ils ne versent aux fournisseurs d'information que 10 à 30 p. 100 de ce que paient les abonnés. Ce sont les prestataires d'information qui connaissent probablement mieux la clientèle et le marché... mais ce sont les services qui contrôlent la tarification – la façon dont on fait payer le consommateur – et le marketing. Cela n'encourage pas vraiment les prestataires d'information à créer des programmes en ligne alléchants et remis à jour !

Dans les années à venir, l'évolution des services en ligne résoudra ces problèmes. S'ils sont financièrement motivés, les prestataires d'information approvisionneront les réseaux avec du matériel de qualité. De nouvelles options de facturation apparaîtront : abonnements mensuels, tarifs horaires, prix par service contacté, publicités payantes. S'épanouira alors un nouveau moyen de communication.

Chaque fois qu'on crée un nouveau moyen de communication, on importe les documents d'un autre média. Si l'on veut exploiter au maximum les possibilités des médias électroniques, il faut élaborer le contenu en gardant ce facteur à l'esprit. Jusqu'à présent on a puisé la plus grande partie des informations en ligne dans d'autres sources. Les éditeurs de magazines ou de journaux électroniques transfèrent en ligne des textes conçus pour des éditions papier en supprimant photos, tableaux et graphiques. Un système télématique ou un courrier électronique avec du texte seul est certes intéressant, mais ne peut pas concurrencer des sources d'informations plus riches : graphiques, photos et liens à des informations connexes devraient être inclus dans les documents en ligne. Plus les communications seront rapides et les possibilités évidentes, plus on intégrera des éléments audio et vidéo sur les réseaux.

Pourquoi ne pas s'inspirer du développement des CD-ROM multimédias pour la création de programmes en ligne ? Les titres multimédias sur CD-ROM intègrent divers types d'informations – texte, graphiques, photos, images animées, musique et vidéo – dans un seul document. Leur valeur réside dans le « multi », et non dans le « média ».

La qualité du son sur les CD-ROM est bonne, mais rarement aussi parfaite que sur un CD. On peut obtenir la qualité d'un CD sur un CD-ROM, mais son format est encombrant : si l'on mémorise trop de son de qualité CD, il ne reste plus de place pour les données, les graphiques et les autres matériaux.

Les films vidéo sur CD-ROM ont encore besoin

d'être améliorés. Comparez la qualité de l'écran d'un PC actuel avec les affichages d'il y a quelques années : le progrès est étonnant ! Ceux qui utilisent un ordinateur depuis longtemps étaient tout excités quand ils ont découvert des images vidéo sur leur appareil. Pourtant, l'image est granuleuse, saccadée, et certainement pas meilleure que celle d'un écran de télévision des années 1950. La taille et la qualité de l'image s'amélioreront avec l'apparition de processeurs plus rapides et d'une compression meilleure, et surpasseront celles des écrans des téléviseurs actuels.

La technologie des CD-ROM a permis l'émergence d'une nouvelle catégorie d'applications : catalogues d'achat, visites guidées de musée, manuels sous une forme inédite et attirante. Tous les sujets seront bientôt traités. Concurrence et technologie apporteront de rapides améliorations à la qualité des titres. Les CD-ROM seront remplacés par un disque numérique à haute capacité qui ressemblera au CD d'aujourd'hui mais qui contiendra dix fois plus de données. La capacité additionnelle de ce CD amélioré permettra de mémoriser plus de deux heures de vidéo numérique – la durée d'un long métrage. Son et image seront d'une qualité bien supérieure à celle de votre téléviseur. Et, grâce à de nouvelles générations de puces graphiques, les titres multimédias pourront inclure des effets spéciaux dignes de Hollywood sous le contrôle interactif de l'utilisateur.

Les CD-ROM multimédias sont très demandés aujourd'hui pour leur interactivité. Interactivité qui exerce un indéniable attrait commercial. Aux États-Unis, le public raffole des jeux sur CD-ROM, comme *Myst* de Brøderbund et *Seventh Guest* de Virgin Interactive Entertainment ; on y plonge au cœur d'énigmes, on mène l'enquête en rassemblant des indices.

Le succès de ces jeux a encouragé les auteurs à créer des romans et des films interactifs. Ils y esquissent les personnages et la ligne générale de l'intrigue, mais c'est à nous, spectateur-joueur, de décider comment se termine l'histoire. Loin de moi l'idée de suggérer que chaque livre ou chaque film doive permettre au lecteur ou au spectateur d'agir sur le dénouement. Pourquoi modifierait-on une histoire qu'on a envie de savourer pendant des heures et dont on a du mal à s'arracher ? Je ne voudrais pas une autre fin à *Gatsby le Magnifique* ou à *La Dolce Vita*. Celles de Scott Fitzgerald et de Federico Fellini me conviennent à merveille. Mais le plaisir fait de crédulité que procure une grande fiction est fragile, et l'interactivité risque de l'ébranler : on ne peut pas simultanément se laisser subjuguer par l'intrigue et la contrôler.

Sur le réseau, on disposera d'histoires et de jeux interactifs. On trouvera les mêmes sur CD-ROM mais, au moins pendant un certain temps, il faudra veiller à ce que leurs logiciels n'opèrent pas trop lentement quand on les utilisera sur le réseau. En effet, la largeur de bande, ou la vitesse à laquelle les octets sont transférés du CD-ROM à l'ordinateur, est bien plus grande que la largeur de bande du réseau téléphonique actuel. Les réseaux finiront par rattraper – puis par dépasser – la vitesse du CD-ROM... Alors le contenu créé pour les deux supports de communication sera le même. Mais il faudra attendre quelques années. On ne cesse d'améliorer la technologie des CD-ROM. Pendant encore un bon moment, les différences de débits sépareront nettement les deux technologies.

Très peu d'utilisateurs d'ordinateurs créent des documents multimédias à l'exception des pages du Web : c'est encore trop difficile. Des millions de gens possèdent des caméscopes et filment leurs enfants ou leurs vacances. Cependant, pour réaliser une bonne vidéo, il faut être un professionnel et disposer d'un matériel coûteux. Cela va changer. Les progrès dans les traitements de texte des PC et dans les logiciels de PAO nous ont déjà permis d'user d'outils de qualité professionnelle pour créer de simples documents papier dont le coût est insignifiant. Aujourd'hui, de nombreux magazines et journaux sont réalisés sur des micro-ordinateurs avec des progiciels que l'on trouve dans n'importe quel magasin d'informatique et qui peuvent vous servir à faire la maquette du prochain carton d'invitation pour l'anniversaire de votre fille. Les logiciels des micro-ordinateurs servant à réaliser des films et à créer des effets spéciaux deviendront aussi courants que les logiciels de PAO. La différence entre professionnels et amateurs ne proviendra plus de leurs outils... mais de leur seul talent.

Georges Méliès a créé l'un des premiers effets spéciaux du cinéma en 1899, en transformant une femme en plumes dans *Le Prestidigitateur*. Depuis, les metteurs en scène ont réalisé d'innombrables trucages. Récemment, la technologie des effets spéciaux a fait un incroyable bond en avant grâce à la manipulation numérique des images. On convertit d'abord une photo en binaire, opération simple pour les logiciels. Ensuite on modifie l'information numérique. Puis on la retransforme en photo, qu'on insère éventuellement dans un film. Si elles sont bien faites, les modifications sont presque indétectables et les résultats spectaculaires. Les logiciels informatiques donnent vie à Woody et Buzz dans *Toy Story*, et aux délirants effets de dessins animés dans *Le Masque*. D'après la loi de Moore, le matériel devient de plus en plus rapide et les logiciels de plus en plus sophistiqués... On peut donc pratiquement faire ce que l'on veut. Hollywood continuera à faire progresser sans cesse la technique et à mettre au point des effets spéciaux étonnants.

Un logiciel fabrique déjà des scènes qui ont l'air aussi vraies que si elles avaient été tournées avec une caméra. Les spectateurs de *Forrest Gump* se sont aperçus que les scènes avec les présidents Kennedy, Johnson et Nixon étaient forgées de toutes pièces; évidemment : tous savaient que Tom Hanks ne les avait jamais rencontrés ! Il est déjà plus difficile de repérer le traitement numérique qui a enlevé les deux jambes de Gary Sinise pour son rôle de handicapé. On a eu recours à des personnages synthétiques et à une mise en forme numérique pour rendre les cascades du film moins dangereuses. Vous pouvez utiliser un logiciel de PC courant pour créer toutes sortes d'effets spéciaux. Avec des micro-ordinateurs et des logiciels de retouche on peut facilement modifier des images complexes... On falsifie sans problème, et sans que cela se remarque, des documents photographiques. Et moins les techniques de synthèse seront chères, plus elles seront utilisées – si l'on peut faire revivre les tyrannosaures, pourquoi pas Elvis ?

Inutile de chercher à devenir le prochain Cecil B. De Mille pour inclure systématiquement des données multimédias dans des documents. Vous avez envie d'envoyer à votre amie le message suivant : « Déjeuner dans le parc n'est peut-être pas une très bonne idée. Tu as vu la météo ? » Vous le taperez à la machine, l'écrirez à la main ou dicterez un message électronique. Vous voulez l'animer avec un bulletin météo ? Pointez votre curseur vers une icône représentant un bulletin météo local et faites-lui traverser l'écran pour l'insérer dans votre document. Quand votre amie recevra votre petit mot, elle pourra jeter un coup d'œil au bulletin inclus dans votre message.

À l'école, les enfants pourront produire leurs propres disques ou leurs propres films et les distribuer, via les autoroutes, à leurs amis et aux membres de leur famille. Quand j'en ai le temps, j'aime concevoir des cartes de vœux ou d'invitation personnalisées. Si je fabrique une carte d'anniversaire pour ma sœur, je la rends plus vivante en y ajoutant des photos-souvenirs des événements amusants de l'année écoulée. Bientôt je pourrai y inclure des extraits de films, que j'aurai montés en quelques minutes. Créer un « album » interactif de photos, de vidéos ou de conversations sera un jeu d'enfant. Les entreprises communiqueront à l'aide du multimédia. Les amoureux inventeront des messages tendres à effets spéciaux : ils assembleront un texte, un extrait d'un vieux film, une de leurs chansons favorites...

Les éléments visuels et audio devenant de plus en plus fidèles, le nouveau moyen de communication imitera de plus en plus la réalité... C'est ce qu'on appelle la « réalité virtuelle ». Elle nous permettra de simuler des actions ou des déplacements impossibles jusqu'à présent.

Les simulateurs de véhicules nous offrent déjà un goût de la réalité virtuelle : ils recréent les sensations qu'on éprouve à bord d'un avion, d'une voiture de course ou d'une navette spatiale. Les logiciels de simulation de véhicules sont parmi les jeux sur PC les plus demandés. Mais ils demandent un minimum d'imagination. Évidemment, les simulateurs de vol de compagnies aériennes comme Boeing, qui valent des millions de dollars, procurent des sensations beaucoup plus fortes ! Ces grosses machines inélégantes seraient tout à fait à leur place dans un film sur la guerre des étoiles. Mais les écrans vidéo du cockpit fournissent des données complexes. Les instruments de vol et de contrôle sont liés à un ordinateur qui simule les caractéristiques de vol – y compris les situations d'urgence – avec une précision que même les pilotes jugent remarquable.

Il y a quelques années, un couple d'amis et moi avons « volé » dans un simulateur de 747. Nous nous sommes assis devant un tableau de contrôle, dans un cockpit identique à celui d'un véritable avion. Par les hublots, on apercevait des images couleur vidéo produites par ordinateur. Au « décollage » nous avons vu s'éloigner l'aéroport et ses environs. La simulation de la piste d'atterrissage de Boeing, par exemple, peut montrer un camion de carburant sur la piste et le mont Rainier au loin. Nous avons entendu l'air s'engouffrer dans les réacteurs, le bruit sourd du train d'atterrissage qui se repliait, alors qu'il n'y avait ni réacteurs ni train d'atterrissage : sous le simulateur six systèmes hydrauliques inclinaient et secouaient la cabine de pilotage. C'était drôlement convaincant !

Ces simulateurs servent surtout à apprendre aux pilotes à faire face à des situations extrêmes. Ce jour-là, mes amis ont décidé de me surprendre : ils ont fait voler un petit avion à côté du mien ! J'étais tranquillement assis sur le siège du pilote, lorsque soudain l'image ultra-réaliste d'un Cessna est apparue dans mon champ visuel ! Nullement préparé à cette situation d'urgence, je suis entré en collision avec lui...

Un certain nombre de sociétés – des géants de l'industrie des loisirs aux petites entreprises qui débutent – prévoient d'installer des minicabines de simulation offrant des promenades dans des centres commerciaux et des sites urbains. Plus le prix de la technologie baisse, plus les simulateurs récréatifs deviendront courants. Aussi courants que les salles de cinéma actuelles. Et d'ici peu nous aurons des appareils de simulation de haute qualité dans notre salon.

Vous voulez explorer la surface de Mars ? Vous serez beaucoup plus en sécurité si vous y allez grâce à la réalité virtuelle. Vous avez envie de visiter un endroit inaccessible aux êtres humains ? Vous pouvez, si vous êtes un cardiologue, naviguer dans les artères d'un patient pour lui examiner le cœur. Chose qui n'aurait jamais été possible avec des instruments traditionnels. Un chirurgien pratiquera une opération difficile de nombreuses fois, y compris en simulant les pires catastrophes, avant que son scalpel ne touche la peau d'un vrai patient. Vous utiliserez aussi la réalité virtuelle pour vous promener dans un paysage sorti tout droit de votre propre imagination.

Pour fonctionner, la réalité virtuelle a besoin de deux dispositifs techniques différents : les logiciels qui créent le décor et le font réagir aux nouvelles informations ; les périphériques qui permettent à l'ordinateur de transmettre l'information à nos sens. Le logiciel devra imaginer, jusque dans le moindre détail, quelle pourrait être l'apparence d'un monde arficiel, les sons qu'on y entendra, les sensations qu'il provoquera... Cela semble impossible ? Non, il s'agit en fait de la partie la plus facile : on pourrait d'ores et déjà écrire le logiciel de la réalité virtuelle. Mais, pour la rendre vraiment parfaite, nous avons besoin d'un ordinateur beaucoup plus puissant. Vu la vitesse à laquelle la technologie progresse, ça ne va pas tarder !

En fait, le plus difficile dans la réalité virtuelle, c'est d'obtenir les informations qui convaincront nos sens.

L'ouïe est le sens le plus facile à induire en erreur ; il suffit de porter des écouteurs. Dans la vie réelle, vos deux oreilles entendent des choses légèrement différentes à cause de leur place et de la direction vers laquelle votre attention se dirige. Inconsciemment, vous utilisez ces différences pour déterminer d'où vient un son. Un logiciel recrée cette sensation en calculant, pour un son donné, ce que chaque oreille devrait entendre. Cela fonctionne étonnamment bien ! Mettez un casque lié à un ordinateur : vous entendez un murmure dans votre oreille gauche ou des pas derrière vous.

Trompez vos yeux est une autre affaire... mais on peut y arriver ! Dans l'équipement qu'on endosse pour plonger dans la réalité virtuelle, on trouve presque toujours des grosses lunettes. Vos yeux sont ainsi « reliés » à deux petits écrans d'ordinateur. Un détecteur suit les mouvements de vos yeux et de votre tête, ce qui permet à l'ordinateur de synthétiser ce que vous allez voir. Tournez votre tête à droite, et la scène offerte par vos lunettes se trouve un peu plus loin, à votre droite. Levez-la, et les lunettes vous montrent le plafond ou le ciel. Aujourd'hui les lunettes de réalité virtuelle sont trop lourdes, trop chères, et n'offrent pas une vision assez nette. Les systèmes informatiques qui les font fonctionner sont encore trop lents : si vous tournez la tête rapidement, le décor reste à la traîne. Cela désoriente et donne assez rapidement des maux de cœur. Une bonne nouvelle tout de même : la taille, la vitesse, le poids et le coût sont précisément des facteurs que la technologie améliorera bientôt... Rappelez-vous la loi de Moore !

Mais comment duper le toucher et l'odorat ? On ne peut pas aller jusqu'à connecter un ordinateur à votre nez, à votre langue ou à votre peau ! Dans le cas du toucher, pourquoi pas une combinaison recouvrant tout le corps et connectée à un minuscule détecteur et des appareils de feed-back qui seraient en contact avec toute la surface de la peau ? Personnellement, je ne pense pas que ces combinaisons auront du succès...

Mais on sait cependant parfaitement comment les fabriquer. Il existe entre 72 et 120 minuscules points de couleur (les pixels) par pouce sur un écran d'ordinateur normal, soit un total compris entre trois cent mille et un million. Notre combinaison spéciale serait reliée à un petit détecteur de points de toucher : des « tactels ». Chaque tactel atteindrait un point spécifique de la peau. Si la combinaison présente suffisamment de tactels, et s'ils sont contrôlés de façon assez fine, toutes les sensations de toucher pourraient être simulées. Qu'un grand nombre de tactels exercent ensemble exactement la même pression, et on aurait la sensation d'un toucher très doux – comme si un morceau de métal poli se trouvait contre notre peau. Qu'ils pénètrent, au contraire, à des profondeurs différentes, et on aurait la sensation d'une texture rugueuse.

Pour une combinaison de réalité virtuelle, il faudrait entre un et dix millions de tactels – tout dépend du nombre de niveaux différents de profondeur à transmettre. Pour une combinaison complète proche de la peau humaine, il faut compter environ 100 tactels par pouce – un peu plus dans les zones sensibles : extrémité des doigts, lèvres... Sur la plus grande partie de la peau, le toucher a une résolution pauvre. 256 tactels devraient suffire pour une excellente simulation. Exactement le nombre de couleurs que la plupart des écrans d'ordinateur utilisent pour chaque pixel !

La quantité d'informations qu'un ordinateur devrait calculer pour impressionner les sens dans la combinaison de tactels est comprise entre une et dix fois le nombre nécessaire à un affichage sur l'écran d'un PC courant. Cela demanderait donc une puissance qui n'a rien d'excessif : dès qu'on fabriquera la première combinaison de tactels, les ordinateurs personnels la feront fonctionner sans problème.

J'ai l'air de nager en pleine science-fiction ? Eh oui : c'est dans la science-fiction cyberpunk, parfaitement illustrée par William Gibson, qu'on trouve les meilleures descriptions de la réalité virtuelle. Plutôt que d'enfiler une combinaison spéciale, certains des personnages connectent directement un câble d'ordinateur à leur système nerveux central ! Il faudra un certain temps aux savants pour imaginer comment mener à bien une telle opération. Quand ils le découvriront, le réseau interactif à large bande sera installé depuis longtemps. Certains sont horrifiés par cette perspective, d'autres fascinés. À nous de choisir : on peut aussi se servir d'une telle technique – si jamais elle voit le jour – pour venir en aide aux handicapés.

Inévitablement le sexe virtuel fait fantasmer. L'érotisme est aussi vieux que l'information elle-même. Dès qu'apparaît une technologie nouvelle, quelle qu'elle soit, il se trouve toujours quelqu'un pour l'appliquer au plus vieux désir du monde. Les Babyloniens ont laissé des poèmes érotiques écrits en caractères cunéiformes sur des tablettes d'argile, et les textes pornographiques ont été parmi les premiers à être imprimés. Quand les magnétoscopes sont entrés dans les foyers, ils ont provoqué un essor de la vente et de la location de vidéos classées X ; aujourd'hui, les CD-ROM pornographiques sont très recherchés. Les messageries roses des systèmes télématiques en ligne tels que le World Wide Web ou le Minitel font un boom. On peut prédire sans prendre de risques que le sexe virtuel constituera dès le départ un vaste marché pour les documents qui seront à l'avant-garde de la réalité virtuelle. Mais l'histoire nous l'enseigne : plus le nouveau marché virtuel évoluera, plus ce matériel érotique perdra d'importance.

L'imagination – encore elle – sera un élément clé pour toutes les nouvelles applications. Il ne suffit pas de recréer le monde réel. Un grand film est beaucoup plus qu'une simple reproduction graphique d'événements réels gravés sur de la pellicule. Des précurseurs comme Griffith et Eisenstein ont mis plus de dix ans pour comprendre qu'avec le Vitascope ou le Cinématographe des frères Lumière ils pouvaient faire beaucoup plus que filmer la vie réelle ou une pièce de théâtre. Le cinéma était une forme artistique nouvelle, et il n'attirait pas le public de la même façon que le théâtre. Les pionniers du septième art l'ont bien compris... et ont inventé le cinéma que nous connaissons aujourd'hui.

La prochaine décennie nous amènera-t-elle les Griffith et les Eisenstein du multimédia ? Je le crois. Ils sont probablement déjà en train d'explorer ce que la nouvelle technologie peut leur offrir.

Les expériences multimédias se poursuivront pendant les dix, vingt prochaines années – et sans doute pour de très nombreuses décennies encore. D'abord les composantes multimédias des documents que l'on verra sur le réseau interactif offriront une synthèse des médias actuels – une façon intelligente d'enrichir la communication. Puis, avec le temps, nous commencerons à créer de nouvelles formes et de nouveaux formats qui iront considérablement plus loin que ce que nous connaissons actuellement. L'expansion exponentielle de la puissance informatique continuera à modifier les outils de création et à ouvrir de nouvelles possibilités jusqu'alors inimaginables : le talent et la créativité ont toujours façonné le progrès de façon imprévisible.

Combien posséderont l'inventivité d'un Steven Spielberg, d'une Jane Austen ou d'un Albert Einstein ? Ces trois personnages hors du commun ont existé ; mais nous n'aurons peut-être droit qu'à un seul génie. Qui sait ? Mais combien d'entre nous n'ont pas pu aller au bout de leurs aspirations par manque d'argent et faute d'instruments de création adéquats ? Internet va ouvrir des horizons artistiques et scientifiques inimaginables à une future génération de génies. Ainsi qu'à nous tous.

# 7

# LES AFFAIRES SUR INTERNET

D'ici à dix ans, Internet aura révolutionné la communication – interne et externe – des entreprises du monde entier. Elles auront accompli une métamorphose : leur système nerveux sera fondé sur des réseaux capables d'atteindre n'importe qui, n'importe où : salariés, clients et fournisseurs. Leur taille réduira et leur efficacité augmentera. À long terme, à mesure que le réseau interactif rendra moins essentielle la proximité géographique des services urbains, de nombreuses entreprises se délocaliseront et dissémineront leurs activités. La taille des villes et des entreprises pourrait diminuer.

Les entreprises accueillent favorablement les technologies de l'information. Quoi de plus normal ? La connexion aux réseaux et le recours aux documents électroniques leur offrent bien des avantages : présence sur le Web, visioconférences, messagerie électronique, consultation de données selon des critères variés, collaboration facilitée entre les membres de leur équipe, ou avec leurs fournisseurs et leurs clients. Même les plus petites entreprises peuvent y trouver leur compte.

De nombreuses sociétés utilisent déjà Internet pour approcher leurs clients. Tendance qui va aller en s'accélérant : même si, dans l'immédiat, les foyers ne sont pas concernés, les compagnies de téléphone et les câblo-opérateurs s'empressent de connecter les entreprises aux réseaux à large bande. Principalement dans les grandes villes, où la concentration des affaires devrait entraîner des profits rapides. Les applications destinées aux entreprises commencent déjà à tenir compte des connexions à haute vitesse.

Restons-en au proche avenir : les intranets, ces réseaux privés internes aux entreprises. Ce sont d'eux, surtout, qu'elles devraient tirer le meilleur parti. Les intranets ne constituent pas un investissement supplémentaire : ils s'appuient sur l'infrastructure technologique existant au sein de chaque entreprise. Peu importe qu'une société ne bénéficie pas d'une connexion à haute vitesse avec le monde extérieur. Il suffit qu'elle possède des réseaux internes qui assurent des connexions – à bande moyenne ou large – entre tous les ordinateurs personnels. Les réseaux internes traditionnels Ethernet fonctionnent à 10 millions ou 100 millions de bits par seconde. Chiffre trompeur : parce que la largeur de bande est souvent partagée entre un nombre important d'ordinateurs, le nombre de bits qui peuvent atteindre un PC donné à un instant donné est de beaucoup inférieur. Cependant, la vitesse de la circulation des données en entreprise dépasse de loin les possibilités qui vous sont offertes, chez vous, par un téléphone couplé à un modem. Dans les prochaines années, la largeur de bande fournie aux ordinateurs en entreprise va s'accroître grâce aux réseaux Ethernet plus rapides et aux équipements TTA.

Dès les années 1980, les entreprises ont dépensé des sommes importantes pour s'équiper d'ordinateurs et les relier en réseaux. Chacun a appris de nouvelles procédures : traitement de texte, consultation de bases de données, bilans comptables, applications d'infographie... augmentant ainsi ses compétences et favorisant la circulation de l'information.

Vous n'en attendez pas tant d'une PME, qui ne peut s'offrir des spécialistes : la même personne édite ses brochures, tient les comptes et s'occupe de ses clients. Elle doit gérer une quantité de tâches variées et s'y applique, jour après jour. Un PC et quelques logiciels d'assistance peuvent lui changer la vie. Voilà un assistant électronique prêt à le seconder : il garde les coordonnées des clients, analyse les ventes, produit du matériel marketing avec toute l'efficacité d'une grande société, crée des pages de Web aussi séduisantes que celles des géants industriels. Et la petite entreprise peut concurrencer les grandes !

Travailleurs indépendants ou artistes ont gagné à utiliser un PC : l'architecte trace ses plans et ses perspectives grâce à des outils informatiques ; le géomètre demande à ses programmes d'effectuer les calculs laborieux pour déterminer les limites des propriétés et à son imprimante d'exécuter les cartes topographiques ; les compositeurs notent sur des logiciels leurs créations – qu'un musicien jouera peut-être sur un synthétiseur relié à un ordinateur ; le scénariste se soucie moins de sa mise en page et peut affiner ses dialogues... Quant aux métiers liés à l'écriture, ils ont bénéficié, plus que d'autres encore, des avantages du PC.

Notre façon d'envisager et d'utiliser l'informatique dans le cadre économique a beaucoup évolué. Quand j'étais très jeune, les ordinateurs étaient de volumineuses et puissantes machines, dont seules les grosses entreprises disposaient : les banques, les compagnies aériennes qui conservaient ainsi trace des réservations. Grâce à ces outils de choc, les grandes entreprises maintenaient leur avantage sur les petites, qui devaient se contenter de stylos et de machines à écrire.

Puis sont apparus les micro-ordinateurs : des outils individuels, personnalisés, même au sein de l'entreprise. Ils permettent à ceux qui travaillent de façon autonome d'écrire, de concevoir des lettres d'information et de mieux formuler leurs idées.

Toutes les entreprises, quelle que soit leur taille, ont tiré profit des ordinateurs personnels. Les PME en ont sans doute été les principales bénéficiaires : les coûts peu élevés du matériel et des programmes leur ont permis de concurrencer les multinationales. Dans les entreprises d'une certaine ampleur, la tendance est à la spécialisation : un département écrit les brochures de documentation, un deuxième s'occupe de la comptabilité, un troisième gère le service clientèle, etc. Quand vous leur soumettez un problème, vous vous attendez à ce qu'un spécialiste vous donne rapidement une réponse.

Un adversaire du progrès pourrait m'objecter : « Croyez-vous que, si Churchill avait disposé d'un traitement de texte, son style aurait été plus vivant ? Et que Cicéron aurait prononcé de meilleurs discours devant le Sénat ? » De grandes choses ont été réalisées sans l'aide des instruments modernes et il paraît présomptueux de suggérer que de meilleurs outils pourraient rivaliser avec Vinci ou Shakespeare. En revanche, il est clair que l'informatique contribue à un meilleur fonctionnement des entreprises. Voyez le journalisme : les grands journalistes ont toujours existé, mais, aujourd'hui, ils peuvent beaucoup plus facilement vérifier les faits, transmettre un article, rester en contact électronique avec les grandes sources d'information, leurs rédacteurs en chef et les lecteurs. Il est devenu plus aisé d'insérer des graphiques et des images de haute qualité. Prenez la présentation des sujets : il y a vingt ou trente ans, il était rare de trouver des illustrations scientifiques d'excellente qualité, sauf dans les livres spécialisés ou les magazines sur papier glacé tels que le *Scientific American*. Aujourd'hui, les articles scientifiques correctement présentés sont beaucoup plus fréquents grâce aux logiciels de micro-ordinateur qui permettent d'y adjoindre des croquis détaillés et des photos.

C'est surtout en ce qui concerne la circulation des informations que se situent les avantages de l'informatique dans les grandes entreprises. Finis les réunions multiples, les mécanismes internes complexes, les innombrables heures consacrées à définir des stratégies, et les frais généraux gigantesques qui vont avec ! Le courrier électronique a davantage fait pour les grandes entreprises que pour les petites.

Avant l'émergence d'Internet, quelques entreprises américaines échangeaient déjà des informations grâce à un système électronique appelé EDI (Electronic Document Interchange). Il permet aux entreprises ayant des relations contractuelles d'exécuter automatiquement certaines transactions, souvent sur des réseaux privés : répétition de commandes de produits ou vérification de l'état d'une livraison. Pour le moment, l'EDI est peu adapté à des communications plus circonstanciées mais certaines entreprises s'efforcent de combiner en un seul système, souple et bon marché, les avantages de l'EDI et ceux du courrier électronique. Reste à savoir si l'EDI évoluera assez vite ou si d'autres standards, mieux adaptés, apparaîtront.

La désaffection pour les réseaux privés – comme les lignes de télécommunications louées – au profit d'Internet touche également les communications entre succursales et maison mère. Il y a quelques années, les entreprises multinationales ont dépensé des sommes considérables pour maintenir des systèmes privés de communication de données : la succursale de Microsoft en Grèce dépensait plus pour sa connexion à notre réseau privé que pour le paiement des salaires. Bientôt, Internet – plus rapide et meilleur marché – assurera la connexion entre toutes les unités d'une compagnie.

Les sociétés adoptent la technologie de l'information à des rythmes variés et quelques secteurs ont déjà pris beaucoup d'avance.

Les dirigeants sont fascinés par la technologie informatique. Mais, avant d'investir, il ne faut pas oublier qu'un ordinateur n'est qu'un outil destiné à résoudre des problèmes bien définis. Contrairement à ce que beaucoup semblent croire, ce n'est pas une panacée ! Si j'entends un chef d'entreprise dire : « Je perds de l'argent, je ferais mieux d'acheter un ordinateur », je lui conseille avant tout de repenser sa stratégie. La technologie ne peut, au mieux, que retarder la nécessité d'effectuer des changements plus profonds. L'automatisation améliore une gestion performante, mais la dégrade lorsqu'elle est inefficace.

Au lieu de courir acheter l'équipement le plus sophistiqué et le plus récent, les dirigeants d'une entreprise devraient d'abord prendre du recul et réfléchir à la manière dont ils voudraient voir fonctionner leur affaire. Quels sont ses mécanismes fondamentaux et ses bases de données essentielles ? Quel serait le mode idéal de circulation de l'information ?

Par exemple, quand un client appelle, l'information concernant vos transactions communes apparaît-elle intégralement et immédiatement à l'écran : état des comptes, réclamations, liste des contacts dans l'entreprise ? La technologie permet d'offrir des services de bon niveau, et c'est ce qu'attendent les clients. Si vos systèmes ne leur permettent pas d'apprendre sur-le-champ si l'article qu'ils cherchent est en stock ni quel est son prix... ne vous étonnez pas qu'ils s'adressent à vos concurrents. Certains constructeurs automobiles, par exemple, centralisent l'information de sorte que n'importe quel concessionnaire puisse aisément vérifier l'historique d'un véhicule et déceler les problèmes récurrents... Un indéniable plus lorsque vous voulez acheter un véhicule d'occasion !

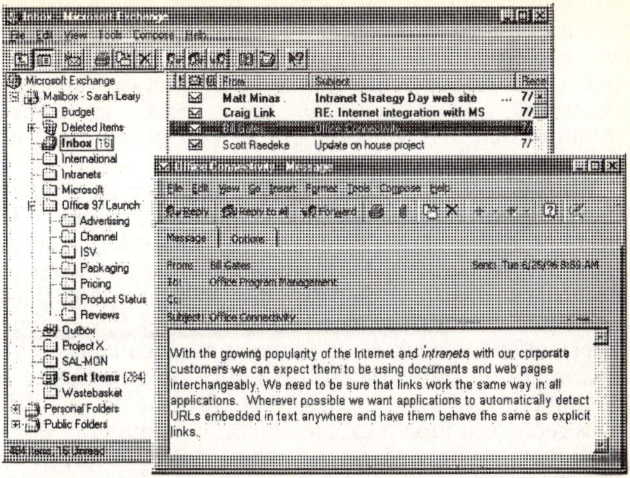


1996 : Un message électronique destiné au groupe « office ».

Une société devrait analyser toutes ses procédures internes – contrôle du personnel, projets financiers et commerciaux, analyse des ventes, et mise au point des produits – et se demander comment les outils d'information électronique peuvent les rendre plus efficaces.

Par habitude, les entreprises font circuler les informations par documents papier et appels téléphoniques, ou en organisant des séances autour d'une table de discussion ou d'un tableau mural. Avant de parvenir à la bonne décision, que de réunions et d'exposés longs et coûteux ! Le potentiel d'inefficacité est énorme. Les entreprises qui persistent à s'enliser dans cette voie risquent de se trouver dépassées : leurs concurrents prendront des décisions plus rapidement tout en y consacrant moins de moyens, et en faisant intervenir probablement moins de niveaux hiérarchiques.

Microsoft étant une entreprise de haute technologie, nous avons commencé très tôt à utiliser les communications électroniques. Nous avons installé notre premier système de courrier électronique au début des années 1980. Même quand nous n'avions qu'une dizaine de collaborateurs, la différence était visible. Le courrier électronique remplaçait les rapports papier, les discussions techniques, les comptes rendus de voyage et les messages téléphoniques. Il est rapidement devenu la principale voie de communication interne et a beaucoup contribué à l'efficacité de notre petite entreprise. Aujourd'hui, avec des milliers de collaborateurs, c'est un atout fondamental.

Rien de plus facile que d'utiliser le courrier électronique ! Pour écrire et envoyer un message, je clique sur un bouton. Une boîte de dialogue apparaît à l'écran. Je tape d'abord le nom des destinataires, ou je choisis un nom dans un fichier électronique. Je peux même indiquer que le message doit être envoyé à un groupe. Ainsi, quand je souhaite m'adresser à des collaborateurs travaillant au projet Microsoft Office, je sélectionne le destinataire « Office » dans mon carnet électronique : tous recevront mon message et mon nom apparaît automatiquement dans la case « envoyé par ». Je frappe un court en-tête, afin que les destinataires aient une idée de ce dont il s'agit, puis je saisis le texte.

Un message électronique se résume souvent à une ou deux phrases, dans un style sans fioritures. Par exemple, je peux expédier à trois ou quatre personnes : « Annulons la réunion de lundi matin, 11 heures. Utilisons ce temps pour préparer la réunion de mardi. Des objections ? » La réponse pourra se résumer à « Aucune ».

Cet échange vous paraît laconique ? Rappelez-vous que le collaborateur moyen de Microsoft reçoit des dizaines de messages par jour. Un message électronique, c'est comme une affirmation ou une question lors d'une réunion, une réflexion ou une demande d'éclaircissement lors d'une communication. Microsoft utilise le courrier électronique dans un but professionnel. Mais, tout comme le téléphone du bureau, il peut servir à bien d'autres fins, sociales ou personnelles. Ainsi, les auto-stoppeurs qui souhaitent partir à la montagne peuvent joindre les membres du Club Microsoft de l'auto-stop afin de trouver une place dans une voiture. Et le courrier électronique a favorisé plus d'une histoire d'amour ! Au début de notre relation, ma femme Melinda et moi l'utilisions. Pour je ne sais quelle raison, on est souvent moins timide lorsqu'on communique par courrier électronique que par téléphone ou lors d'un face à face. Ce peut être un avantage ou un obstacle... Cela dépend.

Je passe plusieurs heures par jour à lire et à répondre au courrier électronique que m'envoient des collaborateurs, des clients et des associés du monde entier. N'importe qui dans l'entreprise peut m'adresser un message et, comme je serai le seul à le lire, personne ne fait de chichis.

Je n'y passerais sans doute pas autant de temps si mon adresse de courrier électronique n'était pas connue du public. Pour son article paru dans le *New Yorker*, John Seabrook a commencé par m'interviewer sur courrier électronique. C'était une façon très efficace d'échanger des propos, et j'ai apprécié l'article quand il est paru. Malheureusement, il mentionnait mon adresse électronique ! Résultat : une avalanche de courrier, depuis des sollicitations d'étudiants me priant de rédiger leurs mémoires, jusqu'à des demandes d'argent et même un courrier émanant d'une association de défense des baleines, qui avait inclus mon nom dans son fichier. J'ai aussi reçu des messages agressifs de la part d'inconnus ou de journalistes qui ne doutent de rien (« Si vous ne répondez pas à cet envoi d'ici demain, je révèle tout sur vous et l'hôtesse *topless* ! »).

Depuis que je tiens une rubrique dans la presse, j'ai une nouvelle adresse électronique (askbill @ microsoft.com) à laquelle les lecteurs peuvent m'envoyer leurs questions. Il m'est impossible de répondre à tout le courrier que j'y reçois. Mais je m'efforce de le lire. Les messages des enfants m'enchantent. Voici l'un de mes favoris : « J'ai treize ans et demi et je veux vous dire que j'ai un problème. Mon père n'arrête pas de me répéter : " Fais ci, fais ça. Regarde Bill Gates : c'est pas en passant son temps devant la télé qu'il a gagné tout cet argent. " Bon, tout ce que je voulais vous dire, c'est merci ! À cause de vous, mon père me pousse à travailler. Au revoir. »

Microsoft a différentes adresses de courrier électronique : pour les recherches d'emploi, les opinions de nos clients sur nos produits, etc. Une grande partie de ce courrier me parvient tout de même, et je dois le réadresser. Je reçois aussi constamment trois chaînes électroniques. La première menace le destinataire des pires malheurs s'il ne la fait pas suivre. La deuxième précise que la punition consistera en une détérioration de sa vie sexuelle. La troisième circule depuis dix ans ; elle contient une recette de cookie et un récit sur une entreprise qui aurait arnaqué sa cliente, le supposé auteur du message. L'entreprise aurait vendu la recette à cette femme pour un prix de « deux et demi ». Quand elle a reçu la facture de sa carte de crédit, il s'agissait de deux cent cinquante dollars. En représailles contre cette société, l'auteur du message demande aux destinataires de distribuer la recette gratuitement. Les versions se succèdent... et le nom de la marque ou du magasin mis en cause change à chaque fois. Il semble que l'idée de nuire à une entreprise, quelle qu'elle soit, fasse le succès de ce message. La première fois que j'ai lu cette histoire, je me suis demandé si elle était vraie. Nathan Myhrvold, un collègue, se souvenait de l'avoir lue, à quelques détails près, six ans plus tôt. Nathan, dont tout le monde chez Microsoft connaît les penchants pour la gastronomie, a testé la recette et... a conclu qu'elle ne valait rien ! Ces chaînes parasitent mon courrier électronique. Heureusement, mon logiciel ne cesse de se perfectionner, et je peux maintenant sélectionner à l'avance les correspondants que je juge prioritaires.

En voyage, je connecte chaque soir mon ordinateur portable au système de courrier électronique de Microsoft pour recevoir les nouveaux messages et envoyer ceux que j'ai rédigés au cours de la journée. La plupart des destinataires ne sauront même pas que je suis absent de mon bureau. Quand je suis connecté à notre réseau d'entreprise à partir d'un lieu éloigné, je peux aussi cliquer sur une simple icône pour voir comment évoluent les ventes, vérifier l'état d'avancement des projets ou avoir accès à d'autres banques de données concernant la gestion. Je trouve rassurant de contrôler l'état de ma corbeille « arrivée » quand je me trouve à des milliers de kilomètres et à une dizaine de fuseaux horaires. Et comme les mauvaises nouvelles arrivent presque toujours par le courrier électronique... si je ne vois rien de désagréable, je n'ai pas de souci à me faire !

Nous utilisons la messagerie électronique à des fins que nous n'avions pas prévues. Chaque année, Microsoft collecte des dons dans un but caritatif. Un message contenant un formulaire d'engagement est envoyé par courrier électronique à chacun dans l'entreprise. Quand on clique sur l'icône figurant dans le message, le document apparaît sur l'écran et le collaborateur peut s'engager à faire un don en liquide ou signer pour autoriser un prélèvement sur son salaire. Dans ce dernier cas, l'information est automatiquement insérée dans la base de données des fiches de paie de Microsoft. À partir du formulaire électronique, les collaborateurs peuvent directement envoyer leurs dons à l'association locale de United Way, à une organisation à but non lucratif, ou encore à diverses œuvres de bienfaisance soutenues par cette association. Ils peuvent même accéder à un serveur leur permettant d'obtenir des informations sur ces organisations ou sur les demandes de contribution bénévole de leur commune. Du début à la fin, tout est électronique. Je peux analyser le résumé des informations jour après jour et voir si notre participation évolue favorablement... ou s'il nous faut à nouveau souligner l'importance de cette campagne.

La circulation interne de l'information électronique va bien au-delà de la messagerie. Au sein de Microsoft, la suppression des listings papier a été l'une des premières conséquences de l'utilisation des outils informatiques. Dans de nombreuses entreprises, quand vous entrez dans le bureau d'un cadre, vous voyez des piles de rapports financiers soigneusement classées sur les étagères. Chez Microsoft, ces rapports sont sur ordinateur. Lorsqu'on veut des informations, on effectue des recherches en triant par critère chronologique, géographique, etc. Dès que nous avons mis le système de rapport financier sur informatique en ligne, les collaborateurs ont vu les chiffres avec un œil neuf. Par exemple, ils se sont mis à analyser les raisons pour lesquelles nos parts de marché dans un secteur donné étaient moins importantes que dans un autre... Cela nous a permis de nous interroger et de découvrir nos bévues. Notre département de traitement des données a présenté ses excuses. « Désolé pour ces erreurs. Cela fait cinq ans que nous compilons et distribuons ces rapports chaque mois et personne ne nous a jamais rien signalé. » Personne n'avait suffisamment compulsé les informations imprimées pour repérer les aberrations.

Quelqu'un qui n'a jamais manipulé d'informations électroniques a sans doute du mal à mesurer les avantages qu'elles procurent. Quant à moi, je ne consulte plus guère les rapports financiers imprimés : je préfère les visualiser électroniquement.

Les premiers tableurs, apparus en 1978, ont constitué un net progrès sur le stylo et le papier : ils ont permis d'associer des formules à chaque case d'un tableau de données. Ces formules peuvent se référer à d'autres éléments du tableau et toute modification d'une valeur affecte immédiatement les cellules qui y sont reliées. Les projections sur les ventes, la croissance ou les modifications des taux d'intérêt peuvent donc être testées afin d'analyser des scénarios : les conséquences de chaque choix apparaissent immédiatement.

Certains des tableurs actuels permettent de lire de différentes façons les tableaux de données. Des commandes simples sélectionnent et classent les données. Le tableau que je connais le mieux, Microsoft Excel, propose un « tableau récapitulatif » qui offre un résumé des informations sous des formes pouvant presque varier à l'infini. Cela facilite l'exécution des calculs. Je veux changer de résumé ? Je clique sur le sélecteur ou je fais glisser un en-tête de colonne d'un point du tableau à un autre. Et en un clin d'œil, je peux passer d'un tel résumé à une analyse des données par catégorie ou à un examen détaillé individuel.

Une fois par mois, nous distribuons à tous les dirigeants de Microsoft un tableau récapitulatif contenant le chiffre des ventes par agence, par produit et par canal de distribution pour l'année fiscale en cours et l'année précédente. Chaque directeur acquiert rapidement une vue d'ensemble des données en fonction de ses besoins. Les directeurs des ventes peuvent comparer celles de leur région au budget prévu ou à celles de l'année précédente. Les chefs de produit peuvent analyser l'écoulement de leurs produits par zone et par canal de distribution. Les façons de cliquer sur ces données et de les faire apparaître se comptent par milliers...

Des progrès remarquables ont été accomplis. Mais une fonction essentielle reste réfractaire : retrouver un fichier sur un réseau d'entreprise. Que de noms à retenir – nom du serveur, nom du dossier, nom du fichier –, tous limités jusqu'à présent à huit caractères, ce qui les voue à un solide anonymat ! Et si, par chance, quelqu'un a mémorisé tous ces noms, quel n'est pas son abattement en constatant qu'on lui a rebaptisé, délocalisé, vidé de leur contenu ses fichiers !

Ce dont nous, utilisateurs, avons réellement besoin,

| | A | B | C | D | E | F |
|---|---|---|---|---|---|---|
| 1 | Année | 1995 | | | | |
| 2 | Vendeur | (Tout) | | | | |
| 3 | | | | | | |
| 4 | Somme Montant | Région | | | | |
| 5 | Produits | Est | Nord | Ouest | Sud | Total |
| 6 | Essence | 8,019 | 23,068 | 0 | 7,888 | 38,975 |
| 7 | Huile | 0,394666667 | 11,098 | 2,952 | 11,098 | 25,54266667 |
| 8 | Lubrifiants | 0,436 | 5,372 | 3,062 | 2,42 | 11,29 |
| 9 | Total | 8,849666667 | 39,538 | 6,014 | 21,406 | 75,80766667 |

Tableau récapitulatif montrant les données sur les ventes pour 1995, par type de produit et par zone géographique.

| | A | B | C | D | E | F |
|---|---|---|---|---|---|---|
| 1 | Année | 1995 | | | | |
| 2 | Vendeur | Adams | | | | |
| 3 | | | | | | |
| 4 | Somme Montant | Région | | | | |
| 5 | Produits | Est | Nord | Ouest | Sud | Total |
| 6 | Essence | 8,019 | 23,068 | 0,000 | 7,888 | 38,975 |
| 7 | Huile | 0,395 | 11,098 | 2,952 | 11,098 | 25,543 |
| 8 | Lubrifiants | 0,436 | 5,372 | 3,062 | 2,420 | 11,290 |
| 9 | Total | 8,850 | 39,538 | 6,014 | 21,406 | 75,808 |

Le même tableau récapitulatif après un clic de souris sur la catégorie vendeurs : il montre les données sur les ventes en 1995 pour un vendeur précis, par type de produit et par zone géographique.

| | A | B | C | E | F | H | I | K |
|---|---|---|---|---|---|---|---|---|
| 1 | | | | | | | | |
| 2 | | | | | | | | |
| 3 | Région | (Tout) | | | | | | |
| 4 | | | | | | | | |
| 5 | Somme Montant | Produits | Année | | | | | |
| 6 | | Essence | | Huile | | Lubrifiants | | Total |
| 7 | Vendeur | 1994 | 1995 | 1994 | 1995 | 1994 | 1995 | |
| 8 | Adams | 6,095 | 5,347 | 6,024 | 3,720 | 5,042 | 6,348 | 32,576 |
| 9 | Barnes | 4,941 | 6,344 | 4,130 | 4,058 | 6,110 | 2,838 | 28,421 |
| 10 | Cooper | 5,923 | 6,407 | 4,423 | 4,318 | 6,575 | 4,907 | 32,554 |
| 11 | Total | 16,959 | 18,098 | 14,577 | 12,096 | 17,727 | 14,093 | 93,551 |

Le même tableau récapitulatif après que l'on a fait glisser les labels « produit » et « année » jusqu'au début des rangées et que le label « vendeur » a été amené jusqu'à l'en-tête des colonnes : il montre les ventes pour 1994 et 1995, réparties par vendeur et type de produit.

c'est d'une simple page descriptive, qui soit au courant de ce qui se passe et peut répondre à nos questions les plus fréquentes : Est-ce que cette version est la plus récente ? Existe-t-il des fichiers similaires dont je pourrais avoir besoin ? Un de mes clients peut-il consulter ce fichier ? Qui dois-je contacter pour un supplément d'informations ? Un dossier que je ne connais pas contient-il des informations du même ordre ?

En bref : pour chaque ensemble de fichiers d'un réseau interne, une page de Web est indispensable. Elle doit comporter des informations sur tous les fichiers et en faciliter l'accès – d'un simple clic sur leur nom ou leur icône. Et les outils de recherche d'Internet doivent nous permettre, sans souci, de localiser une information et de la visualiser en cliquant sur un lien.

Je compare volontiers la constitution d'un intranet à la mise en place de la dernière pièce d'un puzzle. C'est l'étape ultime, la plus alléchante. Dans le monde entier, de nombreuses entreprises ont en main les dernières pièces du puzzle... mais pas la toute dernière : créer des documents ne pose plus aucun problème, mais les retrouver reste compliqué. Intranet va compléter le motif. Et sans bourse délier, le plus souvent : les composants sont déjà en place.

Le monde de l'entreprise s'est pris d'engouement pour les intranets. Pour d'excellentes raisons. La messagerie électronique a remplacé les rapports écrits, les discussions téléphoniques et les réunions. Les pages de Web sur l'intranet se substituent aux notes de service, modes d'emplois, formulaires, annuaires internes, classements de fichiers, bulletins d'affichage, circulaires... En un clin d'œil on peut désormais accéder aux toutes dernières informations concernant un projet, être informé des bénéfices, connaître les décisions qui viennent d'être prises.

Sur l'intranet de Microsoft figurent des milliers d'informations clés pour chaque produit, chaque département et chaque grand développement stratégique. Il existe des présentations pour des centaines de sujets : les promotions internes et les postes disponibles, les dates de congés, des offres de voyages, notre politique de prix, des données sur les produits, de la documentation sur les technologies, le marketing ou le management, nos argumentaires produits et nos

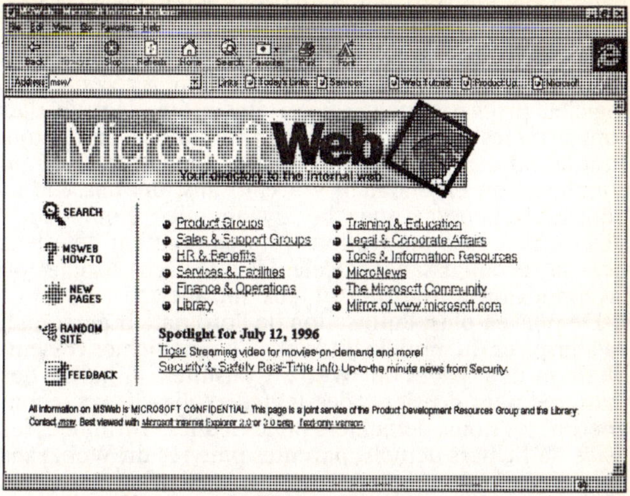


Une page du Web de Microsoft intranet

communiqués de presse. Le reflet le plus fidèle de la société ! Elles prolongent le millier de pages de notre site public (http ://www.microsoft.com).

Si j'avais eu le moindre doute sur l'intérêt de notre intranet, un simple fait, que j'ai appris récemment, l'aurait balayé : la consultation des données financières concernant Microsoft a été multipliée par cinq depuis que celles-ci sont accessibles sur une page de Web. Les collaborateurs qui s'intéressent à ces données connaissent précisément ce qu'elles recouvrent, sont des spécialistes de l'informatique et sont fortement motivés. Il est indispensable de faciliter l'accès à l'information : deux clics sur une souris valent tous les noms obscurs de fichiers.

Pour lire les pages du Web – sur Internet, comme sur l'intranet –, mes collaborateurs utilisent Windows – qu'ils connaissent bien ! – ou un logiciel de navigation. Lorsqu'un réseau d'entreprise est en place et fonctionne, la seule dépense entraînée par son maintien est la rédaction des pages et l'indication des liens. Un travail fructueux, qui ne prend pas trop de temps. Et les outils ne sont pas chers : de nombreuses marques proposent des logiciels bon marché pour créer des pages et leurs liens. Souvent, ces outils sont inclus dans les programmes de traitement de texte ou de tableurs : une pierre deux coups pour les utilisateurs. Ces nouvelles fonctions sont au cœur des versions les plus récentes des logiciels professionnels... et certains prétendent qu'elles sont arrivées à un point de non-retour : la perfection. Inutile, alors, de chercher à les améliorer. Refrain connu, qu'on entendait il y a cinq ans, dix ans... Mais pourquoi penser que la dynamique d'innovation s'essouffle ? Des innovations futures pointent déjà leur nez : la reconnaissance vocale, les interfaces sociales ou la connexion à Internet et aux intranets.

De plus en plus, l'utilisation de l'ordinateur personnel va s'inspirer du modèle du Web. Chaque fichier ressemblera à une page de Web : Consultez la table des matières d'un dossier... des textes explicatifs accompagneront les noms de fichiers ou les icônes. Terminées les listes de fichiers actuels, parentes pauvres du Web, sans hyperliens, sans explications, sans charme... conçues comme un programme de télévision qui mentionnerait les horaires, les chaînes et les noms des émissions, mais omettrait le résumé du contenu, le titre de l'épisode, le nom des acteurs...

Windows de Microsoft propose une liste de fichiers. Mais ne permet pas de créer ou d'appeler une page du Web présentant la liste accompagnée d'un texte descriptif et de dessins. Cela va changer : nous allons y inclure une présentation des dossiers de fichiers de manière classique ou en page du Web, au choix. Pour quelles raisons, en effet, maintenir une distinction entre la façon dont un logiciel traite les données propres, stockées sur disque dur ou sur CD-ROM et celle dont il traite les données éloignées, stockées sur un intranet ou sur le Web d'Internet ? Informations numériques pour informations numériques, autant établir des procédures identiques...

Les messageries électroniques et les intranets vont nous faire gagner un temps considérable. Lundi matin : réunion pour fixer les objectifs de la semaine. Mardi matin : réunion avec l'équipe artistique. Mercredi : comité d'entreprise. Jeudi : réunion du comité de décision... De réunions en discussions, nous passons parfois plus de temps à nous rencontrer qu'à travailler. Les réunions d'information – au cours desquelles on se tait et on écoute – peuvent être remplacées par la messagerie électronique ou des pages de Web... Et lorsque nous voudrons nous réunir, nous aurons déjà échangé, par courrier électronique, les informations nécessaires. Un gain en efficacité non négligeable !

Et les clients ? Les connexions en réseau externe nous permettront de mieux les servir. Voyez comment fonctionne le règlement de vos factures. Une entreprise imprime une facture sur papier, la glisse dans une enveloppe qui est envoyée chez vous et déposée dans votre boîte aux lettres. Vous ouvrez l'enveloppe, vérifiez la facture, signez un chèque. Puis vous essayez de prévoir la date à laquelle il vous faut le poster pour qu'il arrive peu avant l'échéance. Quel gaspillage, à tous les niveaux !

Vous n'êtes pas d'accord sur le montant de la facture ? Vous appelez l'entreprise, on vous fait patienter, vous essayez de trouver la personne responsable, ce n'est pas la bonne, on vous demande de rappeler, etc. Pas une mince affaire !

Bientôt, vous recevrez votre facture par courrier électronique sur l'appareil de votre choix : ordinateur, ordinateur-portefeuille, téléviseur. Quand la facture arrivera, l'appareil fera défiler l'historique de vos transactions. Vous pourrez vérifier vos antécédents avec cette société et effectuer un virement pour la date de votre choix. Vous pourrez poser toutes les questions que vous voulez – en communication asynchrone si vous le souhaitez. Et si un détail vous chiffonne, vous pourrez envoyer un message électronique du genre : « Dites donc, pourquoi le montant est-il si élevé ? » Plus d'attente au bout du fil, plus de renvoi vers un autre interlocuteur. L'employé responsable des factures vous rappellera par courrier électronique ou vous téléphonera.

Au courrier électronique – dans l'entreprise et avec les clients – viendra s'ajouter la visioconférence. Les réunions se dérouleront par l'intermédiaire de visioconférences avec partage d'écran. Chacun de nous choisira le support qui lui convient – écran de présentation vidéo, PC, téléviseur –, mais tous verront la même image. Une fenêtre de l'écran montrera un visage, tandis qu'une autre diffusera un document. Si l'un de nous modifie son écran, le changement apparaîtra immédiatement sur tous les autres. Il s'agit là de partage synchrone ou en temps réel : les écrans d'ordinateurs suivent la demande de ceux qui les utilisent. La collaboration entre bureaux éloignés sera ainsi très fructueuse.

Si un groupe doit se rencontrer électroniquement pour élaborer un communiqué de presse, chaque membre utilisera son PC ou son portable pour modifier l'ordre des paragraphes, ou insérer une photographie, une vidéo... Le reste du groupe examinera aussitôt le résultat et verra ce qu'il ressort de chaque contribution.

Sans nous en rendre compte, nous sommes déjà habitués aux réunions vidéo. Quand nous allumons notre télévision pour regarder « Nightline », une émission d'information qui organise des débats à distance, nous assistons à une visioconférence. L'hôte et les invités se trouvent parfois sur des continents différents, mais ils agissent comme s'ils étaient dans la même pièce. Et, à les voir, on a bien l'impression que c'est le cas !

Plusieurs ensembles logiciels proposent des applications de visioconférence bon marché – et de faible qualité –, fonctionnant sur les lignes téléphoniques. Avec Cu-SeeMe, un programme conçu par l'université Cornell, les utilisateurs de Windows ou de Macintosh peuvent communiquer en images sonorisées sur Internet. Il suffit d'un PC et d'un modem, et si vous voulez émettre et pas seulement recevoir, ajoutez un microphone et une caméra vidéo.

Le travail de groupe n'exige pas toujours l'échange d'images animées. Il existe déjà des logiciels de collaboration qui nous permettent de partager applications et documents sur Internet alors même que nous travaillons dans des lieux différents. Mais être équipé en vidéo est vraiment un atout !

Aujourd'hui, si l'on veut organiser une visioconférence, on doit se rendre sur un site spécialement équipé, disposant de lignes de téléphone particulières. Microsoft, dans chacune de ses filiales, possède au moins une salle spécialisée. On les utilise fréquemment, bien que le cadre soit très solennel. Grâce à ces dispositifs, nous économisons beaucoup de frais de déplacement. Les collaborateurs d'autres bureaux assistent aux réunions ; les clients et les vendeurs nous « rendent visite » sans se déplacer, à notre siège de Seattle. Ce genre de réunions deviendra de plus en plus courant :

elles font gagner du temps et de l'argent et sont souvent plus fécondes que les conférences purement téléphoniques ou les réunions traditionnelles ; en effet, il semble qu'on soit plus attentif lorsqu'on est filmé.

Cependant, j'ai remarqué qu'il faut du temps pour s'y habituer. Si quelqu'un passe sur un écran de visioconférence, il tend à être plus écouté et observé que les autres. Je l'ai noté pour la première fois lorsque certains d'entre nous, à Seattle, ont organisé une visioconférence avec Steve Ballmer en Europe. Nous semblions tous fascinés par la prestation de Steve Ballmer. À la fin de la réunion, j'aurais pu tout vous dire sur sa nouvelle coupe de cheveux, mais je n'aurais pas été en mesure de citer les noms de ceux qui se trouvaient dans la même pièce que moi ! Lorsque les visioconférences seront devenues banales, cette distorsion disparaîtra.

La subtile dynamique humaine inhérente à une réunion en direct disparaîtra-t-elle avec la visioconférence et le partage d'écran ? Une réunion d'entreprise finira-t-elle par ressembler à l'une de ces photos de classe où tous les élèves ont l'air parfaitement crispé ? Ne verra-t-on plus les participants murmurer, lever les yeux au ciel en entendant un orateur assommant, ou se passer des petits mots ? En réalité, les communications individuelles parallèles seront plus simples lors d'une visioconférence : le réseau les facilitera. Les réunions ont toujours été régies par des règles tacites ; lors d'une visioconférence, certaines d'entre elles devront être explicitées. Les interlocuteurs pourront-ils manifester leur ennui, de façon publique ou privée, individuelle ou collective ? Un participant sera-t-il autorisé à couper sa vidéo ou son micro ? Faut-il permettre les conversations privées parallèles, d'un PC à l'autre ? Avec le temps et l'usage, de nouvelles règles se dessineront, puis s'imposeront. Comme avec le PC et le courrier électronique.

Les visioconférences à domicile seront d'une nature quelque peu différente. Un dialogue se rapprochera d'une communication téléphonique vidéo : vous enverrez des baisers à vos enfants, ou vous montrerez à votre vétérinaire la manière dont votre chien boite. Chez vous, il est probable que vous laisserez vos caméras débranchées la plupart du temps, surtout pour les communications avec des inconnus. Vous transmettrez une image enregistrée de vous-même, de votre famille ou de ce qui vous semble exprimer votre personnalité, tout en protégeant votre intimité. Ce sera un peu comme choisir un message pour votre répondeur. La vidéo en direct ne sera branchée que pour une conversation avec un ami ou lorsque les nécessités professionnelles le requerront.

Au fur et à mesure que les ordinateurs deviendront plus puissants, les micro-ordinateurs standard pourront fabriquer des images synthétiques réalistes. Votre téléphone ou votre ordinateur générera une image numérique vivante de votre visage, vous montrant en train d'écouter ou même de parler. Vous serez effectivement en train de parler, mais, si vous avez pris la communication au moment où vous sortiez de la douche, votre téléphone synthétisera une image... vous montrant en costume ! Les expressions de votre visage correspondront aux mots que vous prononcerez... même si vous faites des grimaces ! Il sera tout aussi facile de transmettre une image de quelqu'un d'autre ou une image idéalisée de vous-même. Si vous parlez à un inconnu à qui vous ne souhaitez pas montrer un grain de beauté ou votre menton flasque, votre interlocuteur ne saura pas si vous ressemblez vraiment à Cary Grant (ou à Meg Ryan) ou si votre ordinateur vous donne un coup de pouce.

L'absence de connexions à large bande pour l'usage domestique, dans les années qui viennent, n'empêchera pas les entreprises de recourir à des moyens nouveaux et efficaces pour communiquer avec les foyers. On ne peut pas encore compter sur les images vidéo de bonne qualité mais il sera possible de pratiquer la conversation simultanée et de diffuser des images sur écrans. Les connexions en bande moyenne favoriseront ces procédures, mais elles seront aussi possibles sur bande étroite. Par exemple : les entreprises mettent sur Internet des renseignements sur leurs produits, elles y joignent des instructions sur la manière dont les clients peuvent se connecter de façon synchrone avec un de leurs vendeurs susceptibles de répondre aux questions par liaison vocale. Vous voulez des bottes. Vous arrivez sur la page d'accueil d'E. B., un catalogue électronique. Vous cliquez sur un bouton pour entrer en contact avec un vendeur. Celui-ci sait immédiatement que vous vous intéressez aux bottes. Vous voulez des bottes adaptées à une balade dans les Everglades de Floride ? Votre interlocuteur dispose de toutes les informations que vous lui avez fournies : votre façon de vous habiller, votre pointure, vos préférences en matière de style, de couleur, de prix, vos achats antérieurs dans d'autres magasins... Vous préférez ne livrer aucune information personnelle ? L'ordinateur achemine votre demande vers la personne à laquelle vous avez eu affaire la fois précédente, ou vers une autre, spécialisée dans le produit affiché. Vous posez, sans préambule, la question qui vous intéresse : « Ces bottes conviennent-elles pour les marais des Everglades ? » Le vendeur n'aura pas besoin d'être au magasin : il peut se trouver n'importe où, du moment qu'il a accès à un PC, qu'il est disponible et compétent.

Imaginons que vous vouliez modifier votre testament. Vous appelez votre notaire, qui télécharge votre testament sur son ordinateur personnel. Le document apparaît sur votre écran comme sur le sien. En vous déplaçant tous deux dans le texte, vous indiquez ce qu'il faut faire. Si votre notaire est particulièrement doué, il peut aussitôt opérer les corrections voulues. Si vous voulez participer à l'opération au lieu de vous contenter de l'observer, vous pourrez travailler ensemble, discuter tout en ayant la même image sur vos écrans respectifs.

Les connexions voix/données permettront d'autres utilisations importantes, comme l'amélioration de l'assistance technique. Microsoft emploie des milliers de gens à cette tâche, autant que les ingénieurs et techniciens occupés à créer les produits. Les résultats sont positifs parce que nous enregistrons les remarques pour améliorer nos produits. Nous recevons beaucoup de questions par courrier électronique, mais la plupart de nos clients nous téléphonent encore. Or, ces conversations sont surtout une perte de temps. Un client appelle pour dire que son ordinateur envoie un message d'erreur. Le spécialiste de la maintenance écoute ses explications, suggère une manœuvre, que le client met plusieurs minutes à effectuer. Puis la conversation reprend. L'appel dure en moyenne un quart d'heure, mais parfois une heure ! À l'avenir, le spécialiste de l'assistance technique pourra voir ce qui se passe sur l'écran du client (avec son autorisation explicite, bien sûr) et examiner son ordinateur directement. Évidemment, cela demandera de la rigueur, garantie de la confidentialité. Résultat du processus électronique : réduction de la longueur des appels de 30 à 40 p. 100, satisfaction du client, diminution des coûts de maintenance et du prix des produits.

Se rencontrer dans le cadre professionnel deviendra plus facile grâce aux intranets comme à Internet : un logiciel gérera notre emploi du temps. Votre avocat et vous avez besoin de vous rencontrer ? Votre programme de gestion de rendez-vous et le sien entreront en contact et choisiront le jour et l'heure qui vous conviennent à tous deux. Le rendez-vous apparaîtra tout simplement sur vos agendas électroniques respectifs.

On pourra de la même façon réserver une place au restaurant ou au théâtre. Et si un restaurant peu fréquenté, un théâtre aux trois quarts vide ou encore votre avocat préfèrent vous laisser ignorer que vous êtes leur seul client, ou presque, rien ne les en empêchera : ils configureront leur programme de gestion d'emploi du temps de façon à ne répondre qu'à des demandes de rencontre. Mais ils ne vous communiqueront pas la liste de leurs créneaux horaires disponibles. Demandez-leur une plage de temps précise – par exemple : « Êtes-vous libre mardi 30 septembre de 11 heures à 13 heures ? » Pas de problème... ils vous répondront par retour de message.

Vous fixerez des rendez-vous et échangerez des documents avec votre avocat, votre dentiste ou votre expert-comptable par voie électronique. Vous avez une question urgente à poser à votre médecin ? Essayez de le joindre sur réseau. Il n'est pas disponible ? Vous êtes en droit d'attendre une réponse d'un autre spécialiste, par courrier électronique. La concurrence se fondera sur l'efficacité avec laquelle une catégorie professionnelle adoptera les nouveaux outils de communication. Et sur la manière dont on pourra joindre ses membres. Je suis convaincu que l'utilisation de la communication par réseau sera un argument publicitaire décisif en faveur d'une entreprise ou d'une corporation.

Toutes ces innovations – courrier électronique, écrans partagés, visioconférence, et communications par téléphone vidéo – permettent de surmonter la séparation physique. Quand elles seront devenues monnaie courante, elles auront modifié non seulement la manière dont nous travaillons ensemble mais aussi la distinction que nous opérons aujourd'hui entre lieu de travail et domicile.

En 1996, les États-Unis comptaient plus de 8 millions de télétravailleurs qui ne se rendaient pas à leur bureau mais se déplaçaient par fax, téléphone et courrier électronique. Certains écrivains, ingénieurs, hommes de loi, dont le travail est relativement autonome, en font déjà une partie chez eux. Les représentants de commerce sont jugés sur leurs résultats ; tant qu'un vendeur est productif, il importe peu qu'il se trouve au bureau, chez lui, ou sur la route. Beaucoup de télétravailleurs ont le sentiment d'avoir retrouvé la liberté. D'autres, au contraire, se sentent coincés chez eux, devant leurs machines, ou ne parviennent pas à s'imposer la discipline nécessaire. Dans les années à venir, des millions de personnes de plus se mettront à télétravailler au moins une partie du temps, grâce à Internet.

Les salariés qui se servent surtout du téléphone sont voués au télétravail : on peut réacheminer leurs appels. Les téléprospecteurs, les employés des services clientèle, des agences de réservation et les spécialistes de l'assistance technique auront accès sur écran à une information aussi détaillée à leur domicile qu'à leur bureau. D'ici à dix ans, beaucoup d'offres d'emploi indiqueront le nombre d'heures payées par semaine et la proportion prévue d'heures au bureau (si c'est le cas). Certains emplois exigeront même que l'employé ait un micro-ordinateur pour pouvoir travailler chez lui. Les services clientèle auront très facilement recours au travail à temps partiel.

Quand les employés et les cadres se trouveront en des lieux géographiques distincts, il faudra adapter la gestion. Chacun apprendra à être un salarié productif. De nouveaux mécanismes de feed-back apparaîtront également pour que employeurs et employés évaluent la qualité des services rendus.

Dans un bureau, un salarié est censé s'activer tout le temps. Mais s'il travaille chez lui, il ne sera payé qu'à la tâche réellement effectuée (et peut-être à un taux différent). Si le bébé se met à pleurer, papa ou maman indiqueront qu'ils sont « indisponibles ». Le temps qu'ils passeront auprès du bambin ne sera pas rémunéré. Une fois que la personne sera de nouveau prête à se concentrer sur son activité, le réseau recommencera à lui fournir du travail. Travail à temps partiel et partage du travail prendront un sens nouveau.

Les entreprises vont pouvoir réduire la superficie de leurs locaux. Un unique bureau pourra accueillir plusieurs collaborateurs aux horaires de travail décalés. Arthur Andersen et Ernst & Young, deux très importantes firmes d'experts-comptables, opèrent déjà ainsi. Demain, les ordinateurs, les téléphones et les écrans électroniques d'un bureau commun s'adapteront à l'occupant selon l'heure de la journée ou le jour de la semaine : l'écran mural affichera son emploi du temps, ses photos de famille et ses tableaux préférés.

Les technologies de l'information n'affecteront pas seulement l'encadrement et la localisation géographique. Dans la plupart des entreprises, la nature même de l'organisation du travail sera redéfinie : leur structure ainsi que le rapport entre les équipes internes, à plein temps, les collaborateurs et les interlocuteurs extérieurs.

Le réengineering des entreprises part du principe qu'il existe de meilleures façons de les organiser. Jusqu'à présent, presque toutes ces opérations se sont concentrées sur la mobilité de l'information interne. À l'avenir on redéfinira les limites entre la société, ses clients et ses fournisseurs autour de questions clés : comment les clients vont-ils découvrir les nouveaux produits ? Les commander ? Quels seront les nouveaux concurrents quand l'éloignement géographique cessera d'être un handicap ? Comment une société pourra-t-elle satisfaire au mieux ses clients après la vente ?

La structure de l'entreprise va évoluer. Le courrier électronique et les intranets contribuent au nivellement des hiérarchies. Avec des systèmes de communication performants, les grandes entreprises n'auront pas besoin de multiples niveaux internes. De nombreux cadres moyens qui faisaient autrefois transiter les informations vers le haut et le bas de la chaîne de décision ont déjà perdu de leur importance. Depuis sa création, Microsoft est une entreprise de l'âge de l'information, avec une hiérarchie peu encombrante. Nous avons pour principe de ne pas laisser se former plus de six niveaux d'encadrement entre l'employé de base et moi-même. En un sens, grâce au courrier électronique, il n'existe aucun niveau intermédiaire entre mes collaborateurs, quels qu'ils soient, et moi-même.

Comme les nouvelles technologies permettent à une entreprise de trouver facilement des spécialistes extérieurs et de travailler avec eux, un énorme marché de consultants va se développer. Vous voulez de l'aide pour concevoir un document de marketing direct ? Demandez à un logiciel tournant sur le réseau de dresser la liste des consultants ayant les compétences requises, le temps, et un tarif acceptable. Le logiciel aura vérifié les références avant de vous les soumettre et vous aidera à éliminer les candidats insuffisamment qualifiés. Vous pourrez lui demander, par exemple : « L'un de ces candidats accepte-t-il un contrat d'exclusivité ? » Ce système sera si économique et si fiable que vous finirez même par lui demander de vous dénicher une baby-sitter ou quelqu'un pour tondre la pelouse. Vous cherchez du travail, comme salarié ou comme contractuel ? Le système vous indiquera les employeurs potentiels et leur enverra votre curriculum vitae électronique, d'un simple clic de souris.

Les entreprises vont réévaluer les postes de travail : quelle ampleur donner au service financier ou juridique ? Faut-il plutôt faire appel à des collaborateurs extérieurs ? Dans les périodes très chargées, il sera plus facile de trouver de l'assistance sans augmenter le nombre des salariés et redistribuer l'espace de bureaux. Les entreprises qui sauront tirer parti des ressources du réseau vont mener le jeu... les autres seront condamnées à suivre le mouvement.

Grâce à Internet, l'entreprise type sera plus petite qu'aujourd'hui. Être grand est rarement un avantage. Les studios de Hollywood, qui établissent des contrats pour chaque tournage – y compris pour les acteurs et les installations –, n'ont qu'un effectif réduit d'employés. Certains fabricants de logiciels ne fonctionnent pas autrement : ils louent les services de programmeurs selon les besoins. Cela ne veut pas dire que les postes à plein temps vont disparaître. Imaginez la perte de temps s'il fallait constamment faire appel à l'extérieur, surtout si l'on est pressé. Mais de nombreuses fonctions seront dispersées, tant géographiquement que structurellement.

Cette dispersion géographique aura des répercussions au-delà de la structure de l'entreprise elle-même. La concentration urbaine est la cause de la plupart des problèmes sociaux actuels. Qui dit vie urbaine, dit bouchons, vie chère, criminalité, entre autres. Mais elle a ses avantages : de meilleures possibilités d'emploi, des services, des établissements scolaires, des loisirs et une vie sociale plus active, à portée de main.

Le réseau interactif à large bande va changer cette situation. Il va sensiblement réduire les désavantages de la vie hors des grandes villes. Dans le secteur tertiaire, vous aurez la possibilité de travailler pratiquement n'importe où. Comme consommateur, vous pourrez recevoir des conseils – financiers, juridiques, voire médicaux – sans quitter votre maison. La flexibilité sera de plus en plus importante au fur et à mesure que chacun essaiera de rééquilibrer vie privée et vie professionnelle. Vous ne serez pas toujours obligé de voyager pour voir vos amis et votre famille, ou pour participer à des jeux. Les distractions culturelles viendront à vous : vous pourrez regarder une comédie musicale dans votre salon, même si l'effet n'est pas le même que dans une salle de Broadway. L'amélioration des écrans – taille et résolution – favorisera la vidéo à domicile, y compris pour les films de cinéma. Les programmes d'enseignement seront accessibles partout. Tout facilitera les départs des citadins vers les campagnes.

L'ouverture du système des autoroutes inter-États a exercé une influence importante sur la répartition de la population américaine. Elle a rendu de nouvelles banlieues accessibles et a encouragé la culture automobile. Les urbanistes, les promoteurs immobiliers et les responsables de la répartition des établissements d'enseignement devront tenir compte de l'ouverture des autoroutes de l'information qui permettra d'aller vivre à l'écart des villes. Si de grands réservoirs de talents se dispersent, la pression sur les entreprises s'accroîtra pour qu'elles inventent de nouvelles façons de travailler avec les consultants et les salariés habitant loin des bureaux ou des commerces. On assistera alors peut-être à une réaction en chaîne : tout le monde aura envie de s'installer à la campagne.

Imaginons que la population des villes diminue de 10 p. 100. Conséquences : baisse de la spéculation immobilière, usure moindre des services publics, comme les transports... Si les salariés des grandes villes restaient chez eux une ou deux journées par semaine, la consommation d'essence, la pollution de l'air et les encombrements diminueraient de façon notable. Mais si ce sont les mieux payés qui partent, les caisses des impôts locaux se videront... cela appauvrira les centres-villes, que d'autres habitants aisés abandonneront à leur tour. En revanche, les coûts de l'infrastructure urbaine deviendraient moins lourds, les loyers baisseraient... et les habitants restés dans la ville verraient leur niveau de vie augmenter.

Pas d'affolement ! Cela ne se produira pas avant quelques dizaines d'années. Personne n'aime changer trop brutalement de cadre de vie ni modifier à toute allure sa façon de vivre et de penser. Les nouvelles générations s'adapteront plus vite : nos enfants sauront parfaitement utiliser les outils informatiques du travail à distance, ils bousculeront les mentalités, apprivoiseront la technologie... Dans les dix prochaines années, nous allons franchir une étape importante dans nos méthodes de travail et notre mode de vie. N'ignorez pas la technologie. Voilà le conseil que je vous donne. Dès demain, elle va bouleverser notre quotidien. Son rôle est de nous apporter plus de flexibilité et d'efficacité.

# 8

# SANS FRICTION

En 1776, Adam Smith décrit dans son traité *Recherches sur la nature et les causes de la richesse des nations* le concept de marché en ces termes : si chaque acheteur connaît les tarifs de chaque vendeur, et si chaque vendeur sait ce que chaque acheteur est prêt à payer, tous les acteurs du marché peuvent prendre des décisions éclairées. La répartition des ressources devient alors rationnelle. À ce jour, nous n'avons pas encore atteint l'idéal de Smith. Qui peut prétendre qu'acheteurs et vendeurs sont amplement renseignés les uns sur les autres ?

Vous voulez acheter un autoradio, mais vous n'avez ni le temps ni la patience de faire le tour des magasins ? Vous partez forcément avec des données incomplètes. Vous achetez votre autoradio et, une semaine plus tard, vous voyez le même dans une vitrine trois fois moins cher. C'est trop bête ! Se tromper pour un autoradio n'est pas gravissime. Mais s'il s'agit d'un emploi que vous avez accepté sans prendre le temps de vous documenter, c'est autre chose !

Certains marchés se comportent déjà d'une façon assez proche de l'idéal de Smith. La négociation des devises et matières premières sur les marchés électroniques, par exemple. Elle est particulièrement efficace : les informations sur l'offre, la demande et les cours mondiaux sont instantanées et presque exhaustives. Tous les investisseurs sont à égalité : ils reçoivent tous la même information sur les transactions dans leurs salles de marché câblées. Cependant, la plupart des marchés demeurent très peu rationnels. Vous voulez choisir le meilleur médecin, homme de loi ou expert-comptable ? Vous ne récolterez que des informations incomplètes et vous aurez du mal à établir des comparaisons.

Internet permettra une extension du marché électronique. Et deviendra un intermédiaire universel. Seules personnes impliquées dans une transaction : l'acheteur et le vendeur. Vous aurez la possibilité d'examiner, de comparer et souvent de faire modifier tous les articles disponibles dans le monde. Vous demanderez à votre ordinateur de vous trouver l'objet voulu au meilleur prix, quelle que soit sa provenance. À condition qu'elle soit légale, bien sûr ! Vous pourrez aussi lui enjoindre de « marchander ». Une fois connecté au réseau, votre ordinateur sera en mesure de vous fournir toutes les données disponibles sur les produits et les services qui vous intéressent. Des serveurs répartis dans le monde entier accepteront les offres, les transformeront en transactions effectives, en vérifieront l'authenticité et la sécurité. Ils géreront tous les aspects du fonctionnement d'un marché, notamment le transfert des fonds. Nous allons vivre dans un monde nouveau : basse friction, frais généraux peu élevés, information pléthorique et opérations peu coûteuses. Le paradis de l'acheteur !

Tout marché, du bazar au réseau interactif à large bande, favorise la concurrence. Les marchandises passent du vendeur au client d'une façon rationnelle, avec une friction réduite. Nous le devons à ceux qui mettent en contact les consommateurs et les vendeurs. Bientôt, le réseau interactif jouera ce rôle dans un nombre croissant de secteurs ; les intermédiaires traditionnels devront alors se battre et innover pour demeurer indispensables. Les magasins et les services qui ont prospéré jusqu'à présent grâce à leur situation géographique vont peut-être perdre leurs privilèges. Ceux qui fournissent un « plus » feront mieux que survivre : ils prospéreront parce que les clients du monde entier pourront les consulter.

Cette idée vous effraie ? Tout changement inquiète. Mais une fois que nous nous y sommes habitués, nous nous demandons comment nous avons pu nous en passer. Grâce au réseau interactif, nous bénéficierons de prix réduits et d'une offre plus diversifiée. Il y aura moins de magasins, mais, si vous aimez faire du lèche-vitrines... vous trouverez toujours de quoi vous satisfaire ! Internet simplifiera les achats et nous fera gagner du temps. Si vous achetez un cadeau pour un être cher, vous disposerez d'un choix plus étendu et vous dénicherez quelque chose d'original. Vous pourrez utiliser ce gain de temps pour créer un emballage amusant ou une carte personnalisée.

Aujourd'hui, Internet offre quelques services – loin d'être aussi importants que ceux du futur réseau interactif à large bande. Si vous voulez consulter des catalogues de vente en ligne, pas de problème. Vous êtes patient et avez tout votre temps ? Naviguez sur le réseau, vous réaliserez quelques bonnes affaires ou pourrez mettre la main sur une rareté. Un de mes amis voulait se procurer la première édition de ce livre en italien : il l'a commandée sur le Web d'une librairie italienne, après s'être renseigné par courrier électronique. Un employé de la librairie lui a répondu, en anglais, et a pris son numéro de carte de crédit.

Les conseils d'un vendeur qualifié sont sans prix. Mais certains sont de parti pris. Avec le réseau, nous aurons la possibilité de contacter directement les fabricants. Pour nous attirer, les vendeurs se donneront un mal fou et jongleront avec une publicité hybride : spots télévisés, publicités dans la presse, catalogues détaillés. Une publicité attire votre attention ? Avec les liens hypertextes, naviguez à travers les informations mises à votre disposition par l'agence de pub : images vidéo, enregistrement audio, textes... Des informations claires pour une efficacité maximale.

L'information qui se limiterait aux produits et à leurs accessoires serait bien restreinte. Nous, nous voulons comparer les prix : avantage certain pour les consommateurs, mauvaise nouvelle pour les fabricants ou les détaillants qui s'octroient des marges trop généreuses. Au printemps 1996, un titre du *Financial Times* m'a arrêté : « Les exportateurs allemands ont découvert une nouvelle cause à la réduction de leurs parts sur le marché international : Internet. » Le porte-parole d'une association d'exportateurs allemands expliquait comment l'industrie allemande perdait ses niches de marché depuis que les consommateurs prenaient l'habitude de chercher les meilleurs prix sur le réseau mondial. L'article poursuivait : « Jusqu'à présent les entreprises allemandes fixaient les prix de leurs produits à l'export. Désormais, les clients potentiels citent des prix plus compétitifs, contraignant ainsi les sociétés allemandes à s'aligner sur la concurrence. Cette bonne connaissance du marché, les consommateurs l'ont acquise en surfant sur Internet. »

Chez Microsoft, nous utilisons le réseau. Auparavant, nous imprimions des millions de pages pour répondre à vos demandes. Vous satisfaisaient-elles ? Y trouviez-vous tout ce que vous souhaitiez ? Donner trop de détails, c'était, à coup sûr, effrayer les néophytes. Pas assez, c'était décourager les clients avertis. En outre, les informations changeaient rapidement et nous devions fréquemment envoyer au pilon des dizaines de milliers d'exemplaires obsolètes. Désormais, nous diffusons nos informations sous forme électronique. Déjà, nous envoyons chaque trimestre des CD–ROM, nous utilisons les services en ligne pour joindre les développeurs de logiciels professionnels – nos clients les plus difficiles.

Vous refusez de dépendre des informations d'un fabricant ? Qu'à cela ne tienne ! Prenez connaissance des bancs d'essai. Vous doutez encore ? Consultez les données officielles des organismes de contrôle : le vendeur a-t-il correctement organisé le service après-vente ? Le produit a-t-il une durée de vie suffisante ? Demandez l'avis de consultants commerciaux, humains ou électroniques : ils effectueront des bilans comparatifs pour toutes sortes d'objets, des mèches de perceuse aux chaussons de danse. Et, naturellement, continuez à demander conseil à vos amis... par courrier électronique, ce sera plus efficace !

Vous songez à demander des services à une entreprise ? Vérifiez ce qu'en dit la rumeur publique. Vous désirez acheter un réfrigérateur ? Consultez les services télématiques offrant des études comparées, professionnelles ou non, sur les fabricants et les détaillants. Vous prendrez l'habitude de consulter ces services télématiques avant tout achat important. Vous entendez une plainte à propos d'un libraire, d'un médecin ou d'un microprocesseur ? Il vous sera facile de trouver sur le réseau un forum où l'on évoque ce problème. Finalement, les entreprises qui ne satisfont pas leurs clients verront leurs ventes décliner avec leur réputation ; et celles qui font du bon travail bénéficieront d'une nouvelle forme de bouche à oreille : la communication électronique.

Mais attention ! ne soyez pas naïf ! Pas question de prendre pour argent comptant les divers commentaires disponibles sur le réseau, surtout les opinions négatives ! Sur le réseau, les conventions – la « netiquette » – sont en train de se mettre en place. Pour l'instant, bien des champs restent béants, les limites sont mal définies, et prévaut encore trop une mentalité de pionniers sans foi ni loi. Prenons l'exemple d'une entreprise qui vend un appareil à air conditionné. 99,9 p. 100 des clients sont satisfaits ; parmi les 0,1 p. 100 restants, un seul se répand en critiques abominables. Si, précisément à ce moment-là, je consulte le babillard parce que je désire acheter un appareil à air conditionné, je perdrai mon temps : je n'y entendrais que des récriminations. C'est injuste, pour moi comme pour le fabricant.

Quelques hystériques calomnient de façon obsessionnelle un produit, une entreprise ou des gens qu'ils en sont venus à détester. Des participants aux forums se font littéralement insulter à la suite de certaines de leurs interventions. La facilité avec laquelle tout individu peut communiquer ses opinions à l'immense communauté électronique est sans précédent. Vingt services télématiques peuvent, simultanément, lancer des appels à la haine et à la violence. Dans de telles circonstances, comment doit-on agir ? J'ai vu des services se bloquer, des interlocuteurs complètement désemparés. Certains réagissent en imitant l'intrus, d'autres tentent d'apporter une réponse sensée. Mais, si les commentaires hystériques perdurent, le sentiment de communauté est détruit.

La régulation d'Internet repose sur les consensus. Si un perturbateur envoie sur le réseau un commentaire intolérable ou s'essaie à une vente illégale, il se voit opposer un barrage d'invectives glaciales. Jusqu'à présent la régulation a reposé sur des censeurs bénévoles qui « brûlent » ceux qu'ils considèrent comme antisociaux.

Les services commerciaux en ligne emploient des bénévoles et des modérateurs professionnels pour veiller au respect de la correction sur leur service. Le président d'un forum peut refuser de laisser passer sur le serveur des insultes ou des informations sous copyright. Mais la plupart des débats sur Internet ne sont pas surveillés. Tout passe... et personne n'est responsable. Pour ne pas subir, au moindre ennui, l'intervention systématique de la justice gouvernementale, il faudra regrouper dans une procédure élaborée les opinions qui forment le consensus. Nous devrons trouver un moyen d'obliger les trouble-fête à baisser le ton. Pas question que le réseau de l'information devienne le réseau de la calomnie et de la diffamation.

Les forums sont publics et gratuits, mais vous pourrez vous abonner à des services de professionnels. Cependant, pourquoi recourir à un expert quand une telle masse d'informations sera disponible ? Pour les mêmes raisons qu'aujourd'hui : de nos jours, vous pouvez avoir accès à toutes sortes de données, mais pas toujours aux informations précises que vous souhaitez ! Dans ce cas, louez les services d'un consultant spécialisé, pour cinq minutes ou un après-midi entier. Et discutez avec lui par visioconférence.

Aujourd'hui, les conseils paraissent gratuits. Illusion ! Tout renseignement se répercute sur le prix de vente. Mais, à l'avenir, les commerçants qui feront payer leurs renseignements aux clients seront sévèrement concurrencés par les réseaux de ventes à bas prix sur le réseau. Les variations de prix d'un point de vente à un autre devront être modestes – en fonction de la gestion des stocks, des délais de livraison et du service après-vente.

Certains commerçants offriront les services de leurs experts, mais, pour les achats importants, vous serez certainement contents de vous appuyer sur l'expérience d'un guide vraiment indépendant. Vous paierez pour le consulter... mais récupérerez la mise en faisant le bon choix. Le tarif de ces conseils devra être très compétitif. Vous voulez acheter une voiture de luxe au meilleur prix ? Utilisez l'un des services du réseau pour savoir où vous adresser. Vous l'achetez ? Ce service, qui se sera comporté comme un intermédiaire, vous facturera un taux horaire raisonnable, ou touchera un faible pourcentage sur la transaction... en fonction de la concurrence électronique.

À l'avenir, de plus en plus de conseils seront fournis par des logiciels conçus pour enregistrer nos desiderata et nous faire les suggestions appropriées. Un certain nombre de grandes banques ont déjà développé avec succès des « systèmes experts » qui analysent les prêts et les demandes de crédit. Ces logiciels deviendront courants et les techniques de simulation et de reconnaissance de la voix s'amélioreront... Vous aurez alors l'impression de parler à un être humain quand vous consulterez un document multimédia. Vous pourrez l'interrompre, demander plus de détails ou lui faire répéter une explication... Une véritable conversation avec un spécialiste attentif et patient !

Les réseaux de téléachat sont un premier pas vers le commerce à prix réduit par voie électronique. En 1994, on a ainsi vendu pour 3 milliards de dollars de marchandises. Et pourtant, le système fonctionne de manière synchrone : il arrive que défile interminablement toute une série d'articles avant que ne se présente celui qui nous intéresse. Sur le réseau interactif, fini ce petit jeu de patience ! Vous pourrez vous déplacer à votre allure parmi les produits et les services. Vous avez envie d'un pull ? Choisissez parmi des centaines de modèles si le cœur vous en dit, dans toutes les gammes de prix. Peut-être même aurez-vous l'occasion de voir un défilé de mode ou une démonstration de produit. L'interactivité : une bonne façon de lier l'utile à l'agréable.

Aujourd'hui, des marques sont fréquemment citées dans les films et les émissions de télévision. Un personnage qui aurait autrefois commandé une bière demande maintenant une Budweiser. Dans *Demolition Man*, les restaurants Taco Bell semblent être les seuls fast-foods existants. La maison mère de Taco Bell, PepsiCo, a en partie financé le film. Pour *True Lies*, Microsoft a versé des honoraires afin qu'Arnold Schwarzenegger découvre la version arabe de Windows sur un écran. Apple a payé pour que son Powerbook soit utilisé dans *Mission impossible*. À l'avenir, les entreprises paieront non seulement pour que leurs produits apparaissent sur l'écran de votre matériel d'information, mais également pour que vous ayez la possibilité de les commander. Il vous sera loisible de vous informer sur n'importe quelle image que vous verrez passer. Vous regardez *Top Gun* et êtes séduit par les lunettes d'aviateur de Tom Cruise ? Arrêtez la projection et informez-vous sur ces lunettes. Vous voulez les acheter ? Rien de plus facile : passez commande – à condition que les informations commerciales aient été adjointes à la diffusion du film. Vous n'avez pas envie d'interrompre le film ? Marquez la scène et revenez-y ultérieurement. L'hôtel dans lequel se situe l'action vous enchante ? Demandez son adresse et le prix des chambres, puis effectuez votre réservation. Le porte-documents ou le très élégant sac à main en cuir qu'arbore la vedette vous fait très envie ? Connectez-vous sur les services du réseau, faites défiler toute la gamme de luxe des articles en cuir, et commandez par le réseau ou directement au détaillant.

Comme le réseau interactif à large bande véhiculera des images vidéo, vous serez souvent en mesure de voir exactement ce que vous commandez. Cela permettra d'éviter une erreur commise par ma grand-mère. Un été où j'étais en colonie de vacances, elle a passé pour moi une commande de bonbons au citron. Elle en a demandé cent, pensant que je recevrais une centaine de bonbons. J'ai reçu cent sacs. J'en ai distribué à tous mes copains. Immense succès... jusqu'au jour où nous avons tous eu des aphtes. Sur le réseau, vous pourrez visiter par vidéo l'hôtel où vous voulez réserver. Vous ne serez pas déçu par les fleurs commandées par téléphone pour votre mère : vous pourrez regarder le fleuriste faire le bouquet, changer d'avis si cela vous chante et faire remplacer les roses par des anémones. Vous voulez acheter un vêtement. Mais vous hésitez : cette coupe me convient-elle ? Cette veste va-t-elle aller avec le reste de ma garde-robe ou avec les accessoires que j'envisage de commander ? Par vidéo, vous pourrez voir, dans votre taille, l'article qui vous plaît et l'associer avec d'autres.

Voilà, votre choix est fait. Passez commande. Grâce aux ordinateurs, les produits aujourd'hui fabriqués en série seront confectionnés à la fois en série et sur mesure. Le fait que chaque article puisse être adapté aux besoins des consommateurs sera un argument de vente décisif. Un nombre croissant d'objets – chaises, chaussures, journaux, disques – sera fabriqué au moment de la commande. Ils répondront ainsi très précisément à vos souhaits. Et ça ne coûtera pas plus cher que s'ils avaient été produits en série. Dans de nombreux secteurs, la personnalisation quasi générale des objets remplacera la production de masse, exactement comme celle-ci a remplacé la commande sur mesure.

Avant la production en série, tout était réalisé pièce

par pièce, par des ouvriers spécialisés – ce qui limitait la productivité et empêchait le niveau de vie de s'élever. Jusqu'à la première machine à coudre, les chemises étaient assemblées à la main, et elles étaient chères. Dans les années 1860, on a commencé à utiliser les techniques industrielles pour fabriquer des vêtements en grande quantité ; les prix ont chuté et même les ouvriers ont pu s'acheter plusieurs chemises.

Bientôt, des machines informatisées couperont et coudront des chemises suivant des patrons chaque fois différents. En commandant, vous indiquerez vos mensurations, vos choix en ce qui concerne le tissu, la coupe, le col, etc. Les informations seront acheminées jusqu'à l'usine de fabrication, qui produira le vêtement et le livrera presque immédiatement. En matière de livraison, la concurrence sera impitoyable. Et quand le volume des marchandises aura augmenté, les livraisons seront rapides et peu coûteuses.

Levi-Strauss & Co essaie d'ores et déjà de produire des jeans féminins sur mesure. Dans un nombre croissant de ses points de vente, les clientes paient 10 dollars de plus pour que les jeans correspondent exactement à ce qu'elles veulent – il existe 8 448 combinaisons de tour de hanches, de tour de taille, de longueur de jambe, de coutures, de dimension et de style. Les informations sont transmises par micro-ordinateur à une usine Levi's dans le Tennessee, où la toile est taillée par des machines assistées par ordinateur, marquée de codes barres, puis lavée et cousue. Les jeans terminés sont envoyés au magasin où la commande a été passée, ou expédiés dans les vingt-quatre heures à la cliente.

On peut imaginer que, d'ici à quelques années, chacun d'entre nous aura ses mensurations sur fichier électronique : nous pourrons facilement vérifier si le costume commandé nous convient, ou nous en faire tailler un sur mesure à distance. Et vos amis n'auront aucun mal à vous offrir une veste ou une robe.

L'information personnalisée en fait rêver plus d'un. Au lieu de payer votre journal 60 *cents*, vous verserez à un expert ou à une entreprise spécialisée quelques dizaines de *cents* par jour pour qu'ils sélectionnent les nouvelles qui vous intéressent. Vous déciderez du nombre de texte que vous voulez lire et de la somme que vous désirez dépenser. Ou vous laisserez un logiciel trier les informations et constituer pour vous un « journal » personnel.

Actuellement, nous en sommes loin. De nombreux journaux et magazines nous proposent un site sur le Web, mais sans entrer en interactivité avec nous : ils se contentent de diffuser les articles imprimés, sans même les remettre à jour.

Le journalisme souffre d'un manque d'efficacité. Une bonne partie de l'information : des répétitions de faits connus, des explications pour resituer – encore et encore – les événements dans leur contexte. Avant d'arriver à l'information nouvelle ou à un rebondissement, nous devons absorber quantité de données que nous connaissons déjà. Mais livrer un scoop à un lecteur qui ignore tout du contexte est inutile : il perd toute sa saveur... Alors, frustrés, nous attendons devant notre télévision que défilent les événements ou nous tournons les pages du journal sans y prêter une complète attention...

Sur le Web, le travail journalistique devient plus amusant, plus rapide, plus investigateur. Le journaliste sépare l'actualité des analyses approfondies. Il élimine les répétitions et les redondances. À tout moment, il réactualise. Grâce à la diffusion interactive chacun d'entre nous – spectateur ou lecteur – sélectionne l'information qui attise sa curiosité, demande de plus amples explications, au moment de son choix... sans attendre la fin de la page de publicité. L'actualité sera à tout moment diffusée et en cours d'élaboration. Et si nous avons envie de vérifier les sources nous aurons accès aux dépêches d'agence, aux transcriptions d'interviews, aux documents publics... gare, alors, aux journalistes bluffeurs !

Mais en nous limitant aux informations électroniques ne risquons-nous pas de rater un article particulièrement intéressant dans un journal ou une occasion exceptionnelle dans une galerie marchande ? Non ! Ces « heureuses surprises » sont rarement dues au hasard. Les journaux connaissent bien les goûts de leur public. De temps en temps, le *New York Times* publie à la une un article sur une découverte mathématique. Cette information, relativement spécialisée, est présentée de façon à intriguer le maximum de lecteurs, y compris ceux qui, a priori, se désintéressaient d'un tel sujet. De même, les acheteurs en gros pensent aux nouveautés susceptibles de piquer la curiosité de leurs clients. Les magasins placent en devanture les articles destinés à capter l'attention du passant et à l'attirer à l'intérieur.

Sur le réseau, vous aurez droit à quelques surprises calculées. De temps en temps, votre logiciel vous incitera à remplir un questionnaire précisant vos goûts. Soucieux des nuances, il vous présentera toutes sortes d'images et vous demandera d'indiquer vos réactions. Il rendra le questionnaire amusant en vous apportant des indications sur votre position par rapport à la norme. Peu à peu se dessinera ainsi un profil de vos goûts, auquel le logiciel pourra se conformer. Chaque fois que vous ferez des achats ou que vous sélectionnerez certaines informations, le logiciel affinera votre profil. Il gardera une trace de vos centres d'intérêt, ainsi que des « trouvailles » dues au hasard qui ont retenu votre attention. Il aura, alors, tout en main pour vous concocter des surprises. Dès que vous aurez envie de quelque chose d'original, il sera là pour vous.

Qui pourra avoir accès à ce profil de vous-même ? Et à quelles conditions ? Une réponse certaine : vous, prioritairement.

Pourquoi élaborer un tel profil ? Je n'aime pas beaucoup parler de moi. Mais je vous avoue une chose : j'adorerais qu'un logiciel me prévienne, sans que je le lui demande expressément, de la sortie des derniers livres de mes auteurs favoris – Philip Roth, John Irving, Ernest J. Gaines, Donald Knuth, David Halberstam –, ou de la parution des nouveaux ouvrages sur l'économie, la technologie, les théories de l'apprentissage, Franklin D. Roosevelt, la biotechonologie... J'ai trouvé passionnant *The Language Instinct*, un livre de Steven Pinker, professeur au MIT (Massachusetts Institute of Technology), et j'aimerais qu'un logiciel me tienne au courant des nouvelles œuvres ou des nouvelles idées sur ce thème. Je veux à tout prix conserver l'anonymat ? Le logiciel ne divulguera pas mon nom.

Explorer les liens que d'autres personnes ont établis pourra vous réserver bien des surprises. Vous êtes nombreux à vous connecter aux sites recommandés sur le Web, mais peu d'experts y offrent leurs propres sélection. Sur Internet, quiconque fait autorité dans son domaine publiera ses commentaires, ses conseils ou exposera sa vision du monde, exactement comme les investisseurs heureux publient leur lettre d'information. Arnold Palmer ou Nancy Lopez pourront recommander aux joueurs de golf de jeter un coup d'œil sur les documents qu'ils ont jugés intéressants – livres, articles, vidéos. Un rédacteur en chef travaillant à *The Economist* pourra lancer son propre service et présenter un résumé des informations avec des liens hypertextes entre des articles et des séquences vidéo émanant de sources diverses.

Tout comme les quotidiens et les hebdomadaires d'aujourd'hui, ces services d'abonnement – électroniques ou humains – seront spécialisés et orientés. Un lecteur politiquement engagé sait que la *National Review* est une publication conservatrice qui remet peu en question les convictions de ses lecteurs. A l'opposé du spectre politique, *The Nation*, magazine de gauche, s'efforce de confirmer et de flatter les opinions de son lectorat. En concurrence les uns avec les autres, ils feront valoir leurs talents et leur sérieux pour asseoir leur notoriété.

Le monde électronique autorisera la vente directe. Chaque entreprise présentera une page d'accueil facilitant l'accès aux informations sur ses produits. Toute société disposant d'une stratégie de distribution efficace – dans notre cas, les détaillants de logiciels – devra décider si elle veut utiliser cette possibilité. Mettre les informations à jour, y compris les références des distributeurs, sera aisé, mais il sera également important de protéger les revendeurs. Même Rolls-Royce, qui possède son propre système de distribution, aura sans doute une page d'accueil où vous pourrez étudier les derniers modèles et trouver les adresses où ils sont disponibles.

Les détaillants de Microsoft nous donnent toute satisfaction, et je crois nécessaire que les clients puissent continuer à leur rendre visite et à les consulter. Mais certains deviendront électroniques.

Prenez le cas d'une compagnie d'assurances qui utilise des agents. Cette société doit-elle inciter ses clients à effectuer leurs transactions directement auprès du bureau central ? Laissera-t-elle ses agents, dont l'activité était locale, se mettre à travailler au niveau national par voie électronique ? Difficile à déterminer ! Chaque société devra circonscrire les facteurs les plus importants... et la concurrence montrera quelle approche est la meilleure.

Les pages d'accueil sont une forme électronique de publicité. Les plates-formes logicielles du réseau permettront aux sociétés de contrôler totalement la présentation de l'information. Aux annonceurs de se montrer créatifs afin d'attirer l'attention de téléspectateurs habitués à regarder ce qu'ils veulent, quand ils le veulent.

Aujourd'hui, la publicité subventionne la plupart des émissions télévisées et des magazines. Les annonceurs choisissent les programmes et les publications qui touchent un large public. Les entreprises qui placent des publicités dépensent beaucoup d'argent afin de s'assurer que leur stratégie fonctionne. Sur le réseau, les annonceurs voudront aussi s'assurer que leurs messages touchent bien le public visé : si tout le monde zappe au moment où elle passe, la publicité a raté sa cible. Mais à problèmes nouveaux, solutions nouvelles. Pourquoi pas un logiciel qui autoriserait le client à faire défiler tous les programmes en avance rapide sauf la pub, qui, elle, passerait obligatoirement à vitesse normale ? Ou qui regrouperait les publicités, comme en France, où les pages de pub sont très appréciées des téléspectateurs ?

Aujourd'hui les téléspectateurs sont ciblés. Les annonceurs savent qu'un magazine d'actualités n'attire pas le même type de spectateurs qu'un match de foot. Lorsqu'on vend des spots publicitaires à une chaîne de télévision, on a constamment en tête l'audimat et un certain nombre de facteurs démographiques. Les réclames destinées aux enfants financent les spectacles pour les enfants ; celles destinées aux femmes au foyer subventionnent les feuilletons qui passent durant la journée ; celles pour les voitures et la bière aident à assurer la couverture des événements sportifs. L'annonceur de télévision traite une information globale sur les spectateurs d'une émission, fondée sur un échantillon statistique. La publicité télévisée touche de nombreuses personnes qui ne s'intéressent pas aux produits.

La publicité des magazines s'adresse à un public plus ou moins ciblé – les fans de voitures, les cinéphiles, les femmes qui veulent se maintenir en forme, les collectionneurs en tout genre. Les lecteurs achètent les journaux spécialisés autant pour les annonces que pour les articles. Les magazines de mode, par exemple, contiennent pour moitié des publicités... Une façon de faire du lèche-vitrines sans sortir de chez soi ! L'annonceur ne connaît pas les caractéristiques de chaque lectrice, mais il a une idée de son lectorat pris dans son ensemble.

Le réseau sera capable de choisir des consommateurs suivant des critères individuels beaucoup plus fins, et d'offrir à chacun un type différent de publicité. Avantage certain pour tous ! Pour les spectateurs, parce que les publicités seront mieux adaptées à leurs intérêts spécifiques. Pour les producteurs et les publications en ligne, parce qu'ils pourront vendre aux annonceurs des groupes ciblés de spectateurs et de lecteurs. Pour les annonceurs, qui sauront précisément où va leur argent.

Les données personnelles seront rassemblées puis diffusées dans le plus strict anonymat. Le réseau interactif utilisera l'information sur les consommateurs pour orienter la publicité sans révéler quels foyers spécifiques l'ont reçue. Une chaîne de restaurants saura seulement qu'un certain nombre de familles aux revenus moyens avec des enfants en bas âge aura reçu leur message publicitaire.

Au début d'une émission précise, un couple de quinquagénaires recevra une publicité pour une maison destinée à ses vieux jours, tandis que, dans la même émission, ses tout jeunes voisins réceptionneront un clip pour des vacances en famille, quelle que soit l'heure à laquelle ils se sont assis devant leur téléviseur. Ces publicités minutieusement ciblées seront plus rentables pour l'annonceur, de sorte qu'à la limite un télespectateur subventionnera une soirée entière de télévision en ne regardant qu'un petit nombre d'annonces.

Certaines marques – Coca-Cola, par exemple – veulent toucher le public le plus vaste. Mais Coca-Cola peut décider d'orienter ses publicités pour le Coca allégé vers des foyers qui se sont déjà intéressés à des livres de diététique ; Ford voudra que les gens aisés soient avertis des mérites de la Lincoln Continental, les jeunes de ceux de la Ford Escort, les campagnards de ceux des camionnettes. Une entreprise peut souhaiter varier la publicité sur un même produit en changeant le sexe, l'âge ou la race des acteurs, afin de cibler des acheteurs spécifiques. Allouer des espaces publicitaires différenciés selon les spectateurs sera complexe... Une bonne dose d'efforts rentabilisée par l'efficacité des messages !

L'épicier ou le teinturier du coin auront à leur portée des instruments nouveaux pour se faire connaître. Parce qu'elle sera ciblée individuellement, la publicité vidéo s'écoulera constamment à travers le réseau, et deviendra probablement rentable même pour les petits annonceurs. Les messages publicitaires d'un magasin pourront ne viser qu'un quartier, un arrondissement, ou une communauté très précise.

Aujourd'hui, une seule façon efficace de toucher un public déterminé : le recours aux petites annonces. Chaque catégorie représente une communauté d'intérêts restreinte : ceux qui veulent vendre ou acheter un tapis, par exemple. Demain, les petites annonces ne seront pas liées au papier ou limitées au texte. Si vous cherchez une voiture d'occasion, envoyez une demande spécifiant la gamme de prix, le modèle et les caractéristiques de votre choix. Un écran vous montrera la liste des voitures disponibles correspondant à vos souhaits. Ou demandez à un logiciel agent de vous avertir quand la voiture adéquate arrive sur le marché. Les annonces des vendeurs de voitures mélangeront photos, vidéos et caractéristiques diverses afin que vous ayez une idée précise de l'état du véhicule : combien y a-t-il de kilomètres au compteur ? Le moteur a-t-il été remplacé ? La voiture a-t-elle des Air Bags ? A-t-elle déjà été accidentée ?

Si vous mettez votre maison en vente, vous la décrirez par le menu, en incluant des photographies, une vidéo, des plans, le montant des impôts locaux, les factures d'entretien et de réparation, et même une petite musique d'ambiance. Cela multipliera vos chances de trouver un acheteur. Le système des agences immobilières et des commissions sera bouleversé : les principaux intéressés accéderont directement à une masse considérable d'informations.

Nous assistons aux premiers pas de la diffusion des annonces. Certains journaux américains s'associent pour transmettre sur le réseau leurs annonces d'emploi (par exemple : http : www. careerpath. com). L'innovation n'a rien de fracassant, mais elle est utile.

Dans toutes les grandes villes américaines, il existe

déjà une série d'entreprises qui proposent des annonces classées sur Internet. Tant que vous les boudiez, ces services manquaient de dynamisme. Imaginez une place de marché sans commerçants et sans acheteurs ! Le bouche à oreille commence à accomplir son œuvre. Un feed-pack positif se mettra en place. Quand une masse critique sera atteinte, le service des petites annonces du réseau ne sera plus une curiosité mais le principal moyen de contact entre vendeurs et acheteurs.

Les prospectus – qui cherchent à provoquer une réaction directe – vont changer du tout au tout. Aujourd'hui, une grande partie de ce courrier est sans intérêt ; nous abattons beaucoup d'arbres pour fabriquer du papier et poster des documents qui partent à la poubelle sans même avoir été ouverts. Sur le réseau, les annonceurs qui cherchent une action immédiate nous feront parvenir un document multimédia interactif plutôt que des feuilles de papier. Fini le gâchis de ressources naturelles. Vous ne croulerez plus sous un tas d'informations inutiles !

Un logiciel filtrera les réclames et les messages importuns qui nous parviendront ; nous économiserons notre temps – ô combien précieux ! – en consultant uniquement les messages qui nous concernent. Nous bloquerons les publicités électroniques, sauf celles portant sur les produits qui nous intéressent. Un annonceur pourra attirer l'attention en offrant une petite somme – quelques *cents*, un dollar – à ceux qui acceptent son annonce. Si vous la regardez, ou si vous interagissez avec elle, votre compte électronique sera crédité et celui de l'annonceur sera débité. Une partie des milliards de dollars dépensés aujourd'hui pour la publicité directe et indirecte, par les médias ou par courrier, sera répartie entre les consommateurs qui acceptent les messages qu'on leur fera parvenir.

Un tel système a toutes les chances d'être rentable : les annonceurs auront l'intelligence de n'envoyer des messages faisant gagner de l'argent qu'aux gens correspondant à un certain profil. Ferrari ou Porsche pourront envoyer des messages à un dollar à des fans de voitures, en pariant sur le fait que voir une super-voiture et entendre le ronronnement de son moteur suscitera de l'intérêt. Qu'une personne sur mille achète la voiture... et le compte est bon pour l'entreprise ! Les entreprises adapteront la somme offerte au consommateur. Par exemple, si un adolescent dingue de voitures est prêt à essayer une Ferrari pour rien, il recevra aussi le message.

Cette technique vous semble bizarre ? Il ne s'agit que d'une façon d'utiliser le mécanisme de marché pour un capitalisme fonctionnant sans friction. L'annonceur décide combien d'argent il veut investir pour votre temps ; vous décidez de la valeur de votre temps.

Les messages publicitaires, comme le reste de votre courrier, seront stockés dans des fichiers différents. Vous ordonnerez à votre ordinateur d'effectuer le tri à votre place. Le courrier envoyé par vos amis et votre famille sera déposé dans un dossier ; les messages et les documents personnels ou professionnels seront placés dans d'autres fichiers. La publicité et les messages d'inconnus seront triés en fonction des sommes qu'ils peuvent vous faire gagner : un groupe de messages à 1 p. 100, un à 10 p. 100, etc. S'il n'y a pas de rémunération, le logiciel les refusera éventuellement. Vous balaierez chaque message et éliminerez ceux qui ne vous intéressent pas. Certains jours, vous n'aurez pas le temps de regarder dans les fichiers de messages publicitaires. Mais si l'on vous a envoyé un message à 10 dollars, vous y jetterez probablement un coup d'œil – au moins pour voir qui a pensé que le fait de vous contacter valait 10 dollars !

Évidemment, rien ne vous oblige à accepter l'argent investi pour vous joindre. Quand vous regarderez le message, vous pourrez annuler le paiement. Si quelqu'un vous envoie un message à 100 dollars annonçant qu'il est le frère dont vous avez perdu la trace depuis des années, vous lui pardonnerez de vous avoir fait perdre cette somme... s'il est bien celui qu'il prétend être. Si c'est un individu qui essaie d'attirer votre attention pour vous vendre quelque chose, vous garderez probablement l'argent, merci beaucoup.

Aux États-Unis, les annonceurs dépensent plus de 20 dollars par mois et par famille pour financer des programmes et des chaînes câblées. Nous sommes tellement habitués aux publicités que nous n'y prêtons guère attention. Nous savons plus ou moins que les programmes sont « gratuits » grâce à la publicité. Nous payons indirectement la réalisation de ces émissions parce que les coûts de la publicité se répercutent sur les prix de vente des flocons d'avoinc, du shampooing, des voitures... Nous payons aussi directement pour les loisirs et les informations lorsque nous achetons un livre ou un ticket de cinéma, ou regardons un film sur une chaîne cryptée. En moyenne, chaque foyer américain dépense 100 dollars par mois en tickets de cinéma, abonnements à des journaux et à des chaînes câblées, en livres, disques, cassettes, location de vidéos, etc.

Lorsque vous faites l'acquisition d'une cassette ou d'un disque, vos droits de les réutiliser ou de les revendre sont limités. Si vous achetez *Abbey Road* des Beatles, vous achetez en fait le droit de l'écouter, aussi souvent qu'il vous plaira, dans un but non commercial. Si vous choisissez un livre de poche, vous acquérez en fait le papier, l'encre et le droit de le lire et de le prêter. Mais vous n'êtes pas propriétaire du texte et ne pouvez pas le réimprimer, sauf exception. Quand vous regardez une émission télévisée, vous ne la possédez pas non plus. En fait, il a fallu une décision de la Cour suprême des États-Unis pour confirmer le droit des Américains à enregistrer sur magnétoscope, pour leur usage personnel, une émission de télévision.

Grâce au réseau, la propriété intellectuelle – la musique, les logiciels – connaîtra une véritable révolution. Les maisons de disques ou les artistes indépendants pourront choisir de vendre de la musique d'une nouvelle façon. Vous n'aurez plus besoin d'acheter des CD, des cassettes, ou tout autre support matériel : la musique sera stockée sous forme de bits sur les serveurs du réseau. « Acheter » une chanson ou un disque signifiera, en fait, acheter le droit d'accès aux bits correspondants. Vous écouterez votre collection de disques à la maison, au bureau ou en vacances, sans avoir besoin de l'emporter avec vous. Partout où vous irez, vous trouverez des écouteurs reliés au réseau : il vous suffira de communiquer votre code personnel pour bénéficier de vos droits. Vous n'aurez pas l'autorisation de louer une salle de concert pour faire écouter un morceau enregistré, ni de créer une publicité en utilisant cette musique. Mais, si vous n'en tirez pas un profit commercial, vous aurez le droit d'écouter et de faire écouter ce morceau sans payer de droit additionnel au détenteur du copyright. De même le réseau saura si vous avez acheté le droit de lire tel livre ou de voir tel film. Vous pourrez appeler à tout moment le serveur concerné à l'écran, à partir de n'importe quel appareil d'information, où qu'il soit.

Cet achat personnel de droits pour une durée illimitée ressemble à ce que nous faisons aujourd'hui quand nous acquérons un disque, une cassette ou un livre – à la différence près qu'il n'y aura plus de support matériel. Ce changement ne nous inquiète pas trop : nous demeurons en terrain familier. Cependant, imaginons d'autres façons de vendre les joies de la musique ou les plaisirs de l'information.

Par exemple qu'une chanson soit vendue uniquement sur demande. Chaque fois que vous l'entendrez, votre compte sera débité d'une petite somme, disons 5 *cents*. À ce tarif, un disque de douze chansons vous coûtera 60 *cents*. Vous avez 15 dollars en poche ? Vous écouterez le disque entier 25 fois pour, grosso modo, le prix d'un CD actuellement aux États-Unis. Vous n'aimez qu'une seule chanson du disque, mais à la folie ? Pour 15 dollars vous l'écouterez 300 fois ! Puisque votre droit d'écouter ce disque ne sera pas lié à des supports matériels précis, vous n'aurez pas à payer pour chaque amélioration technique, comme vous avez dû le faire lorsque les CD ont remplacé les 33 tours.

Naturellement on expérimentera toutes sortes de schémas de tarification. Certains produits numériques auront une date d'expiration, ou bien on ne pourra les utiliser qu'un nombre limité de fois. Une maison de disques offrira un prix très bas pour une chanson mais ne vous permettra de l'écouter que dix ou vingt fois. Ou bien vous l'écouterez dix fois gratuitement avant que l'on vous demande si vous voulez l'acheter. Ce genre de « promo » remplacera partiellement celle effectuée par les stations radio. Un auteur vous autorisera à envoyer une nouvelle chanson à une amie, mais elle ne pourra l'écouter gratuitement qu'un nombre limité de fois. L'œuvre complète d'un groupe vous sera proposée à un prix spécial, bien moins cher que si vous achetiez séparément chacun de ses disques.

Même aujourd'hui, il existe de multiples façons de payer ses loisirs. Leur valeur se répercute sur la façon dont les éditeurs et les producteurs commercialisent leurs produits. L'éditeur s'en tire en multipliant les supports d'édition : premières éditions, collections de poche, catalogues de vente par correspondance. Si vous désirez acheter un livre dès sa sortie, vous le paierez 25 ou 30 dollars ; si vous attendez un an, vous ne paierez plus que 5 ou 20 dollars, mais le papier sera de moins bonne qualité et la reliure moins solide.

Les films sont successivement montrés dans les salles d'exclusivité, les salles ordinaires, les chambres d'hôtel, sur les chaînes cryptées et dans les avions. Ensuite dans les magasins de location vidéo, sur des chaînes haut de gamme, puis sur la télévision du réseau. Enfin ils sont donnés par la télévision locale ou des chaînes câblées locales. Chaque nouvelle présentation procure au film un public différent, et chaque fois les spectateurs qui ne l'ont pas vu bénéficient d'une nouvelle chance.

Sur le réseau interactif, on essaiera plusieurs créneaux. Quand un film à succès, un titre multimédia ou un livre électronique seront lancés, pendant une période initiale leur prix sera très élevé. Certains accepteront de payer un droit d'accès important pour voir un film au moment même où il sort en exclusivité dans les salles de cinéma. Au bout d'une semaine, d'un mois ou d'une saison, le prix baissera. Les stratégies commerciales emprunteront de nouvelles voies. Les commerciaux décideront, par exemple, de sortir un film que vous ne pourrez pas voir durant le premier mois, à moins que vous ne soyez un client privilégié. À l'autre extrême, si vous avez coutume d'acheter des affiches de cinéma et autres produits dérivés, vous aurez le droit de voir certains films pour une somme dérisoire. L'achat des cassettes de *Toy Story*, d'*Aladdin* et de leurs produits dérivés pourrait permettre à Disney d'offrir à chaque enfant du monde une séance gratuite.

Comment l'information sera-t-elle diffusée ? Les possibilités de transfert de l'information : un nouveau débat en perspective ! Comment établir les droits de prêts ? À quel prix ? Aux États-Unis, les logiciels informatiques sont protégés sauf autorisation contraire de l'éditeur. Bientôt, sur le net, le transfert des droits sur la propriété intellectuelle entre une personne et une autre se déroulera à la vitesse de la lumière. À l'heure actuelle, les musiques, les écrits et autres formes de propriété intellectuelle stockés dans des livres ou des disques restent inutilisés la plupart du temps. Quand vous ne lisez pas votre exemplaire du *Bûcher des vanités*, il est fort probable que personne d'autre ne le fait. Les éditeurs comptent là-dessus : si nous prêtions trop souvent nos livres ou nos disques, il s'en vendrait moins et les prix seraient plus élevés. Le prêt « à la vitesse de la lumière » diminuera considérablement le nombre d'exemplaires vendus. En conséquence, on sera probablement légalement contraint de le restreindre – à une dizaine de fois par an, par exemple.

Les bibliothèques publiques deviendront des lieux où nous nous brancherons sur les autoroutes de l'information. Actuellement, les budgets des bibliothèques servent à payer les livres, les disques, les revues, les copies de films ; à l'avenir ils serviront à financer les droits d'auteur pour l'utilisation des matériaux pédagogiques électroniques. Les auteurs décideront peut-être de renoncer à une partie, voire à la totalité de leurs droits, si leur œuvre figure dans une bibliothèque.

De nouvelles lois sur le copyright s'imposeront. Le réseau interactif nous forcera à réfléchir aux droits des consommateurs sur la propriété intellectuelle.

Nous continuerons à louer des vidéos, mais pas dans des boutiques : sur le réseau. Les magasins de location vidéo et les disquaires de quartier verront leur clientèle décliner. Les libraires continueront à stocker des livres, mais tout ce qui ne relève pas de la fiction sera problablement électronique – notamment les ouvrages de référence.

Les marchés électroniques changeront plus que le rapport entre la location et l'achat de loisirs. La concurrence sera rude.

Quand la téléconférence sera répandue, un avocat devra faire face à la concurrence électronique. Si vous souhaitez acheter une maison, rien ne vous empêchera de consulter un avocat qui vit à l'autre bout du pays plutôt qu'un avocat de votre ville. Mais si ce dernier veut se perfectionner et devenir le meilleur, le réseau pourra l'aider à suivre une formation. Les frais généraux étant réduits, il pourra être concurrentiel dans son domaine. Ses clients en bénéficieront. Le coût des tâches juridiques routinières, telles que l'établissement d'un projet de testament, baissera grâce à l'efficacité des nombreux spécialistes qu'offrira le marché électronique. La vidéo sur réseau autorisera toutes sortes de services de consultation complexes en matière médicale, financière, etc. Ces services seront pratiques et très demandés, spécialement quand ils seront rapides. Il nous sera beaucoup plus facile d'allumer notre écran de télévision ou d'ordinateur pour une consultation de quinze minutes que de nous y rendre en voiture et de patienter dans une salle d'attente.

Les téléconférences remplaceront les déplacements en voiture ou en avion. Vous tenez absolument à vous rendre en personne à un rendez-vous ? Alors c'est qu'il nécessite le face à face... ou que vous êtes sûr de bien vous amuser. Les voyages d'affaires diminueront peut-être... pas les voyages d'agrément ! Nous combinerons vacances et travail, tout en restant branchés à nos bureaux et à nos domiciles via le réseau interactif.

L'industrie du voyage changera. Aujourd'hui, les agences de voyages obtiennent des rabais sur les prix en utilisant des informations auxquelles nous n'avons pas accès. Une fois que nous serons familiarisés avec le réseau, nous préférerons probablement mener nous-mêmes nos recherches... à moins que les voyagistes ne nous offrent ce petit quelque chose en plus qui fait toute la différence. Les agents de voyages créatifs, expérimentés et malins, prospéreront, mais ils feront plus que vendre des billets d'avion. Supposons que vous vouliez visiter le Kenya. Vous trouverez sans difficulté le billet le moins cher. Votre agence de voyages devra vous fournir un autre service. Peut-être sera-t-elle à même de vous donner des précisions sur le pays : ce qu'ont particulièrement apprécié les autres touristes ; si le Parc national de Tsavo vaut la peine d'être visité ; à quelle époque ont lieu les grandes migrations d'animaux ; s'il vaut mieux passer en Tanzanie pour observer les troupeaux de zèbres... D'autres agents de voyages se spécialiseront dans la vente de circuits conduisant à leurs propres villes, plutôt que partant de celles-ci. Un agent résidant à Chicago aiguillera sur le réseau les clients du monde entier qui veulent visiter sa ville natale. Les clients ne connaîtront pas l'agent, mais ce dernier connaîtra bien Chicago... ce qui est assurément plus important.

La presse sera profondément bouleversée. Aux États-Unis, la plupart des revenus des quotidiens proviennent de la publicité locale. En 1950, quand les téléviseurs étaient encore tout nouveaux, la publicité nationale représentait 25 p. 100 des ressources publicitaires des journaux américains. En 1993, elle ne représentait plus que 12 p. 100, dans une large mesure à cause de la concurrence de la télévision. Le nombre de quotidiens aux États-Unis a baissé et le financement de ceux qui subsistent dépend des commerces locaux et des petites annonces, qui n'ont pas de succès à la radio et à la télévision. En 1950, 18 p. 100 des recettes publicitaires des quotidiens américains provenaient des petites annonces ; en 1993, 35 p. 100.

Le réseau permettra aux vendeurs et aux acheteurs de se rencontrer d'une façon nouvelle, plus efficace. Une fois que la majorité des clients d'un marché fera ses achats électroniquement, les recettes des petites annonces seront menacées. Et une grande partie de la publicité des journaux avec.

Attention ! Les journaux ne disparaîtront pas du jour au lendemain, les entreprises de presse continueront à faire des bénéfices et seront toujours des partenaires importants dans la diffusion des nouvelles et de la publicité. Mais elles devront s'adapter au changement et tirer parti de leurs qualités spécifiques.

Dans le secteur de la banque, tout va être bouleversé. Aux États-Unis, environ 14 000 banques satisfont les besoins des particuliers. La plupart des gens ouvrent un compte dans un établissement qui possède une succursale près de chez eux ou sur le chemin de leur travail. Si des différences dans les taux d'intérêt et les services amènent parfois certains à passer d'une banque locale à une autre, peu de clients transfèrent leur compte dans une succursale située loin de chez eux. Aujourd'hui, changer de banque, c'est perdre un temps précieux.

Mais le réseau pulvérise les limites géographiques. Bientôt, nos banques seront électroniques – finis les succursales, les briques, le mortier, les frais généraux élevés ! Ces banques électroniques seront extrêmement compétitives. Les transactions s'effectueront à partir d'ordinateurs. L'argent liquide sera moins nécessaire : nous ferons la plupart de nos achats à partir d'un ordinateur-portefeuille ou d'une carte à mémoire électronique qui combinera les avantages d'une carte de crédit, d'une carte d'accès à un distributeur automatique et d'un chéquier. Tout cela est en train de voir le jour, et l'industrie bancaire américaine tente déjà de s'y adapter.

Les taux d'intérêt et les coûts des opérations deviendront pour nous les seuls critères importants. Pour riposter à cette guerre des prix, les banques devront justifier leur rôle d'intermédiaire par plus de valeur ajoutée : elles accroîtront leur spécialisation et offriront des services cohérents sur des niches de marché étroites. Pour nous faciliter la vie, elles créeront des pages attrayantes sur le Web. Nous aurons accès à des données marketing très complètes en temps réel. Elles seront contraintes d'intensifier leur présence en suivant au plus près nos demandes et en réagissant sans délais. Nous pourrons effectuer sans détour des réclamations. Elles devront affiner la qualité de leurs prestations. L'agence bancaire en ligne, un mélange subtil de procédures électroniques et de services sur mesure adapté à chacun de nous, renouera, à sa manière, avec la forte identité des banques locales avant qu'elles ne deviennent des agences offrant tous les services à tous les clients.

Un client des services bancaires en ligne gérera ses finances à l'aide d'un logiciel spécialisé, capable d'archiver ses mouvements bancaires et toutes les données. Les programmes rassembleront les positions actualisées de tous les comptes, analyseront les courbes de dépenses, calculeront l'imposition, étudieront les possibilités d'investissements en prenant en compte des hypothèses diverses, et fourniront tous les éléments de gestion de budget et de création de graphiques.

Une grande partie de la différence entre les taux d'intérêt pour les grands et les petits dépôts disparaîtra. Une nouvelle catégorie d'intermédiaires rassemblera les petits clients de façon efficace et leur procurera un taux très proche de celui offert aux gros dépositaires. Des droits seront exigés pour ces services, mais la structure des honoraires sera fondée sur une concurrence large et efficace.

Il n'y a pas si longtemps, un petit investisseur qui voulait placer son argent dans un autre produit qu'un livret de compte d'épargne était coincé : le monde des actions, des fonds communs de placement, des billets de trésorerie, des obligations et autres titres mystérieux était tout simplement inaccessible aux non-initiés.

C'était avant que les ordinateurs bouleversent la situation. Aujourd'hui, les listes de courtiers « à prix réduit » remplissent les pages jaunes, et bon nombre d'investisseurs réalisent leurs achats d'actions à partir d'un ordinateur dans une banque locale, voire au téléphone. Au fur et à mesure que le réseau sera plus efficace, les choix d'investissements proliféreront. Les courtiers, comme d'autres intermédiaires dont le travail était surtout de chaperonner les transactions, devront offrir plus que leur fiabilité en matière d'achats. Les sociétés de services financiers continueront à prospérer. L'économie sera transformée, mais le volume des transactions montera en flèche lorsque le réseau interactif permettra à chacun de vous d'accéder directement aux marchés financiers. Si vous disposez de sommes relativement faibles, vous recevrez de bons conseils et aurez la possibilité de réaliser des profits à partir d'investissements qui, aujourd'hui, ne sont réservés qu'aux institutions.

Quand j'élabore des prévisions sur les changements industriels à venir, on me demande si Microsoft va investir dans de nouvelles branches d'activité.

Une fois, j'ai qualifié de dinosaures les banques de données d'un établissement bancaire. Un journaliste a déformé mes propos : d'après lui, j'avais affirmé que toutes les banques étaient des dinosaures et qu'il était grand temps que je leur fasse concurrence ! Et voilà plus d'un an que, dans le monde entier, j'explique aux banquiers que je n'ai jamais rien dit de tel ! Microsoft a suffisamment de défis à relever dans son domaine propre : l'assistance aux entreprises, la fabrication de logiciels, la fourniture de programmes aux serveurs d'Internet, les services dans l'industrie informatique. Si nous sommes compétents, c'est parce que nous savons créer d'excellents produits logiciels et fournir les services informatiques qui les accompagnent ; nous ne deviendrons ni une banque ni un grand magasin.

L'industrie sera transformée. Certains intermédiaires qui géraient la distribution d'informations ou de produits changeront d'activité. D'autres relèveront le défi de la concurrence. Dans les services, l'éducation et l'aménagement des villes, tout reste encore à faire. Sans parler des effectifs nécessaires. Que d'emplois nouveaux en perspective ! Et quel inestimable outil de formation sera à notre disposition ! Vous décidez de changer de carrière et de devenir consultant en informatique ? Vous aurez accès aux meilleurs textes, aux conférences les plus intéressantes, à l'information sur les conditions d'entrée aux cours, sur les examens et les diplômes. Ces bouleversements seront parfois difficiles à vivre ? Oui, mais la société dans son ensemble en profitera.

Le capitalisme a montré qu'il était le meilleur des systèmes économiques ; et, au cours de la dernière décennie, il a clairement prouvé ses avantages. Avantages que multipliera le réseau. Il permettra aux producteurs de biens de savoir précisément ce que veulent les acheteurs, et aux consommateurs d'acheter ces biens de façon plus efficace. Adam Smith serait satisfait.

# 9

# L'ÉDUCATION : UNE PRIORITÉ

Optimiste incurable, je suis convaincu que l'éducation va accomplir des progrès remarquables au cours des dix prochaines années. Et cela grâce à la technologie de l'information.

En lisant ce chapitre, gardez ceci à l'esprit : je ne suis pas un éducateur, mais quelqu'un qui apprend. Et je suis entouré de gens qui adorent apprendre – ce qui fait partie du charme de mon métier. Microsoft est lié aux nouvelles technologies, et chacun doit acquérir de nouvelles connaissances à une vitesse prodigieuse : nous lisons, nous posons des questions, nous explorons des domaines étranges, nous assistons à des conférences, nous comparons nos notes et nos résultats, nous nous entretenons avec des experts, nous rêvons à voix haute, nous carburons du cerveau, nous avons des idées bizarres, nous les testons, nous construisons des modèles et des simulations, nous en parlons aux autres... Nous apprenons quantité de choses. Comme à l'école, mais avec une différence essentielle : nous nous servons de l'informatique et des nouveaux moyens de communication.

Les questions d'éducation m'ont toujours intéressé. Encore plus depuis que je suis père de famille. Ma propre expérience m'a appris que de bons outils aident à apprendre, que de mauvais sont un terrible handicap. Les enfants sont doués, spécialement avec les nouvelles technologies. Pourquoi les priver des outils qui préfigurent le monde de demain, dans lequel nous avons déjà largement mis un pied ? Chez eux, ils utilisent les téléphones portables, les alphapages et les micro-ordinateurs... en classe, les tableaux noirs et les rétro-projecteurs ! Les ordinateurs scolaires ? Un véritable bric-à-brac ! Des PC en nombre limité et d'origines diverses. Incompatibles entre eux et pas assez puissants pour les logiciels récents. Avec une faible capacité de stockage. Parfois sans disque dur. Impossibles à connecter au réseau. Bref, des machines impuissantes à satisfaire la curiosité de nos enfants.

Et si la pénurie ne touchait que les machines ! Tout manque : prises électriques, câblage, lignes téléphoniques pour accéder aux services en ligne, locaux sûrs pour ranger le matériel, budget d'entretien. Reed Hunt, président de la commission américaine des communications fédérales, a déclaré à ce propos : « Il existe dans ce pays des milliers d'immeubles où des millions de personnes n'ont pas le téléphone, pas de télévision câblée et n'auront sans doute jamais accès à des services à large bande. Ce sont les écoles. »

L'ordinateur personnel s'est acquis une mauvaise réputation dans les écoles, ce qui explique leur réticence à l'adopter. Qu'on parle d'associer éducation et technologie, l'on s'attire souvent des réflexions cyniques. Il est vrai que nombre d'expériences commencées dans le triomphe ont sombré dans l'échec. Les enseignants ont assisté à l'implantation en fanfare de « laboratoires informatiques »... vite tombés dans l'oubli. Et qui prend la peine de leur expliquer à quoi vont servir les ordinateurs commandés ? Qui les aide à comprendre ? Combien de fois est-il arrivé qu'une école investisse dans l'achat de machines mais ne débloque pas – ou n'ait pas – les crédit suffisants pour assurer la maintenance ? Très vite, l'argent manque pour le maintien et l'amélioration du matériel, pour l'achat des logiciels, pour la formation des enseignants. Le matériel devient vite obsolète – d'autant plus que les écoles privilégient l'économie aux dépens de la qualité. L'acquisition d'ordinateurs est encore considérée comme une dépense somptuaire. L'idée de se procurer assez de matériel pour assurer une réelle infrastructure informatique épouvante. Alors que, selon plusieurs estimations, l'équipement adéquat représenterait une augmentation de 3 % des dépenses totales du budget de l'éducation américain.

L'institution scolaire a été moins réceptive au changement que le monde de l'entreprise, orienté vers les bénéfices. Mais les éducateurs, eux, ne doutent pas de l'intérêt des ordinateurs. Le débat a changé : aujourd'hui, ils cherchent des réponses à des questions pratiques – Quand et comment utiliser des PC ? Comment financer leur acquisition ? Dans quelle mesure vont-ils changer notre rôle ? Les enseignants se montrent prudents : ils craignent de s'engager dans des expérimentations incontrôlées, au détriment de la formation des enfants. Cette attitude conservatrice, combinée à la sécurité de l'emploi exceptionnelle dont jouit le corps enseignant, risque d'entretenir une forte résistance aux nouveautés technologiques.

À ces réticences s'ajoute le scepticisme quant aux bienfaits de la technologie sur l'apprentissage.

Dans bien des pays, le système éducatif fonctionne en vase clos. Autant les entreprises se précipitent sur la nouveauté dès qu'elles la pressentent lucrative, autant les écoles regimbent devant le changement. Imaginez que vous ayez disparu du monde professionnel pendant vingt ans. Quelle ne serait pas votre surprise en découvrant le fonctionnement d'une entreprise moderne : niveaux hiérarchiques allégés, ordinateurs sur chaque bureau, messageries électroniques, fax, réseaux d'entreprises !... Pénétrez dans une salle de classe : rien n'a bougé. Deux ou trois PC hors d'âge, au fond de la classe, accrocheraient peut-être votre regard, rien de plus. Quant aux relations entre professeurs et élèves, elles sont absolument identiques à celles qu'ont connu des générations d'écoliers.

Pourtant, l'école a su s'adapter. Remontons aux années 1890, aux États-Unis. Époque de profondes modifications des relations professionnelles et sociales.

Au début des années 1890, les médias explosent. Le nombre de lecteurs de journaux croît rapidement et les magazines grand public apparaissent. Avec l'amélioration des communications et des transports, la planète se rétrécit. La société évolue à toute vitesse... et se rend compte à quel point son système scolaire est figé. Les adolescents découvrent que les emplois de coursier, auparavant faciles à trouver, deviennent rares, à cause du téléphone. Ils comprennent qu'ils ont besoin de compétences nouvelles, plus complexes, pour travailler dans l'industrie ou le commerce. De plus en plus, ils prolongent leur scolarité, ne doutant pas de la relation existant entre meilleure éducation et meilleurs emplois. Aux États-Unis, l'entrée dans le cycle secondaire s'accroît rapidement, et, en 1900, un enfant sur onze fréquentait encore l'école au-delà de dix ans.

Imaginez l'éducation d'alors ! Des dizaines de millions d'immigrants envahissent les écoles et les services sociaux, maîtrisant mal – ou pas du tout – la langue de leur nouveau pays. Ils ont peu de compétences et guère plus d'espoir. Pourtant cette génération, comme la suivante, connaît une amélioration spectaculaire de son niveau de vie. En partie parce que l'école s'est adaptée à ses besoins.

Au XIXe siècle, l'enseignant décidait à peu près seul du savoir qu'il transmettait. À la fin du siècle, l'idée prévalut que l'école devait se moderniser et préparer les enfants à affronter la nouvelle société industrielle. Un vaste mouvement de réformes s'exprima en faveur d'une instruction plus formalisée, moins dépendante de chaque instituteur. Les débats enflammés ont porté leur écho sur plusieurs décennies : l'instruction doit-elle privilégier la faculté de réfléchir ou un savoir spécifique ? Les études secondaires doivent-elles être obligatoires ? Faut-il organiser les classes selon le niveau des élèves ? Faut-il enseigner les sciences naturelles ? etc. Certes, l'émergence de l'âge industriel n'a pas bouleversé l'école en un jour. Mais les changements ont eu lieu. Avec le temps, ils ont conduit à une restructuration du système éducatif.

Un autre siècle s'achève. Le changement est de nouveau dans l'air. Les parents s'interrogent : l'école procure-t-elle les compétences qui seront nécessaires à l'âge de l'information ? Une révolution technologique transforme les entreprises et impose de nouvelles exigences au système éducatif. Au premier rang des acteurs du changement se trouveront les enfants.

Enfants et ordinateurs s'entendent à merveille. Peut-être parce que les premiers n'ont pas encore des habitudes de pensée figées. Ils aiment provoquer des réactions – et les ordinateurs réagissent tout le temps. Les parents sont souvent surpris par la fascination qu'exercent les ordinateurs sur leur progéniture. Mais les tout-petits adorent l'interaction : jouer à cache-cache avec leur entourage ou manipuler une télécommande.

Quand ma nièce avait trois ans elle jouait avec *Just Grandma and Me* (Juste grand-mère et moi), un CD-ROM qui s'inspire d'un livre pour enfants. Elle avait mémorisé le dialogue de ce dessin animé et parlait avec les personnages, presque autant que lorsque sa mère lui lisait un livre. Si ma nièce utilisait la souris pour cliquer sur une boîte aux lettres, la boîte s'ouvrait. Une grenouille en jaillissait ou une main apparaissait et fermait la boîte. Ma nièce adorait jouer avec ce qu'elle voyait à l'écran, provoquer des réactions à sa question : « Que se passera-t-il si je clique à cet endroit ? » L'interactivité, combinée à un jeu d'excellente qualité, stimule la curiosité.

Parents, vous exprimez des réserves face aux logiciels de loisirs éducatifs : ils comporteraient trop de loisirs, pas assez d'éducation. Ce qui signifie que vous attendez que l'ordinateur personnel joue un rôle dans l'éducation de vos enfants. Aux États-Unis, les ventes de PC connaissent une forte croissance : près de 50 % des familles avec enfants en sont équipées. Les deux premières motivations d'achat : l'éducation et le travail à la maison.

Sur le marché du travail, la demande pour une main-d'œuvre qualifiée, diplômée, est forte. Inquiets pour l'avenir de vos enfants, dans ce monde où ne semblent s'en sortir que les diplômés, vous faites pression sur les écoles pour qu'elles se mettent au goût du jour. De leur côté, les employeurs déplorent la faiblesse des jeunes recrues dans la maîtrise du langage, des mathématiques ou des technologies.

L'école n'est pas seule en cause. L'éducation entière est repensée par nombre d'entre vous : programmes d'apprentissage expérimentaux et éducation à la maison sous autorité parentale connaissent un grand succès. Aux États-Unis, l'école au foyer concerne un million d'enfants de moins de douze ans, soit 2 % des écoliers. Pour moitié, le choix des parents s'appuie sur des motivations religieuses ou culturelles. Pour l'autre moitié, il s'agit de parents convaincus d'obtenir de meilleurs résultats que le système scolaire. Un de leurs atouts : l'ordinateur. Les programmes alternatifs dans les écoles publiques rencontrent un succès fou : les listes d'attente sont longues. Ces nouvelles tendances, la légitimité reconnue à des modèles variés et les facilités accordées à des expériences originales préfigurent l'émergence d'écoles publiques intégrant de façon intensive la technologie de l'information.

À l'université, une nouvelle génération d'étudiants commence à gonfler les effectifs. Spécialement ceux des cycles courts. L'un des défis de l'université : trouver le moyen de former plus d'étudiants sans dépenser plus d'argent. L'informatique peut apporter des solutions. L'une d'entre elles : l'enseignement à distance – le cours est filmé, puis retransmis à un groupe d'étudiants, extérieur au campus, qui a la possibilité d'interroger le professeur au téléphone. Ou le campus virtuel, sur lequel les enseignements sont transmis par télévision, vidéo et ordinateurs.

Dans tout système, la productivité est le moteur du progrès. Pour améliorer les soins médicaux, il faut proposer des traitements plus efficaces, moins chers, ou les deux à la fois. Pour réduire le coût de l'alimentation, améliorer l'agriculture. Se contenter de dépenser plus – jeter de l'argent sur les problèmes – ne suffit pas à impulser une amélioration radicale. Nous voulons changer l'éducation ? Alors il nous faut obtenir des résultats satisfaisants pour chaque dollar dépensé.

L'école et l'ordinateur sont faits l'un pour l'autre. Ils sont tous deux organisés autour de l'information : comment l'acquérir, comment la hiérarchiser, comment l'évaluer, comment s'en servir, comment la garder disponible, comment la transmettre... Les avantages du PC, en termes de productivité, vont s'imposer avec une telle évidence qu'il semblera bientôt impensable de ne pas en faire bénéficier les élèves.

Pas d'affolement : la transformation ne sera pas immédiate. Les changements seront progressifs. Les schémas pédagogiques fondamentaux resteront les mêmes, nos enfants continueront d'assister à des cours, d'écouter leurs professeurs, de poser des questions, de faire des travaux pratiques seuls ou en groupe, et de se plonger dans leurs exercices le soir à la maison. Mais, par étapes, les habitudes changeront.

Partout, les responsables promettent d'implanter plus d'ordinateurs dans les écoles, mais le rythme auquel cette décision est appliquée varie considérablement d'un pays à l'autre. Seuls quelques rares États comme les Pays-Bas disposent déjà d'ordinateurs dans presque tous les établissements. La France s'est engagée à en équiper toutes ses salles de classe. La Grande-Bretagne, le Japon et la République populaire de Chine ont commencé à intégrer l'informatique dans leurs programmes nationaux, en se concentrant sur la formation professionnelle. À long terme la plupart des États investiront dans l'enseignement électronique – plus ou moins rapidement selon leur richesse. Les ordinateurs se sont installés dans les foyers et les entreprises. Ils s'installeront dans les écoles.

Vous êtes nombreux à me faire part de vos inquiétudes face à cette révolution.

Enseignants, vous vous demandez si les ordinateurs vont prendre votre place. Non ! Je l'affirme avec la plus absolue conviction. Les ordinateurs ne remplaceront jamais le dévouement des professeurs, l'imagination des administrateurs, la vigilance des parents. Apprendre avec un ordinateur, c'est également apprendre sans ordinateur. De jeunes enfants auront toujours besoin de toucher des jouets, de les explorer avec leurs mains. Observer des réactions chimiques sur un écran peut servir de complément à des travaux pratiques en laboratoire, mais ne les remplacera pas. Les enfants ont besoin d'interagir les uns avec les autres, et avec les adultes. Ils ont besoin d'acquérir des aptitudes sociales et relationnelles telles que l'esprit d'équipe.

La technologie va-t-elle déshumaniser l'enseignement ? Au contraire ! Vous n'en n'êtes pas convaincus ? Regardez donc des enfants travailler ensemble autour d'un ordinateur, comme mes amis et moi le faisions en 1968. Ou communiquer avec des élèves dont ils sont séparés par des océans. Les progrès technologiques rendent l'instruction nécessaire... ils peuvent la rendre pratique, amusante, plus humaine.

L'ordinateur ne va-t-il pas prendre le pas sur les autres méthodes d'enseignement ? Non, il va accroître nos possibilités de nous cultiver. Les grands éducateurs ont toujours su que l'instruction ne s'acquiert pas nécessairement dans une salle de classe. Avec le réseau interactif, cela se révèle plus vrai que jamais. L'information y est illimitée et accessible à tous. L'exploration y est ouverte. Un véritable stimulant pour la curiosité et l'imagination ! Avec les outils d'investigation classiques, nous avons du mal à utiliser pleinement notre intelligence. Lorsque nous finissons par découvrir les réponses à nos questions, tout va bien, nous en éprouvons une immense satisfaction. Mais que notre quête se solde par un échec, et nous voilà découragés. Nous commençons à nous demander si nous finirons par comprendre quelque chose à quoi que ce soit. Et si l'échec se reproduit, surtout quand on est enfant, on finit par croire qu'on ne vaut rien.

J'ai eu le bonheur d'être élevé dans une famille qui nous incitait à poser des questions. Et j'ai eu la chance de devenir l'ami de Paul Allen. Peu après avoir fait sa connaissance, je lui ai demandé d'où venait l'essence. Je voulais savoir ce que signifiait « raffiner » l'essence et comment ce produit pouvait faire marcher une voiture. J'avais trouvé un livre traitant du sujet, mais il était confus. L'essence, Paul connaissait très bien ; ses explications ont été à la fois passionnantes et très claires. Ma curiosité à propos de l'essence a fait « carburer » notre amitié.

Paul savait répondre à bien des questions que je me posais – et il possédait aussi une vaste collection de livres de science-fiction. J'étais plus doué que lui pour les maths et je comprenais le fonctionnement des logiciels mieux que tous ses copains. Nous étions des ressources interactives l'un pour l'autre. Nous nous posions des questions ou y répondions, nous dessinions des diagrammes, ou nous attirions mutuellement notre attention sur des informations annexes. Nous aimions nous lancer des défis et nous tester mutuellement.

Les ordinateurs personnels fonctionnent selon un principe d'interaction, eux aussi : vous posez une question, vous obtenez une réponse. Seule différence : l'ordinateur est d'une patience sans limites. Posez mille questions, vous obtenez mille réponses. Si vous êtes très curieux, branchez-vous sur Internet : les réponses sont inépuisables. Un véritable enseignement personnalisé : chacun peut apprendre par lui-même, à son propre rythme. L'enseignant n'est pas pour autant inutile, loin de là : il demeure un guide indispensable.

J'ai aimé l'école, je m'y suis senti bien, j'ai appris quantité de choses, mais c'est par moi-même que j'ai approfondi mes centres d'intérêt. Le réseau me serait allé comme un gant : il aurait modifié et enrichi mes recherches. Vraisemblablement, Internet favorisera un recentrage de l'éducation sur les individus au dépens de l'institution. Une véritable formation permanente, poursuivie tout au long de l'existence. Le rêve pour beaucoup d'entre nous !

Chacun apprend à sa manière. Vous préférez étudier un sujet avant de passer au suivant ou, au contraire, plonger dans trois domaines à la fois ? Vous apprenez de façon linéaire et structurée ou vous butinez en encerclant votre sujet ? Vous manipulez des modèles ou vous vous plongez dans la lecture d'un livre ? Vous picorez dans plusieurs disciplines à la fois ou vous vous en tenez aux études que vous avez choisies ? Peu importe : avec l'ordinateur personnel, à vous la liberté. À chacun son rythme, à chacun sa méthode. Personne n'est là pour vous pénaliser, l'approche est ouverte, pluridisciplinaire.

Le PC est mieux adapté aux cheminements de la pensée qu'un enseignant ou un manuel. En manipulant des médias divers, un élève apprend rapidement à maîtriser des concepts et des processus complexes. Les enfants souffrant de manque d'attention restent « en phase » plus longtemps avec un ordinateur qu'avec un psychologue spécialement formé. Les étudiants avec des plages d'attention normales jugent l'ordinateur meilleure « aide à la réflexion » qu'un enseignant ou un manuel scolaire. Et cela grâce à ses caractéristiques : interactivité, rapidité de réaction, liens multimédias, sens du contrôle.

Howard Gardner, professeur à la Harvard Graduate School of Education, affirme que chaque enfant a droit à un enseignement singularisé, adapté à sa personnalité : des programmes scolaires « truffés de méthodes d'apprentissage variées, de projets, de technologies ». Cela suppose qu'on teste diverses méthodes, qu'on découvre différentes conceptions de l'enseignement... Un des enjeux du réseau interactif.

L'informatique permet à Levi-Strauss d'offrir des jeans à la fois produits en série et adaptés aux mesures de chaque cliente. De la même façon, elle permet à Internet de nous offrir des données sur mesure au prix du prêt-à-porter. Comme avec les blue-jeans et les journaux électroniques, l'ordinateur va peaufiner le contenu des programmes scolaires et éducatifs de façon que chaque élève apprenne au mieux, en classe ou dans le cadre de la formation permanente. Les techniciens bénéficieront de remises à niveau régulières dans leur domaine. Les meilleurs cours des meilleurs professeurs seront à la disposition de tous. Le réseau étendra les possibilités de la formation des adultes : stages de formation pour un nouvel emploi, recyclage, cours de promotion professionnelle, à l'échelle mondiale. Les ordinateurs à interface sociale élaboreront la présentation de l'information pour l'adapter à chaque utilisateur.

Utilisateur et machine doivent apprendre à se connaître. Un étudiant demande, même oralement : « Qu'est-ce qui a provoqué la guerre de Sécession ? » Son ordinateur lui répond en décrivant les causes du conflit. L'étudiant est pressé ? L'ordinateur lui fournit une réponse synthétique. Il est nul en histoire ? L'ordinateur lui restitue le contexte de l'époque. La longueur et le type de la réponse varient en fonction de l'utilisateur et des circonstances. À tout moment l'étudiant peut interrompre la machine pour lui demander plus de détails, une approche différente du problème. L'ordinateur connaît les informations dont dispose l'élève et pointe les connexions ou les corrélations en présentant les liens appropriés. L'ordinateur sait que son étudiant aime les romans historiques, les récits de guerre, la musique folklorique et les sports ? Il utilise cette information pour présenter les données. Mais, comme tout bon professeur, il ne se contente pas de suivre l'enfant dans des sujets trop spécifiques. Au contraire, il tire parti de ses goûts pur lui enseigner un programme plus vaste. Imaginons... Dans trois ou quatre ans, un adolescent veut tout savoir sur l'essence. Il n'a peut-être pas la chance d'avoir un Paul Allen parmi ses amis, mais, si l'ordinateur de son école ou de sa bibliothèque est relié à une riche information multimédia, il peut chercher seul les réponses à ses questions. Comment fore-t-on ? Comment le pétrole est-il transporté et raffiné ? Quelle est la différence entre l'essence des voitures et celle des avions ? Entre le moteur à combustion et le moteur à turbine ? Un geste, et il a à sa disposition tout un stock de photos, de vidéos et d'animations. Il peut explorer la structure moléculaire complexe de l'essence, qui combine des centaines d'hydrocarbures différents, et tout apprendre sur les hydrocarbures. Avec tous les liens menant à des informations supplémentaires, que n'apprendra-t-il pas ?

À de rares exceptions près, les logiciels d'éducation ou les contenus de ce type ne sont pas encore disponibles. Il existe peu de logiciels de cours, et guère plus de programmes de complément des cours. De la grande masse d'informations qui circule sur Internet, une proportion infime est destinée spécifiquement aux élèves. Le marché des logiciels éducatifs n'a pas encore de réalité, parce que les écoles ne sont pas demandeuses.

Cependant, des éditeurs de logiciels et des manuels éducatifs vendent déjà des produits informatiques interactifs en mathématiques, en langues, en économie et en biologie. Academic Systems de Palo Alto travaille sur un programme interactif multimédia pour les lycées afin d'aider à l'enseignement de base des mathématiques et de l'anglais. Ce système, nommé « apprentissage médiatisé », allie l'enseignement traditionnel à un apprentissage fondé sur l'informatique. Chaque élève commence par passer un test d'évaluation : quels sont les sujets qu'il connaît bien et ceux dans lesquels il ne brille guère. Le système crée alors un programme de leçons personnalisé, qui peut être modifié au fur et à mesure que l'élève progresse. Il peut également signaler les problèmes au professeur. Academic Systems a constaté que les élèves mis en présence de programmes pilotes apprécient les nouveaux supports pédagogiques... mais que rien ne remplace un professeur disponible. À elle seule, la nouvelle technologie ne suffit pas à améliorer l'éducation.

Peu à peu on oriente les dépenses consacrées aux manuels vers les supports interactifs. Des milliers d'entreprises fabriquent des logiciels interactifs, récréatifs et éducatifs en collaboration avec des professeurs. Lightspan Partnership, par exemple, crée des programmes d'animation pour la télévision interactive en puisant dans les ressources de Hollywood. Le souhait de Lightspan : voir les techniques de production sophistiquées capter l'attention des jeunes spectateurs – de l'école maternelle à la sixième – et les encourager à passer des heures à apprendre. Au début de la leçon, un personnage animé guide l'élève à travers les notions fondamentales. Puis il l'oriente vers des jeux où il peut mettre ces concepts en pratiquc. Lcs leçons de Lightspan sont groupées par tranches d'âge de deux ans et organisées en séries destinées à compléter l'apprentissage des mathématiques, de la lecture et du langage dans les écoles élémentaires. On pourra utiliser ces programmes chez soi, dans les Centres de jeunes et dans les écoles. En attendant que la télévision interactive soit largement répandue, ils seront présentés sur CD-ROM ou sur Internet, pour les possesseurs de micro-ordinateurs.

Les CD-ROM donnent une assez bonne idée de l'intéractivité. Leurs logiciels répondent aux instructions en présentant des informations sous forme de textes, de matériaux audio ou vidéo. Mais ils sont limités, contrairement au réseau. Ils offrent soit peu d'informations à propos d'un large éventail de sujets – comme les encyclopédies –, soit beaucoup d'informations sur un seul sujet. La somme des renseignements accessibles à un moment donné est limitée par la capacité du disque. Et on n'a accès qu'aux disques disponibles. Mais quel progrès par rapport aux textes sur papier !

Les programmes interactifs commencent à opérer leur transition du CD–ROM vers le World Wide Web où il n'existe pas de limites aux capacités. On y trouve déjà les travaux de grands professeurs, de scientifiques, d'artistes, de journalistes, de musiciens, d'écrivains et d'hommes d'affaires. Les enseignants apprennent à tirer parti de cette richesse et leurs élèves à l'explorer en toute interactivité. Ces connexions vont multiplier les occasions d'apprendre. Les facilités seront bientôt telles que les élèves des écoles les moins favorisées, ou ceux qui ne bénéficient pas d'une attention soutenue de leurs parents, pourront aussi en tirer parti. La banalisation de l'accès au réseau encouragera chaque enfant à développer ses talents personnels. Cela ne se produira pas en un jour, mais nous y arriverons.

Bien que nous ne disposions pas encore de logiciels éducatifs de qualité en nombre suffisant, des enseignants utilisent des logiciels d'entreprise pour gérer leur travail ou aider leurs élèves à découvrir l'outil informatique. La plupart des étudiants et un nombre croissant de lycéens font maintenant leurs devoirs sur des micro-ordinateurs avec traitement de texte au lieu de les dactylographier ou de les rédiger à la main. On leur enseigne les mathématiques, l'économie et la comptabilité en s'aidant des tableurs et des applications graphiques. Étudiants et professeurs découvrent de nouvelles utilisations aux applications professionnelles : ceux qui apprennent ou enseignent une langue étrangère tirent parti des traitements de texte qui fonctionnent dans plusieurs langues, avec vérificateur d'orthographe, synonymes et documents multilingues.

L'informatique et les réseaux enthousiasment les campus. Plusieurs universités abritent des centres de recherches dans les technologies informatiques, d'autres possèdent des laboratoires de grands ordinateurs, utilisés par les étudiants pour des travaux de recherche. Les étudiants-programmeurs, qui travaillent contre une faible rémunération ou même bénévolement, créent des sites de qualité sur les réseaux des campus et des enseignants passionnés trouvent toujours de nouveaux moyens de rendre fructueuse l'utilisation des PC et l'accès à Internet. Certaines classes de l'université de l'État de Washington affichent sur le World Wide Web les plans des cours, les sujets des devoirs et des notes de lecture. Un libre-service que j'aurais vraiment apprécié quand j'étais étudiant...

Les jeunes ont la tête bien faite : on n'a pas eu besoin de leur répéter les avantages du courrier électronique. Du monde entier ils l'utilisent pour des objectifs éducatifs et pour rester en contact de façon peu coûteuse avec leur famille et leurs amis. Et ils ont souvent converti leurs parents aux plaisirs de l'informatique ! Certaines écoles élémentaires ont un compte sur Internet. Lakeside, mon ancienne école, est reliée à Internet : les élèves peuvent naviguer sur les informations en ligne et échanger du courrier électronique avec tous les points du globe. Presque tous les élèves de Lakeside ont réclamé un compte de courrier électronique. En douze semaines, ils ont reçu 259 587 messages – une moyenne de trente messages par étudiant et par semaine ! 49 000 venaient d'Internet ; eux en ont envoyé 7 200.

Lakeside ne contrôle pas les messages : chacun est libre d'en envoyer autant qu'il veut et d'y dire ce qu'il veut. Peu importe que tous n'aient pas trait aux cours ! L'apprentissage emprunte mille détours, et de cela Lakeside est parfaitement consciente.

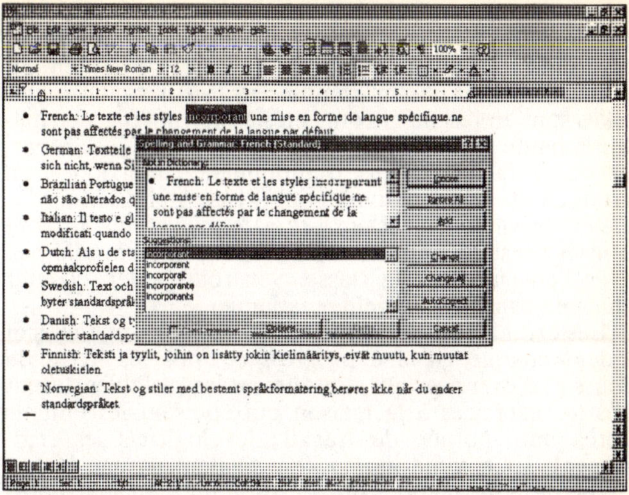


1996 : Un traitement de texte corrigeant un document multilingue

À l'école publique élémentaire Juanita, proche du siège social de Microsoft, dans la banlieue de Seattle, même les plus jeunes élèves utilisent le courrier électronique. Ils portent un petit badge indiquant qu'ils ont appris à utiliser Internet et connaissent la netiquette. Grâce à des ordinateurs répartis dans toute l'école, ils échangent des messages entre eux et avec leurs enseignants. Munis d'une autorisation de leurs parents, ils peuvent naviguer sur le Web, ou afficher des informations sur la page d'accueil de l'école (http :// wwwjua.lkwash.wednet.edu/juanita/jes.html). En revanche, il leur est interdit d'afficher leur photo et ils ne doivent utiliser que leurs initiales. Le succès est tel pendant les récréations que les instituteurs ont dû instaurer des listes d'attente.

Juanita est une école à la pointe du progrès. Pourtant, on n'y considère pas les outils informatiques comme essentiels à l'acquisition des connaissances. Essayons d'imaginer le futur système éducatif qui émergera lorsque la technologie interactive de l'information aura conquis l'école, y compris dans le primaire.

Une classe de CM1, dans cinq ans. L'équipement

informatique : un PC pour chaque instituteur, un pour trois élèves, des ordinateurs et des serveurs pour l'administration. Les machines sont compatibles, acceptent les mêmes logiciels et sont remplacées tous les quatre ans. Elles sont en réseau et connectés à Internet par une liaison à haute vitesse. Dans la journée, le travail se répartit de la façon la plus traditionnelle : individuel, en groupe, et leçon délivrée par l'enseignant. Mais les élèves travaillent avec un ordinateur. Comme ils sont utilisés presque à plein temps, l'enseignant travaille peu avec l'ensemble de la classe. Son rôle : aider, écouter chacun, conseiller, orienter, stimuler...

Les ordinateurs présentent les principales matières et aident chaque élève à progresser. Finis les livres de cours et d'exercices qui alourdissent les cartables, terminés les exercices à la maison qui épuisent les enfants après une journée de travail : les logiciels les remplacent. Et comme ils stockent également une bonne partie des informations que l'instituteur était seul à posséder, derrière son bureau, maître et élèves ont plus de temps pour questionner, expliquer, répéter, conduire des débats, s'entraider, se stimuler. Le système enregistre les progrès des élèves dont parents et enseignants sont régulièrement informés.

Notre classe de CM1 consacre beaucoup de temps à la lecture et aux mathématiques, ainsi qu'aux autres matières fondamentales comme les sciences et l'histoire. Chaque discipline est abordée pour elle-même, ou par le biais d'un thème élargi : l'écologie de la forêt, la construction d'un bâtiment, la justice...

Je décris un univers idéal ? Oui, dans la mesure où de tels logiciels n'existent pas encore. Mais rappelez-vous, il y a dix ans, quand nous imaginions que les employés de bureaux et les habitants des banlieues travailleraient ensemble sur des réseaux électroniques...

Accompagnons maintenant Hannah au lycée.

Le matin, chez elle, Hannah allume son PC connecté à Internet et ouvre son fichier de travail sur le serveur du lycée. Dès qu'elle s'approche de l'appareil, une petite caméra vidéo reliée à l'écran – caractéristique standard sur tous les PC – transmet son image à l'ordinateur. Il la reconnaît, la salue par son prénom, et, comme chaque matin, affiche son fichier de travail sans aucune commande. Elle lui parle, il l'écoute et, simultanément, regarde les mouvements de ses lèvres. Grâce à cette double reconnaissance, il comprend très bien ce qu'Hannah lui demande.

Sur l'écran, Hannah découvre que son prof de maths a annoté ses exercices et lui donne un nouveau devoir, destiné à l'aider avec les équations du deuxième degré sur lesquelles elle bute. Son livre d'exercice est dans la mémoire de l'ordinateur. Elle en imprime souvent les pages pour travailler, parfois même dans le bus de ramassage scolaire.

En cours, Hannah fait un exposé sur un livre. Elle a trouvé sur Internet des extraits de l'ouvrage lus par l'auteur. Elle les a téléchargés et les diffuse à la fin de son exposé. Un débat s'ouvre : est-il intéressant d'écouter l'auteur lire une œuvre que l'on n'a pas encore lue soi-même ?

Après le déjeuner, Hannah ouvre le fichier de la cantine sur l'intranet du lycée et note les plats : peut-être qu'ainsi, ils s'amélioreront dans les prochains mois... Toujours sur le réseau, elle ouvre un fichier d'emploi du temps et essaye de mettre au point – pour la quatrième fois – son programme de terminale. Elle le transmet, accompagné de questions, à deux professeurs.

Ah ! Et le courrier électronique ? Elle y découvre sa dispense d'éducation physique envoyée par son médecin et la copie d'une correspondance entre le prof de chimie et sa mère. Zut, il souligne qu'Hannah est trop dissipée pendant le temps d'études individuelles ! Compris : fini son petit jeu amoureux avec Jeffrey. Sauf sur la messagerie électronique, bien sûr !

Maintenant, la bibliothèque. Hannah y fait des recherches pour une dissertation sur la révolution mexicaine. À sa disposition : des livres, des CD-ROM encyclopédiques, Internet. Ensuite, elle se connecte sur le site d'une expédition en Patagonie qu'elle suit avec sa classe. Elle lit le journal d'un chercheur : ce jour-là, il tente de régler un problème de condensation.

Hannah rentre du lycée les mains dans les poches, ou presque : la plupart de ses devoirs l'attendent sur Internet, ainsi que des conseillers interactifs et des sources documentaires.

Tess, la sœur aînée d'Hannah, réside sur un campus universitaire. Elle exerce un plus grand contrôle sur sa formation. En deuxième année, elle commence sa journée en cherchant sur le Web ses horaires de cours et en préparant ses devoirs. Constatant qu'elle a pris un léger retard en algèbre, elle passe les deux premières heures à réviser. Sur son PC, elle fait défiler un bref questionnaire pour déterminer ses points forts et ses faiblesses. Elle obtient des réponses immédiates : pas besoin d'attendre une semaine – ni même une minute – pour connaître ses résultats. L'ordinateur contrôle son niveau et lui propose, à la demande, des exercices adaptés. Il lui signale aussi qu'elle doit se rendre à son cours de japonais dans quinze minutes. Le temps de se préparer, et Tess file à son cours. Quand elle rejoint sa chambre dans l'après-midi, son ordinateur lui demande si elle souhaite un nouveau questionnaire d'algèbre ou si elle préférerait un test d'écriture de kanji japonais.

Un bienfait de cette nouvelle approche éducative : les élèves changent d'avis sur les examens. Aujourd'hui ceux-ci sont stressants, et les commentaires du genre : « J'ai eu une mauvaise note », « Je n'ai pas eu assez de temps », « Je n'étais pas prêt ». Ceux qui n'ont pas de bons résultats finissent par penser : « Je ferais mieux de dire que je me fiche des exams, puisque de toute façon je les rate. » L'instruction est dénigrée, puis finit par passer au dernier plan.

Avec le réseau interactif, les élèves prennent moins de risques : ce sont eux qui se posent des colles à eux-mêmes, et aucun examinateur n'est là pour les stresser. Un questionnaire géré par soi-même facilite l'auto-exploration, comme les colles que Paul Allen et moi avions l'habitude de nous poser mutuellement. Passer des examens devient une étape amusante du processus d'apprentissage. Une erreur ne provoque pas automatiquement une sanction ; au contraire, le système est là pour aider l'élève à surmonter son incompréhension. Si un étudiant reste vraiment bloqué, le système propose d'expliquer le problème au professeur. Aux examens, les élèves ont moins d'appréhension, et moins de surprises : avec l'autoquestionnement permanent chacun a déjà une idée de son niveau. Il est alors plus facile de demander de l'aide au professeur. Et plus facile, pour le professeur, de l'accorder à bon escient.

On en revient toujours au professeur. Contrairement à certaines professions, l'avenir de l'enseignement semble radieux. Plus l'innovation améliore le niveau de vie plus la proportion d'enseignants croît. Selon le prospectiviste Peter Drucker, l'augmentation de la productivité dans l'enseignement aura les mêmes conséquences que dans tous les autres secteurs économiques : une plus forte rémunération. Il assure que grâce à la technologie, cette profession sera revalorisée, dans son statut et ses salaires. Je le crois sans peine ! Sont appelés au succès les éducateurs qui débordent d'énergie et de créativité. Les enfants adorent les cours des adultes qui font preuve d'attention.

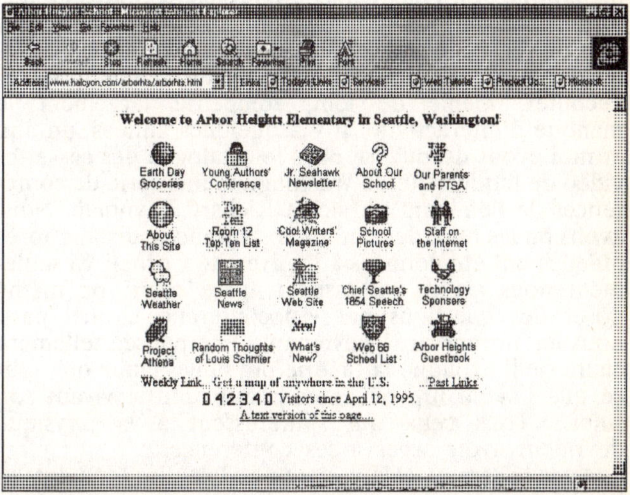


1996 : Page d'accueil sur le Worlde Wide Wels de l'école d'Arbor Heights.

Nous avons tous eu des professeurs qui nous ont profondément marqués. Au lycée, mon prof de chimie était passionnant. La chimie me fascinait, la biologie me rasait : nous nous contentions de disséquer des grenouilles – ou plutôt de les hacher menu –, sans comprendre pourquoi. Au contraire, le prof de chimie mettait en scène ses cours ; il y faisait entrer le monde. C'était palpitant. À vingt ans, j'ai lu *La Biologie moléculaire du gène* de James D. Watson et je me suis aperçu que mon expérience du lycée m'avait induit en erreur : la compréhension de la vie est un sujet capital. Les découvertes en biologie sont fondamentales et révolutionnent la médecine. L'ADN humain rappelle un logiciel, mais fabuleusement sophistiqué ! Aujourd'hui je n'arrive pas à croire qu'un mauvais professeur m'ait convaincu du manque d'intérêt de la biologie alors qu'il a suffi d'un prof excellent pour que la chimie me passionne !

À l'heure actuelle, un enseignement de qualité ne profite qu'à une poignée d'élèves. Travaillant dans des lieux différents, les éducateurs ont du mal à se servir des travaux de leurs collègues. Le réseau change tout cela : les professeurs diffusent leurs cours et leur documentation, et les meilleurs outils pédagogiques sont à la disposition de tous. Évidemment, il est moins intéressant de regarder une conférence en vidéo que d'y assister directement. Mais, si l'orateur est excellent, pouvoir l'écouter, même de loin, compense largement le manque d'interactivité. Il y a quelques années, un ami et moi avons découvert, dans le catalogue des cassettes vidéo de l'université de Washington, une série de conférences de l'éminent physicien Richard Feynman. Nous avons pu les regarder durant nos vacances, dix ans après qu'elles ont été données à l'université Cornell. Si seulement nous avions pu assister à ces cours, ou même poser des questions par visioconférence... quel parti nous en aurions tiré ! Feynman a une pensée tellement claire qu'il explique la théorie physique mieux que tout ce que j'ai pu lire ou entendre. Il rend si vivant son sujet... Tous ceux qui s'intéressent à la physique devraient avoir accès à ses conférences.

Avec le réseau, cela va être possible : les étudiants et les professeurs auront à portée de main quantité de documents uniques. Un professeur de Providence, État de Rhode Island, sait expliquer de manière particulièrement claire la photosynthèse ? Ses notes de cours et ses démonstrations multimédias sont à la disposition des enseignants du monde entier. La documentation routée par le réseau est parfaite ? Certains professeurs l'utilisent telle quelle. D'autres, au contraire, profitent d'un outil facile à employer pour adapter et combiner divers éléments. Envoyées sur le réseau, leurs recherches suscitent commentaires et réactions d'autres instructeurs... Tant mieux, ils peuvent ainsi perfectionner leurs cours. Et envoyer le document amélioré dans des milliers de classes du monde entier.

Le réseau peut calculer quel est le document le plus souvent demandé, ou effectuer un sondage électronique auprès des enseignants.

Les professeurs découvrent que les ordinateurs connectés au réseau permettent de briser l'isolement culturel. Les réseaux peuvent aider leurs élèves à découvrir des jeunes appartenant à d'autres cultures, à participer à des débats tout autour du monde. Dans différents points de la planète, de nombreuses classes sont en train de constituer ce que l'on appelle parfois des « cercles éducatifs ». Le but de ces cercles : permettre aux élèves d'étudier un sujet précis, en collaboration avec des correspondants éloignés. En 1989, des étudiants ouest-allemands ont pu discuter de la chute du mur de Berlin avec des interlocuteurs d'autres pays. Des élèves inuit de l'Alaska, dont les villages dépendent encore de la pêche à la baleine, participaient à des cercles discutant de cette activité. Ceux qui n'appartenaient pas à ces villages ont été tellement fascinés qu'ils ont invité un vieil Inuit à venir en parler dans leurs classes.

Reliés ou non au réseau les ordinateurs simulent le monde aussi bien qu'ils l'expliquent. L'élaboration ou l'utilisation d'un modèle informatique constituent un outil éducatif merveilleux. Il y a plusieurs années, un professeur du lycée de Sunnyside, à Tucson, Arizona, a monté un club d'élèves pour créer des simulations informatiques de comportements dans le monde réel. Les élèves ont découvert les sinistres conséquences des agissements des gangs en les simulant eux-mêmes mathématiquement. Finalement le programme de mathématiques a été complètement réorganisé autour d'une idée centrale : l'éducation ne consiste pas à obtenir des réponses « justes » mais à décider si une réponse est « bonne ».

Il existe déjà un certain nombre de modèles informatiques qui enseignent la biologie. Le logiciel SimLife simule l'évolution : les enfants assistent à ce processus au lieu de se contenter de faits bruts. Ils conçoivent des plantes, des animaux, un écosystème, et observent comment ils interagissent et évoluent. Un vrai bonheur, et pas seulement pour les petits ! Maxis Software, l'éditeur de SimLife, a publié un autre programme, SimCity : une ville avec tous ses systèmes interconnectés, ses rues, ses transports publics. Dans ce jeu, on peut devenir le maire ou l'urbaniste d'une communauté virtuelle et fixer ses propres buts plutôt que de respecter ceux imposés par le logiciel. On bâtit des fermes, des usines, des maisons, des écoles, des facultés, des bibliothèques, des musées, des zoos, des hôpitaux, des prisons, des marinas, des autoroutes, des ponts, des métros. On gère la croissance urbaine, on fait face aux catastrophes naturelles. On modifie le paysage et l'environnement. Si on construit un aéroport ou si on augmente les impôts, la communauté urbaine s'en ressent. Un excellent moyen de découvrir rapidement comment fonctionne le monde réel !

À l'avenir, quels que soient leur âge et leur niveau, vos enfants pourront visualiser l'information et interagir avec elle. Une classe étudie le temps qu'il fait : elle regarde des images satellite simulées fondées sur un modèle de conditions météorologiques hypothétiques. Les élèves posent des questions – « Que se passerait-il demain si la vitesse du vent augmentait de 23 km/h ? » L'ordinateur réalise un modèle des résultats prévisibles, présentant la carte climatique simulée comme on la verrait de l'espace.

Les jeux de simulation se perfectionneront ; mais les meilleurs d'entre eux sont d'ores et déjà fascinants.

La frontière entre simulation et réalité virtuelle va aller en s'amenuisant. Les écoles posséderont des équipements de réalité virtuelle – ou peut-être même des salles de réalité virtuelle, comme nous avons maintenant des salles de concert et des théâtres. Les élèves exploreront un lieu, un objet ou un sujet de façon interactive en s'immergeant dans son image.

Le travail à la maison disparaîtra-t-il ? Non, mais les professeurs orienteront vos enfants vers des références électroniques. Les élèves créeront leurs propres liens et utiliseront des éléments multimédias pour enrichir le travail à la maison qui circulera sur le réseau. Le logiciel sera capable de noter un simple exercice de questions-réponses. Pour les exercices plus complexes, vos enfants auront recours à des aides électroniques : des élèves plus âgés du même établissement ou des étudiants d'université, à plusieurs kilomètres de distance.

Un bon professeur continuera d'être indispensable pour aider, conseiller, stimuler... et transmettre ses compétences. La technologie l'assistera.

Les éducateurs partagent le sort commun : ils doivent se réadapter en permanence. Dans un premier temps, les compétences qu'on attend d'eux seront modifiées. Ce sera un moment probablement difficile à passer. Mais, au final, les groupes interactifs plus petits et l'ambiance plus studieuse leur apporteront plus de satisfaction.

Les logiciels aideront les enseignants tout autant que leurs élèves. Un programme d'évaluation fera la synthèse des compétences, progrès, intérêts et attente de nos enfants. Armés de ces données et débarrassés d'autant de paperasserie administrative, les professeurs pourront consacrer plus de temps et d'énergie à chaque élève. Ils pourront adapter à chacun le travail en classe et à la maison. Ils disposeront d'un dossier détaillé sur les résultats de chaque enfant et pourront en discuter avec les autres enseignants. Et avec les parents. Un plus incontestable pour l'assistance aux enfants : la visioconférence, qui, elle aussi, aidera à une meilleure collaboration parents-professeurs.

Chaque semaine, les enseignants passeront quelques minutes à correspondre par messagerie électronique – vocale ou écrite – avec les parents. Ceux-ci pourront ainsi réagir sans délai. Les devoirs, les tests, les exposés seront disponibles sur le réseau. Une maman qui demandera : « Alors, qu'as-tu fait à l'école aujourd'hui, mon chéri ? » connaîtra les réponses à l'avance. Si un foyer n'est pas équipé d'ordinateur, les parents pourront utiliser, comme les enfants, les ordinateurs des bibliothèques ou des autres points d'accès publics au réseau.

Étudiants connectés directement entre eux et à une information illimitée... cela suppose des problèmes éthiques et méthodologiques. Vos enfants auront-ils le droit d'apporter leur ordinateur portable en classe ? Seront-ils autorisés à faire des recherches personnelles durant les discussions de groupe ? De quelle marge de liberté disposeront-ils ? Pourront-ils chercher le sens d'un mot qu'ils ne comprennent pas ? Auront-ils accès à des informations que vous considérez comme contestables moralement, socialement ou politiquement ? Auront-ils l'autorisation de faire des devoirs pour un cours qui a lieu dans un autre lycée que le leur ? Pourront-ils s'envoyer des messages durant la classe ? Le professeur devra-t-il surveiller les écrans de ses élèves durant les cours ou les enregistrer pour en vérifier à l'occasion le contenu après la classe ?

Pour répondre à ces questions, nous devrons sans doute en passer par des débats enflammés – en direct ou par réseau.

Grâce au réseau, pourquoi les enseignants ne solliciteraient-ils pas des intervenants extérieurs sur des forums en ligne ou à travers des visioconférences ? Grands-parents, experts, responsables locaux... Chacun pourra apprendre... et chacun pourra enseigner. Que vous disposiez d'une heure ou d'une semaine, que vous soyez amateur éclairé ou professionnel, dirigeant communautaire ou politique, vous pourrez animer des discussions, par visioconférence, de votre bureau ou de chez vous. Et cela de façon pratique, économique et régulière !

Les entreprises s'impliqueront aussi. Leur participation financière sera déterminante. Aux États-Unis, de nombreuses compagnies de téléphone et des câblo-opérateurs se sont déjà engagés à offrir des connexions aux réseaux, gratuites ou bon marché, aux écoles et aux bibliothèques situées dans les zones où elles sont actives. TCI, par exemple, offre gratuitement le câble aux écoles dans les villes qu'elle dessert, Time Warner et ATT s'y sont également engagés. Toutes sortes d'organisations s'associent pour financer ou promouvoir l'équipement en micro-ordinateurs, logiciels et connexions en réseau des écoles primaires, des lycées, des universités ou des bibliothèques.

Certaines entreprises ont déjà constaté les bons résultats de leur investissement dans le système éducatif, particulièrement dans des quartiers difficiles.

Le lycée Christophe Colomb d'Union City a vu le jour à la suite d'une crise. À la fin des années 1980, cette ville du New Jersey avait de si mauvais résultats aux examens et les taux d'absentéisme et d'abandon des études étaient si élevés que l'État a envisagé de prendre en charge toutes les écoles. Le rectorat, les professeurs et les parents (dont plus de 90 p. 100, d'origine latino-américaine, n'avaient pas l'anglais pour langue maternelle) ont mis au point un plan de cinq ans pour sauver les établissements scolaires.

Bell Atlantic, la compagnie du téléphone locale, a

accepté d'aider au financement d'un réseau multimédia de micro-ordinateurs reliant les maisons des élèves aux salles de cours, aux professeurs et aux administrateurs des écoles. L'entreprise a offert 140 micro-ordinateurs multimédias, de quoi équiper les domiciles des élèves de cinquième et fournir quatre machines par classe. Les ordinateurs ont été mis en réseau et reliés à des lignes à haut débit ainsi qu'à Internet. Les professeurs ont suivi un stage d'informatique, puis organisé des cours de formation, durant le week-end, pour les parents. Ils ont encouragé les élèves à avoir recours au courrier électronique et à Internet.

Deux ans se sont écoulés. Aujourd'hui, les parents sont activement concernés par l'usage que les enfants font des ordinateurs à la maison. Ils les emploient eux-mêmes pour rester en contact avec les professeurs et les administrateurs. Les taux d'absentéisme et d'abandon des études sont voisins de zéro. Les élèves obtiennent des résultats trois fois meilleurs que la moyenne des autres villes du New Jersey. Le projet a été étendu pour s'appliquer à tous les lycées de l'État.

Raymond W. Smith, président du conseil d'administration et directeur général de Bell Atlantic, explique les raisons de ce succès : « La combinaison entre un système scolaire prêt à des changements fondamentaux dans les méthodes pédagogiques, des parents qui approuvaient le projet et voulaient s'y engager, et l'intégration prudente mais intensive de la technologie à la fois dans les foyers et les salles de classe... a créé une véritable communauté éducative dans laquelle la maison et l'école se soutenaient et se renforçaient mutuellement. »

Les grandes entreprises consentent ce genre d'efforts parce qu'elles ont un intérêt réel pour l'éducation. Je ne serais pas étonné que des sociétés prennent le pli de rémunérer des professeurs qui diffusent sur Internet – à la libre disposition de tous – des données utiles. Un moyen modeste mais sûrement efficace de promouvoir cette excellente pratique.

Si les écoles étaient convenablement équipées, les scénarios que je décris seraient déjà la réalité. Projetons-nous encore plus loin pour observer l'impact de la technologie à large bande : elle va transformer les facettes les plus quotidiennes de l'éducation. Les tableaux noirs seront remplacés par des panneaux vidéo muraux et la craie par des polices de caractères et des images colorées extraites du fonds intarissable de contenus multimédias et interactif qui circule sur Internet : illustrations, animations, photos et vidéos.

Dans dix ans... Un professeur de science donne un cours sur le soleil. Il expose les connaissances sur le sujet, passe à l'histoire des découvertes qui les ont rendues possibles. Pour illustrer son propos, il se branche sur un vaste catalogue d'images multimédias : illustrations, photos, œuvres d'art ou portrait d'un grand savant spécialiste du soleil, fragments de vidéo, animations accompagnées de narrations. En quelques minutes il confectionne un document audiovisuel dont la mise au point demanderait aujourd'hui de longues journées de travail. Au cours de sa démonstration, images et diagrammes apparaissent. Un étudiant lui demande d'où le soleil tire son énergie ? Le professeur utilise des images animées des atomes d'hydrogène et d'hélium, montre les éruptions et des taches solaires, projette, sur un écran mural, une brève vidéo traitant de la fusion nucléaire. Il aura préparé à l'avance des liens avec les serveurs du réseau interactif. Une fois le cours fini, il dicte à ses élèves la liste des liens, de sorte qu'ils puissent réviser le cours à leur rythme, à la bibliothèque ou chez eux.

Cours d'histoire de l'art : Seurat, *Une baignade à Asnières*. Sur un écran mural, le professeur projette une reproduction haute qualité de la toile. Une carte de Paris et de ses environs s'affiche, sur laquelle Asnières se détache. Le cours va-t-il porter sur les relations du pointillisme et du néo-impressionnisme ? Sur la vie en France au XIX^e^ siècle et sur la révolution industrielle ? Sur la façon dont l'œil distingue les couleurs complémentaires ? Le professeur pointe le curseur sur le chapeau du personnage qui se tient à l'extrême droite de la composition. « Observez le chapeau. De loin, il a l'air rouge orangé. De très près, on y observe de minuscules points bleus et orange. » À l'écran apparaît un gros plan du chapeau, jusqu'à rendre visible la texture de la toile. Maintenant, les étudiants distinguent parfaitement les points bleus. Le professeur explique que le bleu est complémentaire de l'orange... Un cercle chromatique apparaît aussitôt sur l'écran mural. Le professeur, ou le document multimédia lui-même, explique : « Chaque couleur de ce cercle est placée en face de sa complémentaire : le rouge à l'opposé du vert, le jaune à l'opposé de l'indigo, et le bleu à l'opposé de l'orange. C'est une particularité de l'œil qui, en fixant les radiations, crée par synthèse une image rémanente de sa couleur. »

Cette expérience, si différente de ce que nous voyons dans les écoles aujourd'hui, n'existera pas sans changements importants. Mais ils sont possibles. L'éducation a changé il y a un siècle. Elle peut, elle va changer de nouveau. Le changement adoptera des formes différentes, mais partout, en son cœur : la technologie de l'information.

# 10

# LA MAISON BRANCHÉE

La révolution des communications est pour demain. Allons-nous pour autant cesser de mettre le nez dehors ? Refuser le contact avec les autres ? Préférer rester bien au chaud chez soi ? Nous isoler ? Non !

Je suis en train de construire une maison. On y trouvera tout ce qu'on veut pour se divertir. Il y aura une petite salle de projection et un système de vidéo à la demande. Vais-je pour autant cesser de sortir de chez moi ? Certainement pas. Même avec tous les divertissements à domicile, nous continuerons à fréquenter les salles de cinéma, comme les parcs, les musées et les magasins. Les béhavioristes ont raison : l'homme est un animal social. Oui, Internet apportera le divertissement, les communications – personnelles ou professionnelles – et l'emploi à domicile. Oui, l'approche du travail évoluera. Mais nous n'allons pas devenir des ours pour autant ! Bien au contraire.

Rappelez-vous les prédictions alarmistes du passé. Elles ne se sont jamais réalisées. Dans les années 1950, on a dit que la télévision allait condamner les salles de cinéma. Ensuite, on a prévu la même catastrophe avec la télévision payante, puis avec la location de vidéocassettes : il faudrait être fou pour accepter de payer une place de parking, s'offrir les services d'une baby-sitter, acheter des sodas et des sucreries à des prix exorbitants, tout cela afin de s'asseoir au milieu d'inconnus dans une salle obscure ! Et pourtant les films populaires continuent à remplir les salles. J'aime aller au cinéma.

J'y vais toutes les semaines. Et le réseau interactif n'y changera rien !

Avec ces nouveaux moyens de communication, garder le contact avec des amis et des parents installés à des kilomètres de nous sera encore plus facile que maintenant. Qui d'entre nous ne s'est pas battu pour préserver une amitié malgré la distance ? J'ai eu une liaison avec une femme qui habitait une autre ville. Eh bien, nous avons échangé force messages sur le courrier électronique. Nous avons même imaginé un moyen d'aller au cinéma ensemble. Nous choisissions un film qui passait à la même heure dans nos deux villes. Pendant le trajet en voiture, nous bavardions avec nos téléphones cellulaires. Nous assistions à la séance et, sur la route du retour, nous reprenions nos téléphones cellulaires pour commenter le film. À l'avenir, ce genre de « rendez-vous virtuel » se passera encore mieux. En effet, nous pourrons simultanément regarder un film et communiquer par visio-conférence. Je joue déjà au bridge sur un système en ligne. Grâce à la salle d'attente, je sais s'il y a des amateurs pour une partie. En outre, je peux choisir l'apparence que je souhaite présenter aux autres : le sexe, la coiffure, la carrure... La première fois que je me suis connecté à ce système, j'étais tellement pressé de jouer que je n'ai pas pris le temps de créer mon apparence électronique. Je n'ai pas tardé à crouler sous les messages de mes partenaires : pourquoi étais-je chauve et torse nu ? Ce système n'offrait pas la communication vidéo ou vocale qui sera disponible à l'avenir, mais pouvoir commenter la partie tout en jouant en faisait une expérience franchement géniale.

Avec Internet, on va garder le contact, faire de nouvelles connaissances. Les amitiés formées sur le réseau déboucheront tout naturellement sur des rencontres en chair et en os. Le réseau nous donnera de nouveaux moyens de nous faire des amis. Cela pimentera notre vie. Vous avez envie de jouer au bridge ? Cherchez des partenaires sur le réseau. Vous allez trouver des joueurs de votre niveau, disponibles en même temps que vous, dans votre quartier, dans une autre ville, ou à l'autre bout du monde ! L'idée de jeux réunissant des participants physiquement éloignés n'est pas neuve. Voilà des générations que des parties d'échecs progressent, un coup à la fois, par courrier interposé. La différence ?

Grâce aux applications disponibles sur le réseau, il sera très simple non seulement de trouver des partenaires mais aussi de disputer une partie au rythme auquel on jouerait en face à face.

Pourquoi joue-t-on en groupe ? Pour le défi et le plaisir de la compagnie. C'est encore plus agréable quand la conversation est plaisante. Plusieurs entreprises s'emploient à donner une nouvelle dimension à ce concept de jeu à plusieurs. Vous allez pouvoir jouer seul, avec quelques amis, ou avec des milliers de gens. En plus, vous verrez vos partenaires – s'ils choisissent de vous y autoriser. Vous avez envie de profiter des compétences d'un spécialiste ? Rien de plus facile ! Sur le réseau, vous et vos amis vous réunirez autour d'une même table de jeu... que vous « transporterez » dans un lieu réel, comme les jardins de Kensington, ou dans un décor imaginaire. Vous disputerez une partie traditionnelle dans un endroit sortant de l'ordinaire, ou jouerez un nouveau jeu dont l'action consistera à explorer le décor visuel.

Où commence vraiment le domaine du jeu ? La frontière n'a pas toujours été bien définie, elle le sera de moins en moins. Si, avec la réalité virtuelle vous visitez un monde imaginaire ou l'intérieur du corps humain, est-ce un jeu ? Si un ordinateur rend l'éducation amusante en posant des questions drôles et subtiles, est-ce un jeu ? On assimile trop souvent les jeux informatiques aux consoles bruyantes et guerrières destinées aux adolescents. C'est une vue un peu étroite.

Warren Buffett, homme d'affaires célèbre pour son flair en matière d'investissements, est un de mes amis. Pendant des années j'ai tout fait pour le convertir au micro-ordinateur. Je lui ai même offert de venir l'initier à domicile. En vain. Puis un jour il a découvert qu'il pouvait jouer au bridge avec des amis éparpillés dans tout le pays grâce à un service en ligne. Les six premiers mois, il jouait plusieurs heures d'affilée dès qu'il rentrait chez lui. Il a suffi que ce réfractaire à la technologie y goûte pour devenir accro. Avec le système actuel vous n'êtes pas obligé de saisir votre véritable apparence, votre nom, votre âge ou votre sexe. Apparemment la plupart des utilisateurs sont des retraités ou des gamins – Warren n'est ni l'un ni l'autre. Il a d'ailleurs fallu ajouter au système une caractéristique permettant aux parents de limiter le temps passé (et l'argent dépensé) sur le réseau par leurs enfants.

Les jeux informatiques en ligne vont faire un malheur. On jouera à tout ce qu'on voudra. On inventera de nouveaux types de jeux. Il y aura des concours avec remises de prix à la clé. De temps en temps des célébrités et des experts se connecteront au système, si bien qu'on pourra les regarder jouer, voire se mesurer à eux.

À la télévision, les émissions de jeux télé évolueront dès que l'on ajoutera le feed-back du téléspectateur. Ce dernier votera et verra immédiatement les résultats s'afficher – un peu comme l'applaudimètre dans les émissions en direct d'antan. On lui attribuera des prix. Des entreprises inventives testent déjà des systèmes destinés aux jeux TV interactifs. Mais, comme le système n'a qu'une application, il n'est pas encore assez répandu pour être rentable. Sur Internet, il ne sera pas nécessaire d'acheter un matériel ou un logiciel particulier pour interagir avec une émission de télévision. Bientôt, vous pourrez participer à « Jeopardy » sans bouger de chez vous, et gagner de l'argent ou des bons d'achat. Les émissions sauront qui les suit régulièrement et vous récompenseront de votre fidélité en vous donnant des prix ou en citant votre nom si vous choisissez de participer.

Le jeu de hasard sera également possible sur Internet. C'est la principale activité à Las Vegas, Reno et Atlantic City, et il fait pratiquement vivre Monaco. Les casinos empochent des sommes colossales. Un joueur est toujours convaincu qu'il va gagner même si la chance est contre lui. À l'université, j'aimais bien jouer au poker. Warren Buffett m'a proposé un pari qui exigeait de ma part un rapide calcul de probabilités. Il a posé quatre dés sur une table et a proposé que nous en choisissions chacun un, que nous éliminions les deux autres et que nous engagions un pari sur le dé qui obtiendrait le plus souvent le meilleur score. Je savais qu'il avait une idée derrière la tête, parce que, sur les dés, étaient gravées des combinaisons de chiffres inhabituelles : le dé A affichait les chiffres, 1, 2, 3, 9, 10 et 11 ; le dé B les chiffres 0, 1, 7, 8, 8 et 9 ; le dé C : 5, 5, 6, 6, 7 et 7 ; le dé D : 3, 4, 4, 5, 11 et 12.

– Tu choisis le premier, me dit Warren. Pair, impair ? Tu veux me donner les pairs ?

– Laisse-moi regarder les dés.

J'examine les dés pendant une minute, et je déclare :

– Si je joue en premier, je perds. À toi de commencer.

Warren a choisi le dé A, mais nous savions tous deux que j'allais gagner. J'ai regardé le dé qu'il avait pris et j'ai réfléchi encore quelques minutes. Lequel des trois dés restants allais-je sélectionner ?

À cause du choix habile des chiffres apposés sur chaque dé, il n'apparaissait pas tout de suite que ces combinaisons étaient intransitives, c'est-à-dire que le principe mathématique de la transitivité – si A est supérieure à B et B supérieur à C, alors A est supérieur à C – ne s'appliquait pas. En supposant que nous rejouions, en cas d'égalité, chacun des quatre dés pouvait être battu par l'un des trois autres. Le dé A gagnerait sur B onze fois sur dix-sept en moyenne – soit deux tiers du temps. Le dé B battrait le dé C avec la même probabilité. C battrait D dans les mêmes proportions. Et, aussi incroyable que cela puisse paraître, le dé D battrait le dé A aussi souvent. Je n'ai pas réussi à élaborer tout ce calcul de probabilités sur-le-champ, bien entendu. J'ai juste réfléchi assez longtemps pour décider lequel choisir.

À Las Vegas, je joue parfois au vingt-et-un, mais les jeux de hasard ne m'attirent pas vraiment. Le jour où on nous fera gagner non plus de l'argent mais du temps, je me laisserai peut-être tenter.

Le jeu a toujours suivi de près le progrès technologique. Le télégraphe et ensuite les téléscripteurs ont d'abord servi à donner le résultat des courses. Les émissions de télévision par satellite ont développé le pari à distance. Le design des machines à sous s'est inspiré des calculateurs mécaniques, puis des ordinateurs. Aujourd'hui, beaucoup de joueurs se tournent vers Internet, avec prudence toutefois, car il n'est pas facile de savoir quelles pratiques y sont légales. La principauté du Liechtenstein y gère sa loterie nationale – baptisée Interlotto – qui attire des joueurs du monde entier. Le réseau interactif aura un retentissement important sur le jeu légal ou illégal. On verra des cotes s'afficher sur des serveurs. Avec la monnaie numérique, on placera des paris sur le courrier électronique.

Le jeu est une activité très réglementée, et on ne peut pas encore dire ce qui sera autorisé sur le réseau. Va-t-on pouvoir jouer à bord d'un avion de ligne ? Exigera-t-on une plus grande transparence des cotes ? On va pouvoir parier sur tout ce qu'on veut... et, si c'est légal, quelqu'un va s'empresser de créer ce service ! Vous allez recevoir chez vous – et en temps réel ! – des courses de chevaux, des courses de lévriers, des compétitions sportives passionnantes tout en goûtant à l'ambiance exaltante du champ de courses ou du stade. Les États qui font des bénéfices avec des jeux de hasard ne vont pas tarder à créer des loteries électroniques. Avec le réseau, bien malin qui pourra contrôler le jeu !

Le réseau interactif nous aidera à trouver des groupes de gens partageant nos goûts. Aujourd'hui, vous êtes peut-être membre d'un club de ski, abonné à une revue spécialisée pour vous tenir au courant des nouveautés. Demain, ce genre de communauté n'attendra que vous sur le réseau. Vous saurez tout sur les conditions atmosphériques, mais vous serez aussi en contact permanent avec d'autres fous de ski.

Plus une communauté électronique sera importante, plus elle aura de valeur pour ses abonnés. La plupart des passionnés de ski du monde entier finiront par s'y connecter. Un jour viendra où les meilleurs renseignements sur le ski seront disponibles électroniquement. Une fois abonné, vous saurez quelles sont les meilleures pistes près de Munich, où trouver des bâtons au meilleur prix, et vous aurez accès aux dernières publicités en date sur tous les produits liés au ski. Vous pourrez visionner à loisir des vidéos d'initiation. Ces documents multimédias seront accessibles gratuitement ou contre paiement à vous seul ou à des centaines de milliers de gens. C'est là qu'il faudra aller si on aime le ski.

Mettons que vous vouliez vous mettre en condition physique avant d'attaquer une piste noire. Comment faire ? Connectez-vous au réseau. Rencontrez-y un groupe de personnes qui ont besoin comme vous de faire de l'exercice et de perdre quelques kilos... ce sera tellement plus agréable de faire de la gym avec eux ! Et si vous n'osez pas vous montrer, coupez la caméra vidéo ! Rien de tel qu'être ensemble pour se donner du cœur à l'ouvrage.

La communauté de skieurs est assez vaste et facile à définir. Sur le réseau interactif, des applications vous aideront à trouver soit des gens, soit de l'information dans les domaines qui vous intéressent, aussi pointus soient-ils. Vous devez vous rendre à Berlin ? Avec le réseau, vous avez accès à tous les renseignements historiques, touristiques et sociologiques sur la ville. Vous pouvez trouver d'autres passionnés sur place. Il vous suffit d'entrer vos goûts dans des bases de données : les applications les analysent et vous suggèrent des idées. Vous collectionnez les presse-papiers en verre de Venise ? Rencontrez ceux qui partagent votre passion dans le monde entier ! Et même à Berlin. Vous partez pour Berlin avec votre fille de dix ans ? Justement, il y a dans cette ville un parent d'un enfant de l'âge du vôtre. Il parle votre langue, et il vous accueillera pendant votre séjour. Avec deux ou trois personnes répondant à ces critères, vous aurez créé une nouvelle communauté électronique, même si elle est petite et probablement provisoire.

Je suis récemment rentré d'Afrique avec une masse de photos de chimpanzés. Si le réseau interactif était plus avancé, je ferais passer un message pour avertir les autres participants du safari que nous pouvons échanger nos photos sur le service télématique où j'ai placé les miennes. Et je pourrais m'arranger pour que seuls les autres membres du safari aient accès à ce babillard.

Il existe déjà des milliers de groupes de *news* sur Internet et d'innombrables forums sur des services en ligne commerciaux. Ils réunissent des petites communautés qui ont envie d'échanger des informations. Sur Internet on trouve des groupes de discussion à base de données textuelles s'adressant aux amateurs de ratons laveurs, de films asiatiques, de café, de biologie cardiovasculaire, de débats sur l'islam ou la philosophie. Mais ces sujets sont loin d'être aussi pointus que ceux que je m'attends à voir aborder un jour par les communautés électroniques. Certaines communautés seront très localisées, d'autres mondiales. Mais n'ayez crainte ! Vous ne serez pas plus submergé par le nombre de communautés que vous ne l'êtes à l'heure actuelle par le nombre de numéros de téléphone. Vous chercherez le groupe qui vous intéresse... et vous irez voir dedans quel petit segment vous voulez. Par exemple, une communauté électronique pourra très bien traiter des affaires d'une municipalité.

Sur la route du bureau, je perds régulièrement

patience à un feu dont le rouge me paraît interminable. Je pourrais écrire pour me plaindre, mais ma lettre ne ferait que venir grossir le courrier des mécontents. Il serait plus efficace de réunir ceux qui se heurtent au même problème que moi. Avec le réseau, il me suffirait de placer sur un service télématique spécialisé dans les problèmes de la communauté un message où figurerait un croquis du carrefour avec la légende suivante : « Aux heures de pointe, pratiquement personne ne tourne à gauche à ce carrefour. Y en a-t-il parmi vous qui pensent aussi qu'il faudrait réduire la durée de ce feu ? » Ceux qui seraient d'accord avec moi pourraient compléter mon message. Il serait dès lors plus facile de faire bloc contre la municipalité.

Plus les communautés en ligne prendront de l'importance, plus nous ferons appel à elles pour connaître les opinions du plus grand nombre. Nous aimons bien savoir ce qui est populaire, quels films voient nos amis, et les informations que les autres jugent intéressantes. Il vaut mieux que je lise la même « une » que ceux que je vais rencontrer dans la journée si je veux avoir un sujet de conversation avec eux. Vous saurez quels endroits du réseau sont consultés le plus souvent. Vous trouverez des listes de sujets brûlants dans les domaines les plus paisibles.

Mettre à disposition une telle masse d'informations... c'est aller au-devant de problèmes. Certaines institutions auront intérêt à revoir leur copie face au pouvoir croissant des communautés en ligne. Les médecins et les chercheurs sont déjà confrontés à des patients qui explorent électroniquement la littérature médicale et comparent leurs notes avec celles d'autres malades atteints du même mal. Dans ces communautés, on sait très vite qui prescrit des traitements peu orthodoxes ou non approuvés. En communiquant, des malades participant à des tests cliniques ont pu se rendre compte qu'ils recevaient un placebo au lieu du vrai médicament. Cela en a conduit plusieurs à renoncer à participer ou à chercher une alternative. La recherche en souffre, mais comment en vouloir à ceux dont la vie est en jeu ?

La recherche médicale ne sera pas la seule touchée par cette extension de l'accès à l'information. Les enfants peuvent se renseigner sur pratiquement tout ce qu'ils veulent à l'aide d'un micro-ordinateur ou d'un serveur. De quoi inquiéter les parents ! À l'heure actuelle, on met au point des systèmes de tarification leur permettant de contrôler l'information à laquelle leurs enfants ont accès. Les producteurs d'information ont intérêt à en faire bon usage, sinon cela va vite devenir un sujet d'actualité brûlant.

L'un dans l'autre, les avantages seront bien plus nombreux que les inconvénients. Plus la masse d'informations disponibles sera grande, plus nous aurons le choix. Aujourd'hui, les fans de certaines émissions de télévision programment leur soirée en fonction des heures de passage. Avec la vidéo à la demande, on regardera ce qu'on voudra quand on le voudra, et on organisera ses loisirs en fonction de ses activités familiales et sociales et non plus des horaires de programmation. Avant l'invention du téléphone, on pensait que la communauté s'arrêtait au bout de la rue. On faisait pratiquement tout avec ses voisins. Le téléphone et l'automobile nous ont permis de repousser nos limites. Nous nous rencontrons peut-être moins qu'il y a un siècle – nous décrochons notre téléphone – mais nous ne sommes pas plus isolés pour autant ! Nous communiquons seulement plus facilement. On a parfois même l'impression qu'on peut nous joindre trop facilement !

Dans dix ans, vous aurez oublié que vous pouviez être dérangé par le téléphone à n'importe quelle heure, par un parfait inconnu ou à cause d'une erreur de numéro. Avec les téléphones cellulaires, les alphapages et les fax, les hommes d'affaires sont déjà obligés de prendre explicitement des décisions jusque-là implicites. Avant, nous n'avions pas à décider si nous voulions recevoir des documents à domicile ou prendre des appels sur la route. Il nous était facile de nous couper du monde, chez nous et dans notre voiture. Avec la technologie moderne, il nous faut décider où et quand nous voulons être joints. À l'avenir, nous travaillerons n'importe où, nous joindrons n'importe qui de n'importe où et nous serons joints n'importe où... mais nous choisirons qui aura le droit de nous interrompre ! En indiquant explicitement les interruptions autorisées, il sera possible de retransformer son chez-soi en refuge inexpugnable.

Les logiciels du réseau vont nous faciliter la tâche. Ils trieront toutes les communications reçues : appels téléphoniques, documents multimédias, courrier électronique, publicités, voire bulletins d'information. Seuls ceux qui auront votre autorisation pourront vous laisser un message dans votre corbeille « arrivée » électronique ou faire sonner votre téléphone. Certains auront le droit de vous envoyer du courrier mais pas de faire sonner votre téléphone. D'autres pourront appeler quand vous aurez indiqué que vous êtes disponible, et d'autres encore vous joindre à n'importe quelle heure. Bien sûr, vous n'aurez pas envie de recevoir des milliers de publicités quotidiennes, mais vous serez bien content de pouvoir réserver des billets pour un concert où les places sont chères. Les communications en entrée seront étiquetées selon leur genre et leur source : petites annonces, messages d'amitié, requêtes, publications, documents liés au travail, factures... Vous fixerez explicitement une politique de réception. C'est vous qui déciderez qui peut vous appeler pendant le dîner, vous joindre dans votre voiture ou sur votre lieu de vacances, quels appels ou messages valent la peine qu'on vous réveille au beau milieu de la nuit. Et si vous changez d'avis, pas de problème, signifiez-le à votre ordinateur ! Vous ne donnerez plus votre numéro de téléphone qui peut circuler à l'infini. Vous ajouterez un nom à une liste constamment remise à jour. M. Dupont veut vous joindre. Il ne figure sur aucune de vos listes. Comment doit-il procéder ? Il lui faut passer par l'intermédiaire d'un des privilégiés inscrits sur une de vos listes. Vous pourrez toujours rétrograder un nom d'une liste à une autre, voire le rayer de toutes. Dans ce cas, le seul moyen de vous joindre sera de vous envoyer un message payé.

Pour assurer ces services en permanence, votre ordinateur ne sera jamais éteint. Si cela arrive, toutefois, il se remettra immédiatement en position allumée dès que nécessaire. Cet appareil simple d'usage sera au centre des activités de loisirs, de communications et de productivité et restera connecté au magnétoscope, à la vidéo, à la hifi, au téléviseur, au système de sécurité et à Internet. Vous souhaitez écouter de la musique, lire une critique de cinéma, jouer au bridge, faire vos comptes ou retrouver une recette de cuisine ? Ne vous souciez plus d'assurer les branchements. L'ordinateur est là pour ça.

L'architecture sera influencée par cette nouvelle technologie. La vie à la maison évolue. Il va falloir adapter nos intérieurs. On intégrera sur plan des écrans de différentes tailles pilotés par ordinateur. On installera les câbles de connexion pendant la construction et on réfléchira à l'emplacement des écrans en fonction de la disposition des fenêtres pour diminuer les reflets et l'éblouissement. Avec la connexion des supports d'information au réseau interactif, de nombreux objets physiques cesseront d'être indispensables : livres de référence, récepteurs stéréo, CD, fax, fichiers, et boîtes de rangement pour dossiers et factures. Une grande partie du fouillis qui nous encombre se transformera en information numérique que nous appellerons à volonté. Nous pourrons même stocker numériquement de vieilles photos et les faire apparaître sur un écran au lieu de les encadrer.

Je parle en connaissance de cause. Je suis en train de construire une maison où j'essaie d'anticiper l'avenir proche. Ma maison est conçue pour être un peu en avance sur son temps, mais peut-être sera-t-elle une source d'inspiration pour le futur. Quand je parle de mes projets autour de moi, je m'attire parfois des regards incrédules : « Vous êtes sûr de vouloir faire ça ? »

Comme tous ceux qui font construire une maison, je veux que la mienne soit en harmonie avec son environnement et les besoins de ceux qui l'habiteront. Je veux qu'elle soit belle, et surtout confortable. C'est là que ma famille et moi allons vivre. Une maison est un ami intime, ou, pour citer Le Corbusier, « une machine à habiter ».

Ma maison est faite de bois, de verre, de béton et de pierre. Elle est construite sur une colline. La plupart des baies vitrées sont orientées à l'ouest vers le lac Washington et Seattle pour profiter du coucher de soleil et de la vue imprenable sur les monts Olympic.

Ma maison est aussi faite de silicium et de logiciels. L'installation des microprocesseurs et des puces en silicium, ainsi que des logiciels qui les animent, fait de cette maison un modèle de ce que le réseau interactif apportera d'ici à quelques années dans des millions de foyers. La technologie que j'emploie en est actuellement au stade expérimental, mais certaines des applications ne tarderont pas à entrer chez vous ! Le système de loisir simulera de si près l'usage futur des médias... que je vais pouvoir me faire une idée de ce que sera notre vie avec les nouvelles technologies.

Bien sûr, je ne pourrai qu'approcher ce que sera le réseau, pas le simuler. Pour cela, il faut du monde. Un réseau interactif privé présente autant d'intérêt qu'un téléphone destiné à un seul usager ! Les applications vraiment intéressantes du réseau se multiplieront quand nous serons des dizaines ou des centaines de millions à consommer et à créer du loisir et de l'information, à communiquer, à explorer des centres d'intérêt communs, et à faire toutes sortes de contributions multimédias, dont de la vidéo de haute qualité. Tant que nous n'en serons pas là, on ne pourra pas parler du réseau interactif à large bande !

La technologie de pointe de ma maison ne sera pas seulement une vitrine des loisirs à venir. Elle répondra aussi aux besoins domestiques habituels : chaleur, lumière, confort, commodité, plaisir et sécurité. Elle se substituera à des formes plus anciennes qui nous paraissent aller de soi aujourd'hui. Il n'y a encore pas si longtemps, nous aurions ouvert des yeux ronds à l'idée d'une maison équipée de l'électricité, de toilettes, du téléphone et de l'air conditionné. Ma maison offrira des distractions et stimulera la créativité dans une atmosphère détendue, agréable et chaleureuse. Je ne suis pas le premier à vouloir construire une maison originale en avance sur son temps. J'expérimente pour trouver ce qui marche le mieux, et là aussi je suis l'héritier d'une longue tradition.

En 1925, William Randolph Hearst, le magnat de la presse écrite, s'est installé à San Simeon, son château de Californie. Il a exigé ce qui se faisait de mieux en technologie moderne. À l'époque, trouver une station sur une radio demandait une manipulation longue et difficile. Il a donc fait installer au sous-sol plusieurs radios, branchées chacune sur une station différente. Les câbles remontaient jusqu'à un meuble en chêne du XV$^{e}$ siècle installé dans ses appartements privés au deuxième étage. Il lui suffisait de pousser un bouton pour entendre la station de son choix. À l'époque, cela tenait du prodige technologique. Aujourd'hui tous les autoradios ont cette fonction.

Loin de moi l'idée de comparer ma maison à San Simeon ! Mais je rejoins Hearst pour les innovations technologiques. Il voulait des informations et du divertissement, sur la seule pression d'une touche. Moi aussi.

C'est vers la fin des années 1980 que j'ai commencé à songer à construire une maison. Je voulais du beau travail, mais rien de prétentieux. Une maison capable d'accueillir une technologie sophistiquée et évolutive, mais sans que cela prenne le pas sur le reste. La technologie devait être la servante et non le maître de la maison. J'étais célibataire quand j'en ai dessiné les plans. Après mon mariage avec Melinda, nous avons modifié la maison. Elle allait recevoir une famille. Nous avons amélioré la cuisine, par exemple. Mais les appareils ne font pas plus appel à une technologie de pointe que dans n'importe quelle autre cuisine bien équipée. Et nous avons ajouté un bureau pour Melinda qui a judicieusement fait remarquer que je disposais d'un grand bureau alors que rien n'était prévu pour elle.

J'ai trouvé un terrain au bord du lac Washington à distance raisonnable de Microsoft. En 1990, les travaux pour le pavillon d'amis ont commencé. Puis, en 1992, on a entrepris de creuser les fondations du bâtiment principal. Ce gros travail a exigé des tonnes de béton. Il faut dire que Seattle se trouve dans une zone de tremblements de terre au moins aussi dangereuse que la Californie !

La salle de séjour familiale, qui fera une trentaine de mètres carrés, aura un coin aménagé pour regarder la télévision ou écouter de la musique. Il y aura des endroits où l'on pourra s'isoler. Et une salle de réception capable de recevoir une centaine de convives ! J'aime bien réunir les nouveaux employés et les stagiaires de Microsoft. On trouvera aussi une petite salle de cinéma, une piscine et une salle de trampoline. On va installer un terrain de sport au milieu d'un bosquet d'arbres au bord de l'eau, dans le prolongement d'un appontement pour le ski nautique, un de mes sports préférés. Un petit estuaire, alimenté par une nappe phréatique de la colline derrière la maison, fait également partie des projets. Nous allons le peupler de truites saumonées, et il paraît qu'on y verra probablement des loutres !

Imaginons que vous nous rendiez visite. Vous empruntez une allée serpentant au milieu d'un bois d'érables et d'aulnes, avec des sapins de Douglas. Il y a quelques années, on a répandu à l'arrière de la pro-

Rendu informatique de la future maison des Gates,
vue du lac Washington.

priété du compost provenant d'une exploitation forestière. Dans plusieurs dizaines d'années, le sapin de Douglas dominera le site, à l'image des arbres centenaires qui se dressaient à cet endroit, au début du siècle, avant le déboisement.

Vous vous garez sur le terre-plein en demi-cercle devant la porte d'entrée, mais vous ne voyez pas grand-chose de la maison : on y entre par l'étage supérieur. Vous franchissez le seuil et épinglez immédiatement un badge électronique sur vos vêtements. Il vous relie aux services électroniques de la maison. Ensuite vous descendez directement au niveau du lac, par un ascenseur ou par un escalier, sous un dôme vitré soutenu par des piliers en sapin de Douglas. La maison est remplie de poutres et de supports verticaux apparents. La vue sur le lac est superbe. J'espère que vous serez plus impressionné par le panorama et les poutres en sapin de Douglas que par le badge électronique ! J'ai trouvé ce bois dans une scierie vieille de quatre-vingts ans vouée à la démolition sur les rives de la Columbia. Ce bois, coupé il y a près d'un siècle, provenait d'arbres hauts de plus de cent mètres et de deux à quatre mètres de circonférence. Le sapin de Douglas est l'un des bois les plus solides du monde. Malheureusement, les Douglas plantés depuis peu ont tendance à se fendre si on essaie de les débiter en poutres, parce que le grain n'est pas aussi dense dans un arbre de soixante-dix ans que dans un autre cinq fois centenaire. La presque totalité des vieux Douglas a été abattue à présent, et il faut protéger ceux qui sont encore debout. J'ai eu de la chance de trouver du vieux bois de coupe que l'on pouvait réutiliser.

Les piliers de sapin soutiennent les deux étages d'espace privé devant lesquels vous passez en descendant. Préserver son intimité est important. J'ai envie de me sentir chez moi dans ma maison même si j'ai des invités.

Rendu informatique de la future maison des Gates, montrant l'escalier et la salle à manger de réception.

En bas de l'escalier, la salle de projection à droite ; à gauche, du côté sud, la salle de réception. Entrez dans la salle de réception : à votre droite une série de portes vitrées coulissantes qui s'ouvrent sur une terrasse dominant le lac. Encastrés dans le mur est, vingt-quatre écrans de contrôle, chacun de 101 $cm^2$, disposés en un rectangle de quatre mètres sur six. Sur l'immense écran qu'ils forment ainsi, on pourra projeter des images d'œuvres d'art, des films ou des documents professionnels. J'avais espéré qu'au repos ces écrans pourraient se confondre littéralement avec les lambris en affichant le même grain. Hélas ! la technologie actuelle ne propose pas de solution convaincante. En effet, un écran émet de la lumière ; le bois véritable la reflète. J'ai donc été obligé de faire disparaître les écrans derrière des panneaux de bois.

Grâce à votre badge électronique, la maison sait qui vous êtes et où vous vous trouvez. Elle se sert de cette information pour essayer de satisfaire, voire d'anticiper vos désirs – le plus discrètement possible. Un jour on pourra peut-être remplacer le badge par un système vidéo doté de capacités de reconnaissance visuelle, mais pour l'instant c'est impossible. Dans l'obscurité, grâce au badge, vous êtes enveloppé d'un halo de lumière qui accompagne tous vos déplacements dans la maison. Les pièces vides restent dans le noir. Dans un couloir, la luminosité s'amplifie à mesure que vous avancez et diminue progressivement après votre passage. La musique également se déplace avec vous. Vous avez l'impression que tous les occupants de la maison l'entendent ? Faux ! Ils écoutent celle de leur choix... ou pas de musique du tout. Vous pouvez également vous déplacer avec un film ou le bulletin d'information. Une communication téléphonique pour vous ? Seul l'appareil le plus proche sonne.

La technologie... oui, mais facile à utiliser et pas encombrante. Vous disposerez de télécommandes pour contrôler l'environnement immédiat et le système de loisir de la maison. Elles viendront compléter les capacités du badge. Elles permettront à la maison de vous identifier et de vous localiser... mais, vous serez libre de leur donner des instructions. Par exemple : faire apparaître les écrans dans une pièce et les programmer. Quel choix ! Des milliers de tableaux, d'enregistrements, de films, d'émissions de télévision !

Dans toutes les pièces, une console. Vous pianotez dessus comme sur un clavier. Elle est présente, mais discrète. Et pas question qu'on ne voie qu'elle en entrant dans une pièce ! Vous la repérez grâce à une caractéristique facile à identifier qui vous éclaire sur sa fonction au premier coup d'œil. Le téléphone a déjà effectué cette transition. Il n'attire pas particulièrement l'attention et la plupart d'entre nous n'hésitent pas à poser un appareil banal sur une table basse.

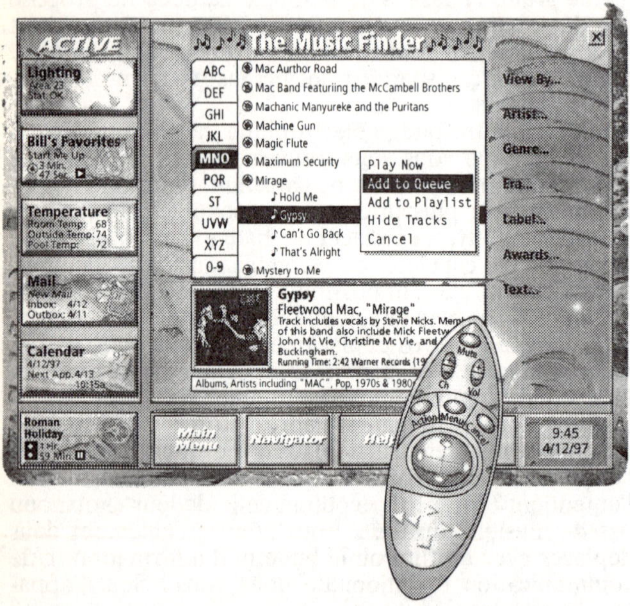


Prototype d'une console.

Un système informatisé doit être simple à utiliser. Tellement simple qu'on s'en sert sans y penser. Mais faire simple n'est pas facile ! La manipulation des ordinateurs se simplifie chaque année. Et dans ma maison, grâce aux expérimentations, la technologie sera un jeu d'enfant. Vous voulez écouter de la musique ? Pas la peine d'être trop précis pour obtenir satisfaction. Par exemple, inutile de donner le titre d'une chanson pour l'entendre. Demandez à la maison de jouer les derniers tubes à la mode, le répertoire d'un artiste donné, les chansons interprétées à Woodstock, de la musique composée à Vienne au XVIII^e siècle, ou des chansons dont le titre contient le mot « jaune ». Ou demandez des chansons que vous aurez classées sous un qualificatif donné, ou d'autres qui n'auront encore jamais été diffusées. Je pourrai programmer de la musique classique en fond sonore pour méditer ou un air plus moderne et plus dynamique quand je fais ma gym. Vous voulez regarder le film qui a remporté l'Oscar du meilleur film en 1957 ? Demandez-le dans ces termes, et vous obtiendrez *Le Pont de la rivière Kwaï*. Mais vous parviendrez au même résultat en demandant la filmographie d'Alec Guinness ou de William Holden ou encore des films sur des camps de prisonniers.

Vous partez bientôt pour Hong Kong ? Demandez à l'écran dans votre chambre de vous projeter des vues de la ville. N'ayez crainte ! Tous les occupants de la maison ne vont pas se retrouver pour autant à Hong Kong. Les images se matérialisent seulement sur les murs des pièces où vous entrez et disparaissent avec vous. Je pénètre dans la pièce où vous êtes installé. Nous n'avons pas les mêmes goûts. Comment va réagir la maison ? Selon des règles préétablies. Par exemple, elle pourra poursuivre le programme audiovisuel choisi par vous ou encore changer de programme pour que cela nous convienne à tous les deux.

Une maison à l'écoute des moindres besoins de ses habitants mêle deux traditions. La première : le service omniprésent, mais discret. La seconde : un objet nous donne droit à un traitement particulier. Vous êtes déjà habitué à l'idée qu'un objet puisse vous authentifier. Il vous donne l'autorisation d'ouvrir une porte fermée à clé, de monter dans un avion, ou d'utiliser une carte de crédit pour faire un achat. Les clés, les passes électroniques, les permis de conduire, les passeports, les badges, les cartes de crédit et les tickets sont tous des formes d'authentification. Si je vous confie la clé de ma voiture, ma voiture vous autorisera à monter dedans, à démarrer et à partir avec. La voiture vous « fait confiance » parce que vous avez ses clés. Si je donne à un employé de parking la clé de contact mais pas celle du coffre, la voiture l'autorisera à la conduire mais pas à ouvrir son coffre. Chez moi, ce sera pareil. Selon les clés électroniques que vous aurez, ma maison mettra certains équipements à votre disposition.

Tout cela n'a rien de bien révolutionnaire. Il paraît

qu'avant dix ans nous serons entourés de robots qui nous aideront à effectuer diverses tâches ménagères. À mon avis, il faudra plutôt attendre plusieurs décennies avant que les robots ne soient vraiment pratiques. En revanche, les jouets intelligents sont des robots qu'on verra bientôt partout. Les enfants pourront les programmer pour qu'ils réagissent à diverses situations, voire les faire parler avec la voix de leurs personnages préférés. Mais cette programmation sera limitée. Ces jouets auront une vision limitée, connaîtront la distance qui les sépare du mur dans chaque direction, l'heure, les conditions de luminosité, et accepteront des entrées vocales limitées. J'aurais bien aimé avoir une petite voiture à laquelle j'aurais pu parler et que j'aurais pu programmer. Les robots trouveront aussi des applications dans l'armée. Mais cela m'étonnerait que bientôt des robots intelligents nous aident dans nos travaux ménagers ! Il faut une sacrée dose d'intelligence visuelle et de dextérité pour préparer un repas ou changer des couches ! Nettoyer une piscine, tondre la pelouse, passer l'aspirateur sont des tâches à la portée d'un système relativement peu intelligent. Mais concevoir une machine capable de s'adapter aux imprévus est une autre affaire !

Les systèmes présents dans ma maison sont censés me faciliter la vie. Y parviendront-ils ? Je ne le saurai que le jour où j'emménagerai. J'expérimente et j'apprends sans cesse. Le pavillon des invités, terminé avant la maison, a servi de laboratoire d'essai. Par exemple, le logiciel du pavillon fixe la température ambiante en fonction de celui qui l'occupe et de l'heure de la journée. Le pavillon sait créer une douce chaleur par une matinée froide avant que l'invité ne sorte de son lit. À la nuit tombée, les lumières du pavillon se tamisent quand un poste de télévision y est allumé. Si un invité reste dans le pavillon pendant la journée, il bénéficiera à l'intérieur d'une luminosité équivalant à celle de l'extérieur. Bien entendu, on pourra toujours modifier les règles établies.

Songez un peu aux économies d'énergie possibles avec ce type d'automatisation ! Au lieu de déplacer un releveur des compteurs tous les deux mois, ce qui coûte cher, on pourra bientôt être relié informatiquement à la compagnie d'électricité qui surveillera la consommation d'énergie et la modulera selon les heures de la journée. Ce système est actuellement à l'étude. Il peut faire économiser beaucoup d'argent et contribuer à protéger l'environnement en réduisant les risques de surcharge en périodes de pointe.

Toutes nos expériences dans le pavillon n'ont pas été une réussite. Les haut-parleurs qui descendaient du plafond à volonté, par exemple. Il fallait que les enceintes soient suspendues à distance des murs, pour optimiser le confort acoustique. Mais on se serait tellement cru dans un film de James Bond qu'on a choisi de les dissimuler dans la maison.

Il vaut mieux que la maison ne se trompe pas trop souvent en essayant de satisfaire vos désirs ! Cela me rappelle une soirée à laquelle j'étais invité. La maison était équipée d'un système de contrôle informatisé. Les lumières étaient programmées pour s'éteindre à dix heures et demie, heure à laquelle le propriétaire allait généralement se coucher. Bien évidemment, à l'heure dite, la soirée battait encore son plein... mais les lumières se sont éteintes. Notre hôte a dû s'absenter pendant un bon moment pour remettre le système en route. Des immeubles de bureaux sont équipés de détecteurs de mouvement pour contrôler l'éclairage. Si aucune activité majeure n'a été enregistrée pendant quelques minutes d'affilée... c'est le black-out. Du coup, ceux qui passent leur temps assis presque immobiles à leur bureau ont appris à lever périodiquement un bras.

Allumer et éteindre soi-même les lumières n'a rien de très difficile. Les interrupteurs sont extrêmement fiables et très simples à utiliser. C'est donc risqué de les remplacer par des systèmes informatisés. Le bénéfice pratique peut être anéanti par la moindre défaillance de fiabilité ou de sensibilité. J'espère que les systèmes de la maison seront capables de fixer automatiquement les lumières aux niveaux souhaités. Mais, au cas où, j'ai équipé chaque pièce d'interrupteurs...

Si vous demandez régulièrement des lumières très crues ou au contraire très tamisées, la maison en conclura que c'est ce que vous désirez la plupart du temps. Elle se rappellera tout ce qu'elle apprendra de vos préférences. Vous avez demandé à voir des tableaux de Matisse ou des photos de Chris Johns du *National Geographic* ? Vous trouverez peut-être d'autres travaux de ces artistes affichés sur les murs des pièces dans lesquelles vous pénétrerez. Vous avez écouté des concertos pour cor de Mozart lors de votre dernière visite ? La maison vous les rejouera peut-être à votre prochain passage. Vous n'aimez pas être dérangé par le téléphone pendant le dîner ? Le téléphone ne sonnera pas si l'appel est pour vous. Vous pourrez également « dire » à la maison ce qu'aime un invité. Paul Allen, qui est un fan de Jimi Hendrix, sera accueilli par un solo déchirant de guitare chaque fois qu'il viendra chez moi.

La maison établira des statistiques sur les usages de tous les systèmes, ce qui nous permettra de les régler.

Quand Internet se sera plus largement développé, on se servira d'instruments analogues pour comptabiliser et conserver la trace de toutes sortes de données. Ces chiffres seront accessibles à tous ceux que cela peut intéresser. Il existe déjà des précurseurs de cette classification. Internet fournit des données sur la circulation... bien pratiques pour éviter les bouchons

Actuellement, une expérience banale mais amusante est en cours. Des étudiants en programmation ont connecté à Internet le voyant d'un distributeur de boissons fraîches signalant que la machine est vide. Du coup, chaque semaine, des centaines de gens du monde entier s'amusent à vérifier s'il reste du 7Up dans le distributeur de l'université Carnegie Mellon.

Internet nous permet déjà de visionner des vidéos en direct de nombreux endroits publics, des résultats de loterie et des cotes pour les paris sportifs, des taux d'emprunt, ou l'état des stocks de certains types de produits. Bientôt nous appellerons des images en direct de divers quartiers de la ville et réclamerons des incrustations précisant les appartements à louer avec leur prix et la date à laquelle ils seront disponibles. Nous obtiendrons des chiffres sur la criminalité, sur les contributions de financement aux campagnes électorales par région, et pratiquement n'importe quelle donnée publique ou potentiellement publique.

Je vais être le premier utilisateur de l'une des applications électroniques les plus inhabituelles dans ma maison : une base de données de plus d'un million d'images fixes – photos et reproductions de tableaux. Si vous venez chez moi, vous pourrez regarder sur tous les écrans de la maison des portraits de présidents, des photos de soleil couchant, d'avions, de ski dans les Andes, un timbre français rare, les Beatles en 1965, ou des reproductions de tableaux de la Renaissance.

Il y a quelques années, j'ai créé Corbis, une petite entreprise destinée à constituer des archives numériques uniques et exhaustives d'images. Corbis est une agence de stockage numérique regroupant une grande diversité de matériaux visuels – on y trouve de l'histoire, des sciences et de la technologie, ainsi que de l'histoire naturelle, les différentes cultures du monde entier et les beaux-arts. Fin 1995, Corbis a étendu son stock d'images en rachetant Bettman Archives, une agence de photos de collection. Corbis convertit ces images en numérique à l'aide de scanners de haute qualité. Ces images sont stockées à haute résolution dans une base de données. On les a répertoriées de manière à faciliter la tâche de l'utilisateur. Ces images numériques seront à la disposition de sociétés, d'éditeurs, d'amateurs. Les droits sont versés aux propriétaires des images. Corbis travaille avec des musées, des bibliothèques, des photographes indépendants, des agences et d'autres archives. Au printemps 1996, Corbis a acquis les droits de diffusion des travaux d'une grande photo : Ansel Adams.

Sur le réseau, la demande pour des images de qualité sera forte. Pour l'instant on ignore si des particuliers seront intéressés par cette possibilité de feuilleter ce livre d'images. Mais, si l'interface est bonne, cela séduira des millions de gens.

J'ai hâte de pouvoir me promener dans cette masse d'informations et de demander des « bateaux à voile », des « volcans » ou des « savants célèbres ».

Certaines de ces images seront des œuvres d'art. N'en concluez pas que je juge les reproductions aussi bonnes que les originaux. Non ! rien ne vaut le contact avec le tableau réel. Mais des bases de données faciles à explorer ne pourront qu'accroître l'intérêt pour l'art graphique et photographique.

Mes voyages d'affaires m'ont donné l'occasion de voir les originaux de grands tableaux. L'œuvre d' « art » la plus intéressante que je possède est un carnet de Léonard de Vinci. J'admire Vinci depuis toujours. Un génie, et tellement en avance sur son temps ! J'ai un de ses carnets de notes et de croquis et non un tableau, mais je sais qu'aucune reproduction ne peut pleinement lui rendre justice.

Comme pour tout, on prend davantage de plaisir à l'art si on y connaît quelque chose. On peut passer des heures au Louvre à admirer des tableaux qui sont au mieux vaguement familiers, mais c'est bien plus intéressant si l'on est accompagné d'une personne capable de les commenter ! Le document multimédia peut jouer ce rôle, chez vous ou dans un musée. Il vous fera entendre une partie de la conférence d'un spécialiste. Il vous renverra à d'autres œuvres du même artiste ou de la même période. Il vous permettra même d'agrandir l'image pour observer le tableau de plus près. Si les reproductions multimédias rendent l'art plus accessible, on aura forcément envie d'aller voir les originaux. L'avènement du multimédia va favoriser l'amour de l'art. Nous serons bientôt de plus en plus nombreux à fréquenter les musées et les galeries.

Dans dix ans vous aurez ces supports de loisir chez vous, et ils seront certainement plus impressionnants que ceux que j'aurai chez moi quand j'emménagerai. J'aurai simplement eu un peu d'avance sur vous ! J'aime les expériences. Je sais que certains de mes concepts pour la maison marcheront mieux que d'autres. Peut-être vais-je décider de dissimuler les moniteurs derrière des peintures murales traditionnelles. De jeter les badges électroniques au panier. Ou peut-être vais-je m'habituer, voire m'attacher, aux systèmes de la maison et me demander comment j'ai fait jusque-là pour m'en passer. C'est bien ce que j'espère.

# 11

# LA RUÉE VERS L'OR

En 1994 et pendant la plus grande partie de l'année 1995, l'engouement pour les autoroutes de l'information s'est déchaîné. Presque chaque jour, une entreprise ou un consortium réclamait sa place dans la course. Les fausses rumeurs sur des fusions d'entreprises et autres investissements mirifiques se répandaient comme des traînées de poudre, créant une véritable atmosphère de ruée vers l'or. Particuliers et entreprises se précipitaient tête baissée pour revendiquer la paternité de technologies et de contenus. Les investisseurs paraissaient incapables de résister au charme des offres de prise de participations. La couverture médiatique était sans précédent... surtout si on sait que ni la technologie ni la demande n'avaient fait leurs preuves. Cette agitation n'avait rien à voir avec celle des premiers jours de l'industrie du PC, bien terne en comparaison. La frénésie grisait chacun.

La plupart des annonces d'investissements et de fusions semblaient liées au désir de certaines entreprises d'en devancer d'autres, et non à une analyse économique solide. Rétrospectivement, il apparaît clairement que l'or se trouvait à une profondeur bien plus grande et dans des endroits différents de ceux que nos apprentis prospecteurs pressentaient. La plupart des compagnies de téléphone et des câblo-opérateurs se focalisaient sur la vidéo à la demande. Quelques-unes s'intéressaient aux vidéo-téléphones. Elles ne prévoyaient pas le rôle qu'allait jouer l'ordinateur personnel.

Quelles applications interactives allaient plaire aux utilisateurs ? Difficile à prévoir. Impossible d'effectuer des prévisions sérieuses. Pour ma part, j'espérais que le réseau à large bande me tiendrait au courant des progrès de la recherche médicale : Quels sont les risques encourus par une personne de mon âge ? Comment les éviter et conserver la forme ? J'avais aussi envie de continuer à me documenter sur mes autres centres d'intérêt. Mais cela ne concernait que moi. Souhaiterez-vous des conseils médicaux ? De nouveaux jeux ? De nouveaux moyens de faire des rencontres ? Faire du téléachat ? Ou simplement voir quelques films de plus ? On nageait dans le brouillard complet.

Face à ces incertitudes, les compagnies du téléphone, les câblo-opérateurs et les éditeurs de logiciels ont testé des dizaines de services à large bande en Amérique du Nord, en Europe et en Asie. Les entreprises étaient prêtes à financer ces tests pour occuper la première place sur la ligne de départ : ainsi décideraient-elles de la conception des logiciels, mais aussi du choix des applications et des services qui séduiraient les utilisateurs. Le but des essais sur le terrain ? Constituer des dossiers solides afin d'obtenir les investissements nécessaires à l'équipement en télévision interactive des quartiers résidentiels. Les perspectives commerciales étaient incertaines et l'adoption d'une mauvaise décision pourrait provoquer un énorme gaspillage d'argent... Pourtant, un nombre surprenant d'entreprises s'engagèrent à fond. Plus prudentes, d'autres travaillaient dans l'ombre.

Puis Internet a atteint sa masse critique. Et vous en avez tous entendu parler.

Du jour au lendemain, finie la ruée vers l'or de la télévision interactive. Commençait celle de l'Internet. La télévision interactive était ringarde, les réseaux interactifs branchés.

Certaines entreprises ont eu du flair : elles ont compris que ceux d'entre vous qui s'intéressaient aux services interactifs investiraient d'abord dans des micro-ordinateurs. Les nouveaux modèles de télévision et autres machines seraient pour plus tard. Le changement s'est déroulé à une vitesse stupéfiante. Il m'a pris au dépourvu. Et il m'a enthousiasmé. Il s'harmonisait bien avec la conception originelle de Microsoft : « Un ordinateur sur chaque bureau et dans chaque foyer », avec notre vision de « l'information au bout des doigts ».

Dans la course aux autoroutes de l'information, les entreprises spécialisées dans la communication, l'informatique, les logiciels et les contenus ont opéré des changements de stratégie brutaux. Elles ont abandonné hâtivement de nombreux plans tandis que le succès grandissant du World Wide Web démontrait que vous étiez prêts à payer pour recevoir toutes sortes de contenus interactifs... même s'ils transitaient par des réseaux à bande étroite d'une lenteur exaspérante. La plupart des essais de liaisons à large bande ont été annulés : ils passaient au second plan maintenant que des millions de personnes passaient des heures à consulter le Web.

Le marché jeune et dynamique des connexions interactives démontrait que les futures applications tueuses pourraient évoluer parallèlement à l'augmentation de la largeur de bande pour les liaisons à domicile. Conséquences ? Des centaines de nouvelles sociétés se sont mises à fournir des services pour Internet. Des milliers de nouveaux sites d'entreprises sont apparus chaque semaine sur le Web. Les éditeurs de logiciel et les fabricants de matériel ont commencé à créer des produits pour le réseau.

Les professionnels avaient supposé que vous plébisciteriez d'abord la vidéo à la demande, puis le téléachat. Ensuite viendraient des services encore mal définis, les « services d'information interactifs ». Internet a chamboulé toutes ces idées. Comme le Net ne pouvait pas facilement gérer les échanges d'argent ni en garantir la sécurité, le commerce électronique a pris du retard. La plupart des informations, elles, étaient gratuites... et les « services d'information interactifs » sont devenus la principale catégorie d'applications. Bons derniers, ils sont devenus premiers. Avec l'amélioration des logiciels, les possibilités de transactions commerciales vont augmenter... Le commerce va donc devenir une activité importante d'Internet. Et pour finir, quand de véritables réseaux à large bande atteindront chaque foyer, se mettront en place les applications de divertissement pour une télévision interactive.

Le rêve de la ruée vers l'or emprisonne : chacun croit qu'il va s'enrichir rapidement en investissant dans un gros coup, et néglige les investissements plus subtils ou à long terme. Pour la plupart, la fièvre de l'or aboutit presque toujours à une catastrophe financière – même si certains gagnent beaucoup d'argent et que l'économie en bénéficie dans son ensemble.

Peu de fortunes solides se sont édifiées sur des mines d'or, il y a 150 ans : il n'y avait pas assez d'or en circulation et l'inflation massive rendait la vie particulièrement dure aux prospecteurs qui ne réussissaient pas à se faire payer rapidement. Un œuf à la coque, par exemple, coûtait 75 cents : plusieurs fois ce qu'il valait en 1849, avant la ruée. La majorité de ceux qui se sont enrichis n'étaient pas des mineurs, et la plupart des réussites ne se sont pas produites du jour au lendemain. Un immigré allemand nommé Lévi-Strauss a ouvert un commerce de tissus à San Francisco trois ans après le début de la ruée. Vingt ans plus tard, en 1872, un tailleur du Nevada lui a offert de cofinancer un brevet de fabrication de jeans à rivets. Depuis, plus d'un milliard de jeans Levi's ont été vendus – une vraie marée d'or bleu.

En Californie, la ruée vers l'or a eu au moins deux conséquences durables : elle a accéléré le développement de l'Ouest américain ; ses pionniers, optimistes et déterminés, ont modelé l'esprit américain. En 1848, ils étaient 400 colons en Californie. Des fermiers pour la plupart. Moins d'un an plus tard, ils étaient 25 000. Dix ans après, les industries manufacturières occupaient une part bien plus importante que la ruée vers l'or dans l'économie de la région. Et le revenu par tête d'habitant était le plus élevé du pays.

La frénésie actuelle n'est pas inutile : elle stimule l'économie. Les entreprises tentent quantité d'expériences, générant ainsi un niveau d'investissement anormalement élevé. Chaque limite importante d'Internet – de sa sécurité douteuse à son contenu chaotique – poussent des dizaines d'entreprises nouvelles à résoudre le problème. Des sommes colossales seront perdues en route. Les créneaux lucratifs aujourd'hui s'effondreront peut-être demain s'ils attirent trop de concurrents et si la marge bénéficiaire devient trop faible. Ou ils seront tout simplement démodés. Les évaluations boursières des entreprises travaillant pour le Net sont remarquablement optimistes. Le chiffre d'affaires total d'Internet est petit, le profit nul. Mais tous – particuliers et entreprises – s'y accrochent parce qu'ils ont la foi. Ou la fièvre.

Internet pousse certains à promettre la lune. Un jour, à la radio, j'ai entendu une publicité qui disait en substance : « Vous aussi, gagnez une fortune avec Internet. Inutile de savoir vous servir d'un ordinateur ! Inscrivez-vous à notre stage de formation et nous vous apprendrons notre secret ! » Les communiqués de presse contiennent des affirmations plus sophistiquées... mais tout aussi invraisemblables.

L'absence d'esprit critique à l'égard d'Internet m'étonne. Si, en 1994, une société avait annoncé qu'elle allait lancer sur le marché un logiciel mille fois supérieur à tous ceux existants, elle aurait fait ricaner la plupart d'entre vous – avec raison. Deux ans plus tard, il suffit d'ajouter deux mots, « Pour Internet », pour que n'importe quelle proposition abracadabrante trouve un accueil favorable : « Un logiciel dix fois plus performant pour Internet ? Génial ! »

Méfions-nous de la publicité mensongère ! Aujourd'hui, la rentabilité d'un investissement n'est pas plus garantie que dans les débuts de l'industrie des PC, quand des dizaines de sociétés différentes offraient des machines. Si, à l'époque, vous avez investi vos économies dans Compaq, vous êtes aujourd'hui un homme riche. Mais si vous avez misé sur Mindset, Gavelin ou Eagle Computer – entreprises alors talentueuses et ambitieuses –, vous avez tiré le mauvais cheval. Ces sociétés paraissaient être de bons investissements, mais la concurrence était trop dure, elles n'y ont pas survécu. Comme c'est souvent le cas, les meilleurs investissements ont été réalisé dans des entreprises qui poursuivaient des objectifs moins évidents : Intel fournissait des microprocesseurs, Microsoft vendait des logiciels et Hewlett-Packard fabriquait des imprimantes. Les fabricants d'autres composants des PC – comme les puces à mémoire – ont également rapporté de l'argent aux investisseurs, moins régulièrement cependant, à cause de l'extrême volatilité du marché des composants. Quantité d'entreprises ont des résultats faibles malgré de grandes espérances, des capitaux et du talent. L'histoire se répétera. Quand la frénésie d'Internet s'apaisera, et cela finira bien par arriver, nous serons impressionnés par le succès remportés par certains ; et ahuris devant le naufrage de certains autres. Nous nous demanderons « Qui a financé ces entreprises ? Quelle idée folle leur est donc passée par la tête ? »

J'ai une opinion réservée sur la plupart des investissements, mais je crois aux réseaux interactifs. Et ce que nous faisons à Microsoft reflète ma conviction profonde : Internet va croître jusqu'à ce que la quasi-totalité des citoyens du monde développé et une fraction importante de ceux des pays en voie de développement l'utilisent. Dans de très nombreuses branches, les entreprises qui ignorent le réseau aujourd'hui seront menacées demain.

Les câblo-opérateurs et les compagnies du téléphone vont suivre quatre voies parallèles. Premièrement : chercher à conquérir le marché de son voisin – les câblo-opérateurs offriront des services téléphoniques et les compagnies du téléphone diffuseront des images vidéo. Deuxièmement : fournir des connexions à bande moyenne pour Internet, en utilisant le RNIS, l'ADSL ou les modems pour câble. Troisièmement : se convertir au numérique afin de fournir davantage de chaînes de télévision et des signaux de qualité supérieure. Quatrièmement : essayer des systèmes à large bande reliés à des téléviseurs et des PC. Quatre stratégies pour motiver l'investissement dans les réseaux numériques et encourager la concurrence entre les compagnies du téléphone et les câblo-opérateurs. Objectif : être le premier fournisseur de réseau à large bande dans un quartier.

Jusqu'en 1996 aucun réseau interactif à large bande n'avait le droit de fournir à la fois des services de téléphone et de vidéo. Les compagnies téléphoniques ne pouvaient transmettre de vidéo et les câblo-opérateurs ne pouvaient proposer de services téléphoniques sans se soumettre à des contrôles tâtillons. Durant l'été 1995, le Congrès a engagé un débat sur la déréglementation des télécommunications américaines. Début 1996, a été adoptée la loi sur la réforme des télécommunications. Les compagnies du téléphone, les câblo-opérateurs et les autres entreprises intéressées peuvent désormais entrer en concurrence les uns avec les autres et construire les réseaux à bande moyenne, puis à large bande.

Immédiatement après la déréglementation, nous avons assisté à de nombreuses manœuvres parmi les compagnies du téléphone, les câblo-opérateurs et les entreprises de divertissement – doléances, procès, tentatives d'obstruction et regroupements d'entreprises.

Les compagnies du téléphone locales se trouvent dans une position défensive : de plus en plus, elles devront affronter la concurrence des compagnies du téléphone et des câblo-opérateurs. La déréglementation a déclenché ce processus quelques années avant que le coût des appels téléphoniques longue distance ne baisse par suite de la concurrence avec Internet.

En 1997, les sociétés de communication installeront des connexions à large bande dans les moyennes et grandes entreprises, et des connexions à bande moyenne dans les foyers et les petites entreprises. L'équipement RNIS pour les PC familiaux fournira aux compagnies du téléphone de nouveaux revenus. Ce qui fera baisser les prix et aboutira à la formation d'un marché de masse. L'ADSL deviendra également un facteur important, et remplacera parfois le RNIS. Avec l'ADSL, les compagnies du téléphone offriront des connexions pour le téléphone, le vidéophone et Internet. Mais l'ADSL ne convient pas à une vidéo de haute qualité : il n'offre pas une largeur de bande suffisante pour fournir des programmes différents aux différents téléviseurs d'une même maison – et dans certains endroits il n'offrirait même pas une largeur de bande suffisante pour fournir un signal de haute qualité à un seul téléviseur.

Les compagnies du téléphone sont financièrement beaucoup plus solides. Le système téléphonique américain est le plus grand réseau commuté du monde fournissant des connexions point à point. Avec des revenus annuels avoisinant les 100 milliards de dollars, il est plus rentable que l'industrie américaine du câble au chiffre d'affaires de 20 milliards de dollars. Les RBOC (Regional Bell Operating Companies) vont entrer en concurrence avec leur ancien associé, AT&T, pour fournir des services longue distance, de la téléphonie cellulaire, des nouveautés. Mais, comme tous leurs homologues mondiaux, les RBOC, venant à peine de se libérer de leur statut de services lourdement réglementés, commencent à se frotter à la concurrence.

Plus récents et plus petits que les compagnies du téléphone, les câblo-opérateurs ont tendance à être plus audacieux. Les réseaux de télévision par câble fournissent une vidéo à large bande à sens unique par le biais d'un réseau de câble coaxial et parfois de fibre optique. Bien que le taux de pénétration mondial demeure faible avec 189 millions d'abonnés, les réseaux câblés passent non loin de 95 p. 100 de tous les foyers américains et pénètrent dans 68 millions d'entre eux. Encore quelques années pour que la connexion à bande moyenne à Internet atteigne, au niveau mondial, un nombre d'abonnés intéressant.

Le développement du réseau interactif variera selon les communautés et les pays. Quand je me rends à l'étranger, la presse me demande souvent le nombre d'années de retard qu'a son pays sur les États-Unis. Question difficile. Les États-Unis présentent plusieurs avantages : la taille du marché, l'équipement des foyers en micro-ordinateurs, la concurrence entre les compagnies du téléphone et les câblo-opérateurs. Les entreprises américaines sont leaders dans presque toutes les technologies qui contribueront à la construction du réseau : microprocesseurs, logiciels, production de divertissement, micro-ordinateurs, boîtiers, équipements de commutation des réseaux. Seules exceptions importantes : la technologie de l'affichage et les puces de mémoire.

Au Japon, où l'intérêt porté aux systèmes de communications à haute technologie est plus élevé que partout ailleurs, il est difficile de prédire le destin du réseau interactif. L'usage de micro-ordinateurs y est beaucoup moins répandu que dans les autres pays développés. Cela tient en partie à la difficulté d'intégrer des caractères kanji sur un clavier, mais aussi au vaste marché des machines à traitement de texte.

Le Japon arrive en deuxième position derrière les États-Unis pour le nombre d'entreprises investissant dans le développement à la fois des éléments du réseau et de son contenu. De nombreuses grosses entreprises japonaises ont une excellente technologie et une habitude bien ancrée d'investir à long terme. Sony possède Sony Music et Sony Pictures, lequel regroupe Columbia Records et Columbia Studios. Toshiba a fait un gros investissement dans Time Warner.

Au Japon, l'industrie du câble était encore surréglementée il y a peu. Mais cela évolue à un rythme impressionnant. La compagnie du téléphone NTT possède la plus grande valeur estimée de toutes les entreprises publiques du monde. Elle jouera un rôle de premier plan dans le réseau interactif.

Des pays comme les États-Unis et le Canada, où un grand nombre de foyers sont câblés, ont un sérieux avantage. La concurrence entre les compagnies du câble et du téléphone précipitera le rythme de l'investissement dans l'infrastructure du réseau. La Grande-Bretagne a une avance encore plus grande, parce qu'elle utilise déjà un réseau unique pour fournir des services de télévision et de câble. Les câblo-opérateurs y ont été autorisés à proposer des services téléphoniques dès 1990. Des entreprises étrangères, principalement américaines, ont beaucoup investi dans l'infrastructure en fibre au Royaume-Uni. Aujourd'hui, les consommateurs britanniques peuvent choisir de s'adresser à leur entreprise de télévision câblée pour des services téléphoniques. Une concurrence qui a obligé British Telecom à améliorer et ses tarifs et ses services !

En France, le service en ligne pionnier, le Minitel, a créé une communauté de producteurs d'information et familiarisé les utilisateurs avec les systèmes en ligne. Les terminaux Minitel et la largeur de bande sont limités, mais le succès du système a encouragé les innovations et permis de tirer des leçons.

En Allemagne, Deutsche Telekom a opéré une baisse spectaculaire des tarifs du RNIS. Une mesure intelligente : le nombre d'usagers se connectant avec des micro-ordinateurs a grimpé en flèche. Cela va encourager le développement d'applications qui contribueront à accélérer l'arrivée de systèmes à large bande.

Dans les pays nordiques, la pénétration du PC dans le milieu des affaires est plus importante qu'aux États-Unis. Ces pays sont conscients que leur main-d'œuvre hautement qualifiée bénéficiera de connexions rapides avec le reste du monde.

En 1996, au cours d'une visite en Suède, j'ai été impressionné par le développement offensif du réseau à fibre optique loué aux entreprises privées, y compris aux câblo-opérateurs. Plus impressionnante encore : la ferveur avec laquelle Stockholm concevait des applications interactives, y compris la création d'un marché électronique pour les services. Le maire, Mats Hulth, a lancé un défi aux autres grandes villes d'Europe pour déterminer quelle est celle qui réussira à tirer le meilleur profit de l'informatique. En été 1996, 23 villes participaient au « Défi de Bangemann » : elles ont mis au point 99 projets dans des domaines comme la télécommutation, l'enseignement à distance, les réseaux universitaires, le contrôle de la circulation routière et la santé. Les villes concernées : Amsterdam, Anvers, Barcelone, Berlin, Bologne, Bradford, Brême, Bruxelles, Budapest, Edimbourg, Eindhoven, Göteborg, La Haye, Hanovre, Helsinki, Londres-Lewisham, Lyon, Manchester, Modène, Paris, Rotterdam, Stockholm et Utrecht.

L'Europe de l'Est participe à la révolution des communications. Des équipements de télécommunication modernes ont été installés dans l'ex-Allemagne de l'Est. Lors de mes visites en Pologne, en République tchèque, en Hongrie, j'encourage les membres du gouvernement et les compagnies téléphoniques à adopter une politique d'investissement dans les télécommunications. Mes auditeurs sont très réceptifs : ils comprennent parfaitement que la communication planétaire aidera leur pays.

L'Australie et la Nouvelle-Zélande s'intéressent également au réseau interactif, en partie en raison de leur isolement géographique. L'Australie a mis fin au monopole de ses PTT et introduit la concurrence. Conséquences : s'élaborent des plans audacieux pour la construction rapide d'une infrastructure fondée sur la fibre optique et le câble. La Nouvelle-Zélande a le marché des télécommunications le plus ouvert du monde – sa nouvelle compagnie de téléphone a été récemment privatisée.

La Nouvelle-Zélande a procédé à la déréglementation de l'industrie informatique et des télécommunications. Dans les années 1980, elle a réduit ses taxes élevées sur l'importation d'ordinateurs et a privatisé sa compagnie du téléphone. Elle a ainsi encouragé la concurrence et les investissements étrangers. Les compagnies du téléphone américaines qui possèdent les Télécoms néo-zélandaises y testent leurs équipements et leurs services.

D'autres pays ont leurs points forts. À Singapour, la densité de la population et la volonté politique de favoriser l'infrastructure vont à coup sûr faire de cette nation un leader. Dans ce pays, il suffit que le gouvernement décide que quelque chose doit exister pour que cela prenne corps. L'infrastructure du réseau interactif est déjà en construction. Bientôt, tous les promoteurs seront contraints d'équiper les nouveaux logements d'un câble à large bande, comme ils sont tenus par la loi d'installer des canalisations pour l'eau, le gaz, l'électricité et le téléphone. J'ai eu l'occasion de rencontrer Lee Kuan Yew. Cet homme de soixante-douze ans a dirigé Singapour de 1959 à 1990. Il m'a impressionné : il est parfaitement conscient de l'enjeu et convaincu qu'il faut en faire une priorité. Selon lui, il est impératif que son petit pays continue à être la plaque tournante asiatique pour les emplois à forte valeur ajoutée. Je lui ai posé une question directe : se rendait-il compte que le gouvernement de Singapour allait devoir renoncer à l'étroit contrôle qu'il exerce aujourd'hui sur l'information afin de garantir des valeurs partagées qui ont tendance à tenir les problèmes de société en échec ? Voici sa réponse : Singapour était conscient que la censure, qui sacrifie un peu de liberté à l'occidentale pour maintenir un fort sentiment communautaire, ne suffira plus.

Le gouvernement de Hong-Kong fournit l'infrastructure, les capitaux de départ, des loyers modestes aux entreprises qui innovent dans l'électronique, les télécommunications et le multimédia. Le gouvernement semble déterminé à construire un réseau à large bande reliant toute la ville. Et, dans une certaine mesure, il encourage la concurrence : les Télécoms de Hong-Kong feront bientôt face à la concurrence d'entreprises privées. Le but ? Développer les services et les contenus, entre autres les services d'avant-garde comme l'informatique multimédia interactive qui lie étroitement les industries du film et du jouet. Mais que se passera-t-il en juillet 1997, quand l'île passera sous le contrôle chinois ?

En Chine, le gouvernement a adopté une position amour-haine envers les nouvelles technologies de la communication et la liberté qu'elles permettent. À l'occasion d'une conférence de presse, Wu Jichuan, ministres des Postes et Télécommunications, a déclaré : « Nous raccorder à Internet ne signifie pas pour nous une totale liberté d'information. C'est bien compris de tous. Quand on traverse une frontière, on doit montrer son passeport. C'est pareil avec la gestion de l'information. » Une solution que choisira peut-être la Chine : développer un intranet national, isolé de la communication mondiale.

La rapidité d'équipement des foyers d'un pays correspond en grande partie au revenu intérieur brut par habitant. Cependant, le raccordement des entreprises et des écoles – y compris dans les pays les plus pauvres – réduira le fossé économique et technologique qui sépare les différents États. La Jamaïque et la République dominicaine sont déjà connectées aux États-Unis et au Canada grâce à la fibre optique ; leurs services, à bas prix, peuvent être en ligne. Le Costa Rica fournit des services d'entrée en ligne et abrite plusieurs multinationales importantes. Bangalore en Inde, Shangai et Canton en Chine connecteront le réseau aux universités et aux entreprises qui offriront au marché mondial les services de leur main-d'œuvre hautement qualifiée.

Dans le monde entier, les satellites vont avoir leur rôle à jouer : de nombreux services seront liés à Internet via le réseau sans fil. Ils offrent un bon signal vidéo, mais la largeur de bande est insuffisante pour maintenir un canal vidéo à flux constant. En outre, le canal en retour, permettant une véritable interaction, est mauvais.

Teledesic est une entreprise dans laquelle mon ami Craig McCaw, le pionnier du téléphone cellulaire, et moi-même avons investi. Son objectif : surmonter les limites de la technologie du satellite en utilisant un grand nombre de satellites en orbite basse. Projet ambitieux ! Il implique près de 1 000 satellites gravitant cinquante fois plus près de la Terre que les satellites géostationnaires traditionnels. Cela signifie que ces satellites ont besoin de 2 500 fois moins de puissance et offrent davantage de canaux à double sens. Conséquences : résolution du problème du canal en retour ; élimination de l'important retard de transmission des satellites. Sur des longues distances, ces satellites en orbite basse peuvent fournir des vitesses de transmission comparables à celles du câble. Teledesic pourra-t-elle relever les défis d'ordre réglementaire, technique et financier qui se présentent ? Nous ne le saurons pas avant plusieurs années. Mais l'idée est excitante. Et audacieuse : l'entreprise ne peut pas revenir en arrière et réduire le nombre de ses satellites. Contrairement aux satellites géosynchrones, les satellites de Teledesic se déplaceront en fonction de la surface de la Terre. Si l'on voulait fournir des services continus même à une seule aire géographique, il faudrait que d'innombrables satellites soient placés en orbite afin qu'au moins un appareil passe tout le temps au-dessus de cette région. Avec un nombre suffisant de satellites dans le ciel, le système Teledesic pourrait transmettre des communications sur toute la planète – et offrir partout des services interactifs à large bande, de même qualité et en même quantité.

Teledesic découvrira peut-être qu'elle réalise ses bénéfices les plus importants en desservant les zones rurales des pays en voie de développement. Le chiffre d'affaires réalisé dans les pays les moins développés, ou à partir des satellites qui passent au-dessus des océans, est faible. Teledesic, ou une autre entreprise déployant des satellites sur orbite basse, pourrait laisser les gouvernements des pays en voie de développement utiliser la largeur de bande comme ils le souhaitent, et ce à des prix fixes. Le service en mer pourrait également être vendu bon marché, puisque la demande est faible par rapport à la largeur de bande offerte. Une fois le système complètement installé, sa capacité de communication sera aussi importante au-dessus de la Chine centrale ou du Pacifique qu'au-dessus de New York. Les coûts de gestion du système ? Identiques, qu'on l'utilise peu ou intensément. Teledesic rencontre un peu les mêmes problèmes commerciaux qu'une ligne aérienne : le coût du vol d'un avion de ligne ne varie guère, que l'appareil soit vide ou plein. Alors, pourquoi ne pas vendre les sièges inoccupés à des prix défiant toute concurrence ?

Teledesic pourrait transformer l'existence de millions de personnes ! il peut offrir des communications ultramodernes et les contenus éducatifs, commerciaux et récréatifs d'Internet à ceux d'entre vous qui, sinon, ne pourrait avoir accès au réseau. Il nous est facile, à nous, citoyens des pays développés, d'oublier que les deux tiers des habitants de l'humanité n'ont jamais passé un seul coup de téléphone. Lorsque les services téléphoniques sont disponibles, ils sont fournis par des réseaux analogiques, en fil de cuivre, souvent très anciens. Dans l'immédiat, on ne pourra pas les remplacer par des réseaux numériques à large bande : la connexion n'est rentable que pour les marchés les plus développés. De nombreux endroits dans le monde sont reliés par la fibre optique, mais elle est surtout utilisée pour les principales lignes internationales et les commutateurs des compagnies du téléphone. Connecter les foyers et les bureaux avec de la fibre optique coûte cher, même dans des zones densément peuplées. Qui sait si une installation extensive, dans des zones peu peuplées, sera un jour justifiée ?

Pour 1997, la concurrence la plus forte portera sur les logiciels de navigation sur le Web. Les plus connus sont Netscape Navigator – il a obtenu un large succès car il était pionnier pour les fonctions de balayage des données et gratuit – et Microsoft Internet Explorer – toujours gratuit.

La nouvelle catégorie de logiciels de Netscape a occupé la première place. La stratégie de Microsoft pour la rattraper et la dépasser a été d' « englober et d'accroître » les fonctions. Au début des années 1980, Lotus a utilisé la même approche avec Lotus 1-2-3 pour déloger VisiCalc ; puis Microsoft a employé la même stratégie pour détrôner Lotus 1-2-3 avec Microsoft Excel. Chaque nouvelle version de Microsoft Internet Explorer englobe toutes les fonctions de balayage les plus répandues sur Internet, y compris celles développées par Netscape. Puis il les accroît avec de nouveaux dispositifs destinés aux utilisateurs de Windows et de Macintosh. Microsoft appelle ses technologies pour Internet « ActiveX ». Un nom exprimant notre conviction que les sites Web qui ont du succès deviendront « vivants » grâce à l'interactivité – contrairement aux pages statiques et mornes, qui sont ennuyeuses. Bien sûr, Netscape englobe et étend les fonctions de son logiciel à chaque nouvelle version de Navigator. Les extensions deviennent la norme que les autres sociétés englobent à leur tour – tant que les utilisateurs et les éditeurs les trouvent attirants.

Le rôle des éditeurs d'Internet, ou « vaguemestres », est important : ils choisissent les nouvelles extensions qui serviront à créer des sites Web. La version 2.0 de Navigator a introduit un support pour des cadres spéciaux : ces régions indépendantes de l'écran ont des bords rectangulaires et peuvent afficher des pages du Web à l'intérieur de pages du Web. Certains vaguemestres emploient ces cadres sur leurs sites. Microsoft Internet Explorer 2.0 n'avait pas cette capacité, aussi les personnes qui naviguaient sur un site Web bénéficiant de cadres préféraient utiliser Navigator. Netscape caracolait en tête de la course... Provisoirement : Microsoft a riposté en lançant Internet Explorer 3.0. Ce logiciel englobait, entre autres, les protocoles des cadres et les étendait pour offrir des cadres sans bordures, des cadres avec bordures personnalisées et des cadres flottants. Pendant ce temps, Netscape travaillait dur pour réaliser ses propres améliorations.

L'existence de plusieurs logiciels de navigation représente un défi pour les éditeurs de sites Web, de même que l'existence de nombreux systèmes d'exploitation est un défi pour les concepteurs de logiciels : quelles normes doit favoriser un éditeur ? En dehors de la variété des logiciels de navigation et du nombre de leurs versions, les éditeurs doivent tenir compte des limites du matériel : taille de l'écran, importance de la mémoire, capacité audio et capacité graphique. Les budgets limitent la rapidité avec laquelle les éditeurs de sites Web voudront profiter des nouvelles extensions de protocoles. On ne peut continuer à créer vingt nouvelles extensions chaque année. Néanmoins, il faudra inventer encore de nouveaux protocoles : en 1996, les pages du Web ne sont pas assez riches pour répondre aux attentes des éditeurs et des consommateurs.

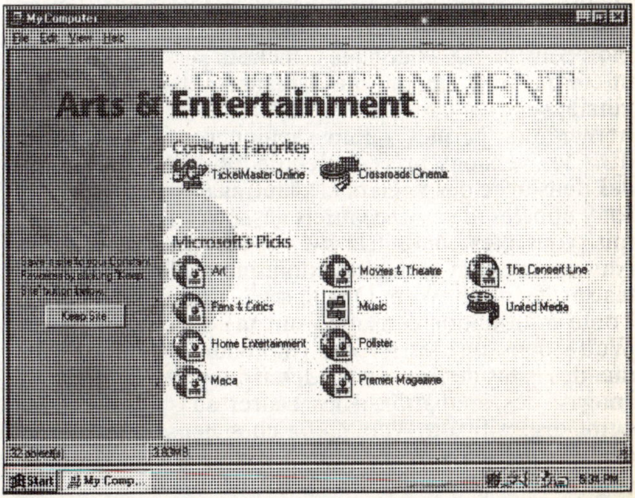


Si vous cliquez une fois sur un dossier affiché dans le Web view de Windovs, cela vous mènera à n'importe quel fichier au dossier.

Les logiciels de navigation deviennent de grands programmes mobilisant tous les éléments d'un micro-ordinateur : soutenant les pages du Web qui utilisent des programmes en Java, des animations de Shockwave, des images en trois dimensions, des fichiers Acrobat, des graphiques compressés, de la vidéo, de l'audio, de nombreuses polices de caractère, etc., ils exigent beaucoup de l'ordinateur, de sa mémoire et de sa puissance de traitement.

La concurrence entre les systèmes d'exploitation sera considérablement influencée par la façon dont chacun d'eux intégrera les fonctions de navigation. La stratégie de Microsoft est d'accéder au Web directement par Windows. La stratégie de Netscape est de rendre Windows et le système d'exploitation du Macintosh d'Apple obsolètes en transformant Navigator en un système d'exploitation muni de toutes les fonctions.

Quel que soit le gagnant, il en résultera un progrès significatif : la combinaison du meilleur du PC avec le meilleur du Web, et la création d'un seul mode de traitement de l'information. Les données, qu'elles soient d'origine locale ou lointaine, seront gérées de la même façon. L'exploration des pages actives par l'intermédiaire de liens hypertextes servira d'interface – que vous consultiez des données stockées sur un CD-ROM, un disque dur ou un site Internet à l'autre bout du monde.

Windows permet qu'un dossier (ou « répertoire » dans les versions précédentes de Windows) contienne des liens avec des fichiers et d'autres dossiers. Ces liens sont appelés des « raccourcis » : si vous cliquez deux fois, vous êtes conduit là où vous le désirez. Ces raccourcis jouent la même fonction que les liens hypertextes sur les pages Web. Quelle sera la prochaine étape ? Toute information consultée sur une page du Web sera placée dans un dossier qui contiendra beaucoup plus que des listes de fichiers : la description des fichiers, des images, des animations, des cadres sans bord et tout autre dispositif du Web. Ces riches liens s'appelleront des « visualiseurs Web ». On les trouvera sur Internet Explorer 4 qui sortira au début de 1997.

Pour faire de Navigator une plate-forme de logiciels, Netscape l'enrichira de nouvelles interfaces gérant la mémoire, les systèmes de fichiers, la sécurité, les graphiques et tout ce dont les applications ont besoin dans un système d'exploitation comme Windows. Netscape désire transformer son logiciel de navigation en une plate-forme logicielle qui supplanterait Windows, le système d'exploitation de Macintosh ou UNIX.

Cette approche globale pour concurrencer un système d'exploitation n'est pas neuve : Lotus voulait que son logiciel Notes devienne une importante plate-forme sur laquelle tourneraient les applications dominantes. Cette perspective a été gravement compromise par le développement d'Internet : il intègre les mêmes fonctions que celles du logiciel de configuration.

La popularité d'Internet va déclencher une autre compétition : il va falloir déterminer les changements nécessaires pour que les PC et les terminaux deviennent moins chers et plus adaptés à la navigation sur le réseau. Certains croient que la véritable confrontation se déroulera entre le PC et une combinaison de serveurs et de terminaux aux fonctions limitées – les serveurs étant plus chers que les micro-ordinateurs, et les terminaux moins puissants et meilleur marché que les PC. Les partisans d'une architecture « Serveur fort/Client faible » sont représentés par Sun Microsystems, qui vend les serveurs, et Oracle, qui vend des logiciels de serveurs. Sun et Oracle prétendent qu'Internet réalisera finalement à leur profit ce qu'ils n'ont pas réussi dans le passé : renverser l'évolution vers de puissantes machines personnelles et recentrer l'informatique.

Sun et Oracle appellent leurs machines clients des « terminaux Internet » ou des « ordinateurs de réseau ». Ces périphériques n'ont pas d'unité de disque et tirent leur logiciel et leurs informations de serveurs centralisés. Sun et Oracle affirment que la combinaison entre serveurs, logiciels téléchargeables et lignes de communication rendra les PC superflus pour beaucoup d'utilisateurs. Sun et Oracle sont convaincues que, une fois mis en réseau, ces terminaux – incompatibles, de par leur conception, avec les applications et les micro-ordinateurs actuels – suffiront aux besoins de la plupart des usagers.

Il apparaît clairement qu'un grand nombre de périphériques seront incompatibles avec les logiciels des PC. Il faut donc analyser les avantages et les inconvénients de chaque périphérique.

Première leçon que nous ont enseigné les utilisateurs de micro-ordinateurs : vous ne vous contenterez jamais de performances ou de dispositifs démodés et souhaitez expérimenter sans cesse de nouvelles possibilités. Un désir qui stimule l'innovation et rend les PC conçus il y a trois ans aussi branchés que les journaux de 1994... Face à l'amélioration continuelle d'Internet, vous réagirez probablement de la même façon : des terminaux sans disque risqueront de vous décevoir au bout de quelques mois – à moins qu'ils ne soient connectés à des réseaux ultrarapides.

Mes réserves concernant les terminaux sans disque s'atténueraient si le réseau qui les reliait était rapide. Même de gros programmes de logiciels peuvent être téléchargés en quelques secondes si la largeur de bande disponible à partir du serveur est assez grande. Mais tous les micro-ordinateurs sans disque n'auront pas la même utilité. Quels seront les meilleurs appareils ? Ceux qui assureront un bon pilotage aux consommateurs et gèreront les applications les plus appréciées.

Sun et Oracle on tenté de promouvoir des « terminaux X » sans disque pour les réseaux locaux d'entreprises. Ces « terminaux non-intelligents » n'ont jamais marché, en partie parce qu'ils coûtaient presque aussi cher qu'un véritable micro-ordinateur.

L'avenir : un équilibre Client/Serveur. Le client (en général un PC) et le serveur sont tous deux efficaces et coopèrent pour gérer les applications logicielles. Pour quelle raison éliminerait-on l'ordinateur de bureau ? Pourquoi les entreprises procéderaient-elles à de gros investissements dans de nouveaux serveurs fondés sur des unités centrales ou des grappes de mini-ordinateurs ? La technologie rendra bientôt les serveurs de PC à la fois très performants et bon marché.

Les avantages supposés des terminaux « non-intelligents » seront à la disposition de ceux qui achèteront – même un peu plus cher – un ordinateur personnel capable de gérer les milliers d'applications de Windows. Le prix des micro-ordinateurs les plus simples pourrait continuer de diminuer : il suffirait que les fabricants s'ingénient davantage à faire baisser les coûts pour commercialiser leurs machines en masse plutôt qu'à augmenter sans cesse les performances. Les PC et les outils informatisés – y compris les boîtiers de télévision et les appareils de poche – se connecteront à Internet et se vendront massivement. Mais je doute que des terminaux non-intelligents et incompatibles aient un grand avenir.

Les connexions avec Internet, logiciels de navigation, systèmes d'exploitation, serveurs et outils informatisés offrent de multiples créneaux pour les entreprises à haute technologie. Mais toutes les entreprises ont la possibilité de fournir des contenus à Internet. Aucune n'est trop petite pour y participer. La révolution de la télévision, qui a commencé il y a une cinquante d'années, a, certes, engendré quelques profits pour les sociétés à haute technologie qui fabriquaient des téléviseurs. Mais quels sont les compagnies qui ont gagné le plus d'argent ? Celles qui ont offert un contenu : des divertissements, des nouvelles, du sport et de la publicité. Une dynamique similaire s'enclenchera pour Internet. À cette exception près que chacun de nous peut publier de l'information, car il peut obtenir un « canal » pour la diffuser : un site Web. Une intense compétition se déroulera entre tous les types de contenu : nouvelles, reportages, sports, jeux, répertoires d'adresses et de téléphones et petites annonces.

Les investissements dans l'édition sur Internet n'ont jusqu'à présent généré ni un chiffre d'affaires ni des bénéfices importants. D'incurables optimistes pensent que les profits ne tarderont pas. Je crois que cela prendra beaucoup plus de temps que ne le croient les investisseurs.

La publicité – lucrative pour les médias traditionnels – représente la source de revenus la plus prometteuse sur Internet. Les publicitaires semblent réticents devant ce nouveau moyen de communication, mais certaines agences envisagent avec enthousiasme de se pencher sur de nouvelles façons d'exploiter l'interactivité. Les utilisateurs d'Internet à bande étroite sont exaspérés de devoir attendre le téléchargement des publicités, mais plus les connexions à bande moyenne se répandront, plus le téléchargement sera rapide et moins la publicité pénalisera les performances du réseau.

Certains fournisseurs de contenus essaient de faire payer des abonnements à ceux qui naviguent sur leur site. Comment parviendront-ils à vous convaincre de payer pour ce qui est souvent gratuit ? Je l'ignore. Les sites payants n'ont que peu de visiteurs – et donc n'attirent guère les annonceurs.

Une autre source de fonds pour les créateurs de contenus : les services en ligne paieront des concepteurs de contenus pour satisfaire leurs abonnés en exclusivité.

Les contenus ont une indéniable source de revenus dans tous les médias. Sur Internet, toutes sortes de contenus vont être testés, par toutes sortes d'entreprises. Chez Microsoft, nous investissons beaucoup dans les contenus, et nous ne sommes pas les seuls. Prenons les compagnies du téléphone et les câblo-opérateurs : se contenteront-ils de fournir un tuyau à bits ? Non ! Imaginez que vous dirigiez une entreprise de livraison de bits. Vous possédez un réseau dans une région donnée et vous avez raccordé la plupart des foyers. Comment faire rentrer plus d'argent dans vos caisses ? Vous pouvez inciter les consommateurs à consommer davantage de bits... mais ils ne passeront pas vingt-quatre heures par jour devant leur télé ou leur PC. Vous ne pouvez pas transporter davantage de bits ; l'alternative : avoir un intérêt financier dans les bits transportés. Gagner de l'argent en étant à la fois distributeur et propriétaire. Beaucoup voient le réseau interactif comme une sorte de chaîne alimentaire : la livraison et la distribution de bits à la base, et divers types d'applications, de services et de contenu dessus. Les entreprises distributrices de bits sont séduites par l'idée de progresser dans la chaîne alimentaire : exploiter la possession de bits au lieu de se contenter de les livrer. Les câblo-opérateurs, les RBOC, et les fabricants d'électronique grand public ne rêvent donc que d'une chose : travailler avec des studios de Hollywood et autres producteurs de contenu.

Attention ! Restons sceptiques devant les fusions, tentatives de placer dans le même giron tous les aspects du savoir-faire du réseau. Les entreprises de médias fusionnent pour tester différentes configurations. Certaines compagnies du téléphone achètent des câblo-opérateurs. McCaw Cellular, la compagnie des communications sans fil, a été achetée par AT&T, elle-même fondée sur le câble. Disney a acheté Capital Cities-ABC et Time Warner proposé d'acquérir Turner Broadcasting. Il sera tentant pour une entreprise compétente dans une ou plusieurs des disciplines nécessaires d'essayer de trouver un moyen de fabriquer tous les éléments et de lancer le marché toute seule. Ce serait une erreur !

Se concentrer sur les compétences clés, c'est tirer son épingle du jeu. L'un des enseignements de l'industrie de l'informatique, comme de la vie : il est pratiquement impossible d'être bon dans tous les domaines. IBM, DEC, entre autres, ont essayé de tout offrir : puces, logiciel, systèmes, conseil. Le rythme de la technologie s'est accéléré... et la stratégie de diversification s'est révélée vulnérable. Les concurrents qui avaient misé sur des secteurs précis réussissaient mieux. En ce qui concerne Internet, cette stratégie se révélera payante.

Autre leçon de l'industrie des micro-ordinateurs : lorsque deux entreprises annoncent qu'elles ont conclu une alliance, cela peut signifier n'importe quoi – d'une tape amicale dans le dos à des efforts sérieux pour obtenir des résultats tangibles. Certaines entreprises qui se font de grandes déclarations d'amour en public n'échangent jamais la moindre information utile. D'autres alliances, de plus grande portée, comme celle entre Intel et Microsoft, ont reçu moins de publicité quand elles ont été scellées. Dans cet univers, les alliances sont toujours compliquées : les entreprises doivent à la fois travailler ensemble sur certains projets et se livrer à une concurrence féroce dans d'autres.

Ni la taille ni les alliances d'une société ne garantissent son succès. Aujourd'hui, la place pour l'initiative des chefs d'entreprise est plus importante que par le passé. Seule une poignée des entreprises qui avaient construit des logiciels pour gros ordinateurs ont réussi la transition aux micro-ordinateurs. La raison de leur succès : jeunes, elles avaient l'esprit ouvert. Cela se vérifiera également pour les réseaux interactifs : pour chaque entreprise importante qui invente une nouvelle application ou un nouveau service plébiscité, dix jeunes entreprises prospèrent, et cinquante autres connaissent une gloire éphémère avant de disparaître.

Ce genre de phénomènes indique un marché en pleine évolution, dans lequel l'innovation, rapide, se déroule sur plusieurs fronts. La plupart des innovations échoueront. Les grandes sociétés ont tendance à prendre moins de risques, mais quand elles coulent, la combinaison entre l'ego surdimensionné de leurs dirigeants et des ressources financières importantes provoque une terrible lame de fond. Une entreprise nouvelle se noie généralement sans faire de vagues. Celles qui ont appris à tirer les leçons des succès et des échecs de leurs prédécesseurs progressent rapidement.

Nulle part on ne constate mieux le bénéfice d'une décision provoquée par le marché que sur un marché inexploité. En laissant le marché décider quels seront les perdants et les gagnants, nous pouvons explorer de nombreuses voies simultanément. Quand des centaines d'entreprises risquent différentes approches pour découvrir la nature et le niveau de la demande, la bonne solution se fait jour très rapidement – beaucoup plus vite que si nous étions soumis à un pouvoir décisionnaire centralisé. La révolution des communications est pleine d'incertitudes. Mais le marché concevra un système qui aboutira à ce que nous voulons, nous, les usagers – et à des prix bas.

Les gouvernements peuvent contribuer à assurer un cadre concurrentiel solide, mais ne doivent pas trop intervenir si le marché échoue dans tel ou tel domaine. Les hommes politiques peuvent contribuer à fixer les lignes directrices à l'intérieur desquelles les entreprises se font concurrence, mais ils ne devraient pas essayer de concevoir ou d'imposer la nature du réseau, car ils ne savent pas devancer le marché concurrentiel. J'espère que d'autres États dans le monde suivront l'exemple du gouvernement américain et procéderont à la déréglementation de leurs industries de communication. Autrefois, dans la plupart des pays, y compris aux États-Unis, on créait des monopoles pour de nombreux services considérés comme essentiels à la nation. On supposait qu'une entreprise ne procéderait jamais aux énormes investissements nécessaires, à moins qu'elle soit stimulée par une position de monopole. Un ensemble de règles fixées par le gouvernement obligeait le détenteur du monopole à agir dans l'intérêt de tous, et un profil restreint mais pratiquement garanti lui était concédé. Grâce à cette politique, les États-Unis possèdent un réseau téléphonique très fiable, qui offre de bons services, mais dont l'innovation est faible.

La compatibilité est un domaine dans lequel les gouvernements ne devraient pas intervenir. Certains ont suggéré que les gouvernements fixent des normes pour les réseaux afin de garantir leur interfonctionnement.

En 1994, on a soumis un projet de loi imposant la compatibilité de tous les boîtiers à une sous-commission de la Chambre des représentants. Les auteurs du projet trouvaient leur idée excellente : ainsi, Mme Smith pourrait investir dans un boîtier en étant sûre de pouvoir s'en servir si elle allait s'installer à l'autre bout du pays.

La compatibilité est importante : elle assure la prospérité des entreprises d'électronique grand public et des fabricants de micro-ordinateurs. Aux débuts de l'industrie du PC, on a vu se succéder de nombreuses machines. L'Altair 8800 a été supplanté par l'Apple I. Puis sont apparus l'Apple II, le PC IBM originel, l'Apple Macintosh, le PC/AT, les PC 386 et 486 d'IBM, les Power Macintosh et les PC Pentium. Chacune de ces machines était plus ou moins compatible avec les autres. Elles pouvaient toutes partager des fichiers-textes ordinaires, par exemple. Mais le degré d'incompatibilité restait important : chaque nouvelle génération d'ordinateurs apportait des progrès fondamentaux inexistants dans les systèmes plus anciens.

Dans certains cas, la compatibilité avec des machines antérieures présente beaucoup d'avantages. Les compatibles PC comme l'Apple Macintosh offrent une certaine compatibilité en amont, mais sans être mutuellement compatibles. Et à l'époque où on a lancé le PC, il n'était pas compatible avec les machines IBM antérieures. De même, le Mac n'était pas compatible avec les machines Apple précédentes.

L'industrie du micro-ordinateur s'est développée précisément parce que les standards ne sont pas imposés. Si, en 1980, le Congrès américain avait décidé d'imposer des normes de fabrication aux PC, nombre d'innovations auxquelles nous devons beaucoup n'auraient pas vu le jour. Durant l'été 1996, la Commission fédérale des communications (FCC) a envisagé d'imposer un format commun pour la télévision – ce qui aurait également imposé la compatibilité technologique. L'industrie des PC s'y est opposée : elle voyait l'avancée conjointe du PC et de la télévision et s'inquiétait de ce que la norme réduise à néant l'innovation. Dans le monde de l'informatique, la technologie évolue vite : toute entreprise devrait être capable de laisser le marché décider si elle a fait le bon choix. Le téléviseur – ou son boîtier – connecté à Internet sera un ordinateur à part entière ; il devrait suivre le même rythme d'évolution que le PC. Il serait absurde de laisser un gouvernement imposer une norme.

J'espère que l'on mettra au point des normes dans de nombreux pays. Nous en avons besoin, mais attention : légiférer et instaurer des contraintes apparemment raisonnables peuvent étrangler l'innovation.

Créer un marché des communications concurrentiel représente une tâche difficile dans les pays où le gouvernement détient le monopole des télécommunications. Certes, les PTT – ainsi nommées parce qu'elles s'occupent, ou s'occupaient, de la poste, du téléphone et du télégraphe – investissent dans une nouvelle infrastructure pour les réseaux. Mais il suffit que des agences gouvernementales soient partie prenante... pour que les choses évoluent lentement. Dans les dix prochaines années, le rythme des investissements et des déréglementations dans le monde va s'accélérer : les hommes politiques se rendent compte que c'est essentiel pour la compétitivité à long terme de leur pays. Apparaîtront bientôt dans leurs programmes des mesures permettant à leur pays de prendre la tête dans la création du réseau interactif. La politisation de ces problèmes les rendra plus visibles... La concurrence entre les nations ? Une dynamique positive ! Les dynamiques varient selon les pays... et tous seront sur le qui-vive pour voir ce qui marche le mieux.

Certains gouvernements pourront aider à la construction du réseau interactif, afin d'accélérer le mouvement. S'ils se préoccupent des innovations technologiques déjà adoptées par le marché, tout ira bien. Mais dans le cas contraire, cela risque d'avoir des conséquences fâcheuses : un réseau mal conçu, superflu et coûteux, construit par des ingénieurs incapables de soutenir le rythme des progrès technologiques.

Regardez ce qui s'est passé au Japon avec le projet de télévision haute définition Hi-Vision. Le MITI, le puissant ministère du Commerce international et de l'Industrie, et de la NHK, la compagnie de télé radiodiffusion d'État, ont coordonné les efforts d'entreprises d'électronique grand public nationales pour construire un nouveau système de TVHD analogique. La NHK s'est engagée à diffuser quelques heures quotidiennes d'émissions dans ce nouveau format. Malheureusement, la supériorité de la technologie numérique est devenue évidente... et le nouveau système de télévision est devenu caduc avant même d'exister. Le Japon va néanmoins bénéficier de l'investissement dans le développement de caméras et d'écrans haute définition favorisé par le projet Hi-Vision.

À moins qu'ils ne prennent des décisions politiques désastreuses concernant le réseau interactif, la plupart des pays développés seront à peu près à égalité, à un ou deux ans près. Mais les mauvaises décisions politiques sont, hélas, inévitables. Dans dix ans, nous regarderons en arrière, et nous constaterons certainement une corrélation entre les réformes des télécommunications d'un pays et le niveau de son économie informatique. Tant de pays se sont engagés dans l'informatique que l'on essaiera tous les schémas régulateurs et dérégulateurs possibles.

La télévision interactive n'a guère progressé, mais des réseaux à large bande d'avant-garde, comme celui prévu à Singapour, aideront l'industrie informatique à comprendre quelles seront les applications interactives à large bande les plus courues. Une tentative comme celle de Singapour présente cependant un inconvénient potentiel : un système pionnier isolé court le risque d'être devancé technologiquement, s'il ignore les leçons du marché international.

Quelle que soit l'intelligence déployée par un gouvernement, ou une entreprise, ils n'arriveront jamais, seuls, à surpasser l'innovation produite par une concurrence fiévreuse. Le marché est le plus grand décideur, il se montre plus malin que tous les entrepreneurs ou les dirigeants politiques. En orientant l'évolution de la norme internationale des communications – Internet – il ne fera de cadeaux à personne.

## 12

# LES DILEMMES

Nous vivons une période passionnante de l'âge de l'information. Et ce n'est qu'un début. En quoi la technologie de l'information va-t-elle transformer notre vie ? C'est la question que nous nous posons tous. De quoi notre avenir sera-t-il fait ? Notre vie va-t-elle devenir plus ou moins agréable ?

Je suis un optimiste. Et je suis optimiste quant à l'impact de la nouvelle technologie. Elle va enrichir nos loisirs. Enrichir notre culture en redistribuant plus largement l'information. Atténuer les tensions de la vie urbaine puisque chacun de nous pourra travailler de chez lui ou d'un bureau à la campagne. Grâce à elle, la pression sur les ressources naturelles sera moins forte : de plus en plus de produits circuleront sous la forme de bits et non plus de biens manufacturés. Nous allons mieux maîtriser notre vie. Nous allons connaître de nouvelles expériences et découvrir des produits adaptés à nos besoins personnels. Nous autres citoyens de la société de l'information allons découvrir les moyens de mieux produire, mieux apprendre, mieux nous divertir. Les pays qui prendront des risques et agiront de concert en tireront des bénéfices économiques. Apparaîtront des marchés entièrement nouveaux et d'innombrables nouvelles catégories d'emploi.

Dans les siècles récents, chaque génération a inventé des méthodes de travail plus efficaces, et les profits cumulés sont énormes. Aujourd'hui, l'homme de la rue a une qualité de vie bien supérieure à celle de la noblesse il y a quelques siècles. La médecine, a elle seule, a considérablement allongé et amélioré la vie.

Au début du xx^e siècle, Henry Ford était le roi de l'automobile. Mais la voiture que vous conduisez aujourd'hui dépasse de loin tout ce qu'il a pu connaître. Elle est plus sûre, plus fiable, et sans aucun doute bien mieux insonorisée. Ce schéma d'amélioration est immuable. L'accroissement de la productivité propulse les sociétés en avant, et l'homme de la rue d'un pays développé ne va pas tarder à être « plus riche » à bien des égards que quiconque aujourd'hui.

Oui, je suis optimiste. Mais ce qui nous attend me préoccupe. Les bienfaits de la société de l'information auront un prix. Les perturbations touchant certains secteurs d'activité créeront un besoin de recyclage. L'apparition de communications et de liaisons informatiques pratiquement gratuites modifiera les rapports entre les nations et entre les groupes socio-économiques. La puissance et la capacité d'adaptation de la technologie numérique feront naître de nouvelles craintes : qu'en sera-t-il de la protection de la vie privée, de la confidentialité dans les affaires, de la sécurité nationale ? Et l'égalité des chances ? La société de l'information devrait être au service de tous, pas seulement des plus riches ou de ceux qui maîtrisent le mieux les technologies. Je ne détiens pas forcément les solutions. Mais le moment est venu d'engager un vaste débat. Avec les progrès technologiques l'ensemble de la société devra affronter de nouveaux problèmes. Et nous ne connaissons que la partie visible de l'iceberg ! Tout va si vite que nous avons parfois l'impression qu'un beau matin, à notre réveil, tout sera différent. Non ! Mais nous devons nous préparer au changement. À faire des choix difficiles dans des domaines comme l'accessibilité universelle, l'investissement dans l'éducation, les réglementations, et l'équilibre entre vie privée et sécurité de la communauté.

Il faut que nous réfléchissions à l'avenir, mais il faut nous garder d'agir impulsivement : aujourd'hui, on ne peut poser que les questions d'ordre général, il ne sert à rien de proposer des réglementations précises et détaillées. Nous avons pas mal d'années devant nous pour observer cette révolution en marche... profitons-en pour prendre des décisions intelligentes !

« Quelle sera ma place dans l'économie en évolution ? Notre emploi va-t-il devenir caduc ? Allons-nous être capables de nous adapter aux nouvelles méthodes de travail ? Nos enfants vont-ils s'engager dans des voies sans issue ? Ce bouleversement de l'économie va-t-il créer un chômage massif, notamment chez les plus âgés ? » Interrogations des plus légitimes ! Des métiers et des secteurs d'activité disparaîtront. D'autres les remplaceront. Cela se produira dans les vingt ou trente ans à venir. C'est un changement rapide à l'échelle de l'Histoire. Mais, à l'usage, nous nous rendrons peut-être compte que nous nous y adapterons comme nous l'avons fait à l'arrivée du microprocesseur sur le lieu de travail, dans le transport aérien et routier, et dans la banque.

Oui, le microprocesseur et sa conséquence logique, l'ordinateur personnel, ont modifié, voire éliminé des emplois et tué des entreprises. Mais citez un grand secteur de l'économie sur lequel cela a eu des conséquences négatives ! Oui, les constructeurs de mini-ordinateurs et de machines à écrire ont dû réduire leurs effectifs. Mais, globalement, l'industrie de l'informatique s'est développée, avec un accroissement de l'emploi. De grosses entreprises comme IBM ou DEC ont dû procéder à des licenciements, mais de nombreux employés touchés par ces mesures ont retrouvé un emploi dans le même secteur – généralement dans des entreprises dont les activités sont liées aux PC.

En dehors de l'industrie de l'informatique, il est difficile de trouver un pan entier de l'économie touché à cause de la révolution du PC. Certes la PAO a mis des compositeurs au chômage, mais, pour chaque ouvrier dans cette situation, on en compte plusieurs dont le poste a justement été créé par la PAO. Le changement n'a pas été positif pour tout le monde, mais la révolution de l'ordinateur personnel n'a pas fait trop de dégâts.

Bien sûr, diront certains. Mais le nombre d'emplois n'est-il pas limité ? Chaque fois qu'un emploi disparaît, quelqu'un ne se retrouve-t-il pas le bec dans l'eau ? Fort heureusement, l'économie est un vaste système d'interconnexions où toute ressource libérée est récupérable par un autre secteur. Chaque fois qu'un emploi devient obsolète, celui qui l'occupait a les mains libres pour faire autre chose. Résultat ? On produit plus, ce qui élève le niveau de vie global. En cas de crise économique – une récession ou une dépression – des emplois disparaissent, mais, en règle générale, les transformations provoquées par le progrès technologique ont été créatrices d'emplois.

Les catégories d'emploi ne cessent de changer dans une économie en évolution. Jadis, quelle que soit la communication, on passait par une standardiste. Quand j'étais petit, il fallait encore faire appel à elle pour une communication longue distance. Quand j'étais adolescent, de nombreuses entreprises employaient encore des standardistes qui acheminaient les appels en enfonçant des fiches dans des prises. Aujourd'hui, il reste peu d'opératrices, bien que le volume des appels n'ait jamais été aussi important. L'automatisation a pris le relais. Avant la révolution industrielle, on vivait et on travaillait à la ferme. Cultiver pour se nourrir était la préoccupation essentielle de l'humanité. Si quelqu'un avait prédit à l'époque que, deux siècles plus tard, seul un minuscule pourcentage de la population serait nécessaire pour produire de quoi manger, tous ces fermiers se seraient inquiétés pour leur avenir. La grande majorité des 501 catégories d'emploi recensées en 1990 aux États-Unis n'existaient même pas un demi-siècle plus tôt. Il est impossible de prédire quelles seront les nouvelles catégories d'emploi, mais la plupart répondront à des besoins encore insatisfaits en matière d'éducation, de services sociaux et de loisirs.

Lorsque le réseau interactif connectera directement acheteurs et vendeurs, les intermédiaires en subiront le contrecoup. Pensez au choc qu'ont connu les magasins traditionnels à l'arrivée des supermarchés ! Quand Casino s'installe dans une zone rurale, les commerçants des villes voisines le sentent passer. Certains survivent, d'autres non, mais à l'échelle de la région les répercussions sont faibles. On peut en regretter les implications culturelles, mais les grandes surfaces et les chaînes de fast-food prospèrent parce que les clients, qui votent avec leur porte-monnaie, ont tendance à apporter leur soutien à des points de vente qui répercutent leurs gains en productivité sur leurs prix.

Réduire le nombre des intermédiaires est un autre moyen de diminuer les coûts. Cela provoquera également des bouleversements économiques... mais pas plus rapides que ceux qui ont touché le commerce de détail dans la dernière décennie. Il va falloir attendre des années avant que faire ses achats sur Internet soit répandu au point que le nombre des intermédiaires baisse de façon visible. Nous avons amplement le temps de nous y préparer ! Il est possible qu'on n'ait même pas encore imaginé les emplois vers lesquels se tourneront ces intermédiaires évincés. Nous verrons bien quels types de travail créatif la nouvelle économie nous réserve. Mais, tant que la société aura besoin d'aide, il y aura de quoi faire pour tout le monde.

Savoir que les progrès de la productivité profitent à la société en général n'a jamais consolé celui dont l'emploi est dans le collimateur. Que dire à un homme qui a été formé pour un emploi devenu inutile ? Se contenter de lui conseiller d'aller se recycler ? C'est un peu dur. S'adapter n'est pas simple, mais il faudra bien en passer par là. Se préparer au XXIe siècle n'est pas facile : nous ne sommes pas en mesure de deviner les effets secondaires des changements prévisibles. Alors les imprévisibles ! Il y a un siècle, on a vu arriver la voiture. Elle a créé des fortunes mais a aussi écrasé sur son passage emplois et secteurs d'activité entiers. Mais il aurait été difficile de prédire exactement ce qui allait se passer. Vous auriez peut-être songé à conseiller à vos copains de la fabrique de fouets pour calèches de mettre leur CV à jour, voire de s'initier à la mécanique, mais auriez-vous pensé à investir dans des terrains à bâtir des avenues ?

Dans un monde mouvant, l'éducation est la meilleure préparation pour s'adapter. L'économie se transforme, et les gens et les entreprises qui auront la formation voulue tireront leur épingle du jeu. Le savoir-faire coûtera de plus en plus cher. Alors voilà ce que je conseillerais : acquérir une bonne éducation classique, sans jamais cesser d'apprendre. Accumuler de nouveaux centres d'intérêt et de nouvelles compétences toute sa vie.

Nous serons nombreux à nous faire éjecter de notre petit confort. Mais cela ne veut pas dire que notre savoir-faire n'aura plus aucune valeur marchande. Il va falloir apprendre à se réinventer, et vraisemblablement plus d'une fois. Bien sûr, les entreprises et les gouvernements peuvent contribuer à la formation et au recyclage des employés, mais c'est à l'individu qu'il revient d'être responsable de sa propre éducation.

La première étape : apprendre à vivre avec l'ordinateur. Tant qu'on ne maîtrise pas son maniement, l'ordinateur met mal à l'aise. Les adultes en savent quelque chose. Les enfants n'ont pas ce genre de problème. Les néophytes craignent que la moindre erreur ne soit fatale à l'ordinateur ou ne leur fasse perdre tout ce qu'il y a dedans. Bien sûr qu'il arrive que l'on perde des données, mais c'est rarement irréversible. Les éditeurs de logiciels que nous sommes se sont efforcés de simplifier la tâche : vous ne devez plus perdre de données et vous devez pouvoir rectifier le tir en cas d'erreur. La plupart des programmes ont des commandes « annuler » : on essaie et on revient en arrière si cela ne convient pas. Dès qu'on se rend compte qu'une erreur n'a rien de catastrophique, la confiance revient. Dès lors, on peut se mettre à expérimenter. Les PC sont un outil d'expérimentation idéal. Plus on les connaît, mieux on comprend leurs atouts et leurs limites. Ils cessent alors d'être des menaces. Comme un tracteur ou une machine à coudre, un ordinateur est une machine qui nous aide à effectuer certaines tâches plus efficacement.

Mais l'ordinateur « très intelligent » ne va-t-il pas mettre l'esprit humain au rebut ? Oui, nous connaîtrons un jour des programmes capables de recréer des éléments de l'intelligence humaine, mais je ne pense pas voir cela de mon vivant. Voilà des décennies que les informaticiens étudiant l'intelligence artificielle tentent de mettre au point un ordinateur doté d'une compréhension et d'un bon sens humains. En 1950, Allan Turing a lancé l'idée de ce qui allait devenir le test du même nom : le jour où on conversera avec un ordinateur et un autre être humain sans faire la différence, alors on aura affaire à une machine véritablement intelligente.

Toutes les prédictions en matière d'intelligence artificielle se sont révélées trop optimistes. Aujourd'hui, les tâches d'apprentissage les plus simples restent très loin de la portée de l'ordinateur le plus efficace du monde. Quand les ordinateurs paraissent intelligents, c'est parce qu'ils ont été spécialement programmés pour effectuer une tâche d'une manière directe – comme essayer des milliards de mouvements aux échecs afin d'être capable de se mesurer aux meilleurs joueurs.

Des ordinateurs comme Deep Blue, une machine IBM conçue spécialement pour jouer aux échecs, réussissent parfois à battre les meilleurs joueurs de la planète. Et alors ? La prouesse d'un ordinateur capable de jouer aux échecs n'a rien de comparable avec l'intelligence humaine. Elle reflète seulement sa capacité d'examiner rapidement les milliards de conséquences provoquées par le déplacement éventuel d'un pion.

Gary Kasparov a battu Deep Blue en 1996, mais il a admis qu'il avait eu peur quand l'ordinateur avait gagné la première manche. La machine n'a remporté qu'une seule victoire, cependant. Kasparov a gagné le match avec trois mat et deux parties nulles. La rencontre avait été organisée comme une épreuve de force entre un homme et une machine. En fait, le combat se déroulait entre un homme – Kasparov – et un groupe de programmeurs et de joueurs d'échecs qui utilisaient un outil – Deep Blue – pour appliquer des stratégies soigneusement préparées à l'avance. Kasparov a gagné ce match, mais peut-être un jour perdra-t-il. Si l'on invente une machine invincible aux échecs, inutile de se sentir offensé. Tant que les ordinateurs seront programmés pour des tâches spécifiques, ils n'apprendront rien – et s'ils n'apprennent rien, ils ne nous menaceront pas.

Que se passerait-il si, à très long terme, les ordinateurs et les logiciels arrivaient à être vraiment intelligents ? Les progrès de la recherche sur l'intelligence artificielle sont incroyablement lents. Mais lorsque les machines pourront véritablement apprendre, elles seront capables d'effectuer la plupart des tâches accomplies aujourd'hui par les hommes. Qui commandera alors, nous ou elles ?

Ces préoccupations n'ont rien de nouveau. Déjà *Frankenstein* de Mary Shelley publié en 1818 abordait ce thème, puisque ce roman célèbre raconte comment une créature intelligente fabriquée par l'homme en vient à contrôler son créateur. En 1942, quand il avait un peu plus de vingt ans, Isaac Asimov proposa ses trois lois de la robotique en vue de limiter la possibilité, pour les machines intelligentes, d'exercer un jugement indépendant : « 1. Un robot ne blessera jamais un être humain, ni ne lui causera jamais du mal, même de façon passive. 2. Un robot doit obéir aux ordres, sauf lorsqu'ils entrent en conflit avec la première loi. 3. Un robot doit protéger sa propre existence aussi longtemps qu'une telle protection n'entre pas en conflit avec la première ou la deuxième loi. » À la suite de films plus récents comme *Terminator* certains se sont interrogés sur la possibilité de conflits entre des hommes et des machines intelligentes.

À court terme, je m'inquiète surtout de la montée en puissance des terroristes. La technologie permet aujourd'hui à des petits groupes de fabriquer des engins extrêmement destructeurs. Cette évolution m'effraie parce que les armes défensives ne réussissent pas à rattraper les progrès des armes offensives.

Globalement, la technique constitue une force positive qui nous aide à résoudre même les problèmes les plus frustrants. Il y a deux siècles, l'économiste Thomas Malthus mettait en garde ses contemporains contre les dangers de la surpopulation. Cette menace potentielle pèse toujours sur le monde, mais les tendances récentes sont encourageantes : la croissance de la population ralentit tandis que la technique augmente le niveau de vie et d'éducation. Les problèmes écologiques et la raréfaction des ressources naturelles doivent être pris au sérieux. Je pense néanmoins que de nombreux prophètes de malheur sous-estiment grandement le potentiel de la technique : elle peut nous aider à vaincre ces difficultés.

Je suis franchement surpris par le pessimisme qu'éprouvent nombre d'entre vous à propos de l'avenir. Bien qu'inégale, la progression internationale du capitalisme et de la démocratie est encourageante. La médecine devient de plus en plus pointue et performante. La biotechnologie promet d'améliorer considérablement la condition humaine. Certes, je n'ignore nullement la gravité des problèmes de l'humanité ou les difficultés qui frappent certaines sociétés, mais une vision pessimiste de l'avenir ne me semble pas justifiée.

L'ordinateur exerce un effet de levier presque magique sur l'intelligence humaine. Ce serait merveilleux si chacun – riche ou pauvre, citadin ou paysan, vieux ou jeune – pouvait avoir un ordinateur personnel. Malheureusement, les PC sont encore trop chers pour la plupart des habitants de la planète. Avant que le réseau mondial interactif soit vraiment installé dans tous les pays, il faudrait déjà que chaque citoyen, pas seulement les membres de l'élite, puisse avoir accès à un ordinateur branché sur Internet.

Cela ne signifie pas que chacun doit posséder un appareil chez lui. Quand la majorité des gens auront des systèmes informatiques installés à domicile, ceux qui n'en auront pas pourront utiliser les installations collectives : bibliothèques, écoles, bureaux de poste ou bornes interactives. N'oubliez pas que le problème de l'accès universel se posera seulement si le réseau interactif remporte un succès. Certains critiques se plaignent que le réseau sera tellement populaire qu'il posera toutes sortes de problèmes; mais ce sont souvent les mêmes qui déplorent qu'il sera toujours réservé à une élite et le rejettent pour cette raison.

Nous devons installer des ordinateurs dans toutes les salles de classe et les bibliothèques. Quand la société a décidé, il y a quelques générations, que chacun devait avoir accès aux livres, l'État, les philanthropes et les entreprises ont réuni leurs efforts pour que cela se réalise – et cela a pris du temps. Les entreprises doivent mobiliser toutes leurs ressources pour que chacun ait accès aux ordinateurs. Microsoft fait partie des nombreuses sociétés qui essaient d'accélérer ce processus, en les faisant pénétrer dans les écoles et les bibliothèques. Par exemple, nous travaillons avec un certain nombre de bibliothèques aux États-Unis et au Canada. Nous défendons l'idée que toute personne qui entre dans un tel lieu doit pouvoir s'asseoir devant un PC et utiliser Internet. Des études expérimentales nous aideront à répondre à certaines questions : Quelle est la demande d'accès à Internet dans les bibliothèques ? Cette liberté et cette gratuité d'accès stimulent-t-elles vraiment des individus à se servir des ordinateurs et du Net, s'ils ne l'ont jamais fait auparavant ? De combien d'employés a-t-on besoin pour assurer une utilisation correcte du système ? Les entreprises ne peuvent distribuer gratuitement des ordinateurs personnels à chacun. Mais nous espérons, en livrant des appareils dans un certain nombre d'écoles et de bibliothèques, en élargir considérablement l'accès.

Le réseau interactif sera abordable – presque par définition. Un système onéreux qui ne connecterait qu'une poignée de grosses entreprises et de gens riches ne serait tout simplement pas les autoroutes de l'information – ce serait une voie privée. S'il veut attirer un contenu suffisamment intéressant pour prospérer, Internet devra toucher bien plus que les 10 p. 100 les plus aisés de la société qui choisiront de s'équiper. Produire du contenu représente des coûts fixes. Pour que cela soit rentable, il faut un vaste public. Les recettes de la publicité ne feront pas vivre Internet si une majorité de gens ne l'adopte pas. Si trop d'utilisateurs sont effrayés par les prix élevés, ou si le réseau ne séduit pas, le prix des services diminuera. Le réseau interactif à large bande ? Un phénomène de masse, ou rien.

Dites-vous bien qu'une grande partie de l'argent que vous dépenserez pour les services d'Internet, vous le déboursez aujourd'hui pour les mêmes services sous d'autres formes. Et ce n'est pas nouveau. Votre ancien budget pour les disques vinyle vous sert à acheter des CD, et celui des places de cinéma à louer des vidéocassettes. Bientôt, votre budget pour les vidéocassettes vous servira à louer des films de vidéo à la demande. Vous allez consacrer le montant de vos abonnements à des revues à acquérir des services d'information et à vous abonner à des communautés en ligne. La plus grande partie de l'argent qui alimente à présent le service du téléphone local, le service interurbain et la télévision par câble sera à dépenser sur Internet.

Vous aurez gratuitement accès aux informations officielles, aux conseils médicaux, aux services télématiques et à certains matériaux d'éducation. Une fois sur le réseau, nous jouirons tous du même accès aux ressources en ligne vitales. Dans les vingt ans qui viennent, quand le commerce, l'éducation et les services de communications seront sur le réseau, on aura intérêt à l'utiliser si on veut rester dans la course. La société devra alors déterminer la meilleure manière de subventionner l'accès global de sorte que tous les utilisateurs soient égaux.

L'éducation n'est pas la seule réponse aux défis de l'âge de l'information, mais elle fait partie de la réponse, comme pour bien des problèmes de la société. H.G. Wells, qui était aussi imaginatif et tourné vers l'avenir que n'importe quel futuriste, a très bien résumé l'idée en 1920 : « L'histoire humaine devient de plus en plus une course de vitesse entre l'éducation et la catastrophe. » L'éducation est le grand niveleur de la société, et toute amélioration dans ce domaine favorise le processus égalitaire. L'avantage du monde électronique ? Cela ne coûte pratiquement rien d'assurer au plus grand nombre un accès égal au matériel d'éducation.

Initiez-vous au PC en vous amusant. Rappelez-vous, j'ai mordu à l'hameçon le jour où j'ai compris que je pouvais jouer au morpion. Mon père est devenu accro quand il s'est rendu compte qu'il pouvait remplir sa feuille d'impôts à l'aide d'un ordinateur. L'ordinateur vous intimide encore ? Il y a certainement une fonction de l'ordinateur qui peut vous simplifier la vie ou transformer une corvée en plaisir. Trouvez-la et exploitez-la pour vous habituer à vous en servir. Écrivez un scénario. Gérez vos comptes bancaires de chez vous. Aidez votre enfant à faire ses devoirs. Cela vaut la peine de faire l'effort d'apprendre à vivre avec des ordinateurs. Donnez-leur une chance, et vous ne tarderez pas à succomber à leur charme. L'informatique familiale vous paraît encore trop ardue ou déroutante ? N'en concluez pas que vous n'êtes pas assez fûté pour vous en servir. C'est à nous de nous employer à rendre leur usage plus facile.

Plus vous êtes jeune, plus c'est crucial. Si vous avez cinquante ans ou plus, il est possible que vous partiez en retraite avant d'avoir besoin d'apprendre à utiliser un ordinateur – mais faites-le quand même, sinon vous raterez une expérience étonnante. Mais, si vous avez vingt-cinq ans aujourd'hui et que vous ne soyez pas à l'aise avec l'ordinateur, vous risquez d'être incompétent quel que soit le domaine d'activité que vous choisissiez. Pour commencer, trouver un emploi sera plus simple si vous considérez l'ordinateur comme un outil.

Finalement le réseau interactif n'est ni pour ma génération ni pour ceux qui me précèdent. Il est destiné aux futures générations. Les enfants qui ont grandi avec des PC ces dix dernières années et ceux qui vont grandir avec le réseau dans les dix prochaines années vont repousser les limites de la technologie.

Il faut que nous nous attachions à corriger les inégalités entre les sexes. Quand j'étais jeune, seuls les garçons étaient encouragés à s'amuser avec des ordinateurs.

Aujourd'hui, les filles se servent beaucoup plus des ordinateurs, mais les femmes sont toujours moins nombreuses dans les carrières techniques. Mettons les petites filles devant un ordinateur, et nous serons sûrs qu'elles trouveront leur place dans tous les secteurs faisant appel à l'informatique. En nous assurant que les filles comme les garçons apprennent à manier un ordinateur dès leur plus jeune âge, nous serons sûrs qu'ils joueront le rôle qui leur revient dans tous les emplois exigeant l'usage de l'informatique.

Une fois qu'un enfant goûte à l'informatique, il ne peut plus s'en passer. Encore faut-il lui donner une chance d'y goûter ! Il faudra accorder aux écoles un droit d'accès peu coûteux aux ordinateurs connectés au réseau et apprendre aux professeurs à manier ces nouveaux outils avec aisance.

Avec le réseau, l'égalité virtuelle est bien plus accessible que l'égalité dans le monde réel. Songez au budget qu'il faudrait débloquer pour donner à chacun des lycées des zones défavorisées des bibliothèques aussi riches que celles des écoles des beaux quartiers ! Il serait énorme ! Mais, le jour où tous les établissements d'éducation seront connectés, ils bénéficieront tous du même accès à l'information, où qu'elle soit stockée. Nous naissons tous égaux dans le monde virtuel ! Exploitons donc cette donnée pour faire face aux problèmes sociologiques que la société doit encore résoudre dans le monde physique. Sans aller jusqu'à éliminer les obstacles du préjugé ou de l'inégalité, le réseau va sérieusement y contribuer.

Attention ! Toute propriété intellectuelle – matériau de loisir ou d'éducation – a un prix. Oui, mais comment le déterminer ? Fixer le prix d'un produit manufacturé classique ne pose pas trop de problèmes aux économistes. Ils vous démontreront que le prix doit être le reflet direct du coût de fabrication. Dans un marché de concurrence, les prix ont tendance à tomber au niveau du coût marginal de production d'une unité supplémentaire. Mais ce modèle ne s'applique pas à la propriété intellectuelle.

Un cours d'économie de base décrit les courbes de l'offre et de la demande, qui se croisent au prix approprié pour un produit. L'économie de l'offre et de la demande est moins péremptoire quand il s'agit de propriété intellectuelle : les règles ordinaires concernant les coûts de fabrication ne s'appliquent pas. La propriété intellectuelle implique d'énormes investissements de départ. Ces coûts fixes sont immuables quel que soit le nombre d'exemplaires vendus : un ou un million. Le tournage du prochain film de George Lucas dans la série de *La Guerre des étoiles* va coûter des millions, quel que soit le nombre des spectateurs.

Aujourd'hui, il est relativement bon marché de fabriquer des exemplaires de la plupart des biens intellectuels. Demain, sur le réseau interactif, le coût de livraison d'un exemplaire – ce qui sera équivalant à le fabriquer – sera encore moins élevé et baissera chaque année. Si vous achetez un nouveau médicament miracle, vous paierez l'investisssement du laboratoire pharmaceutique dans la recherche, le développement et les tests. Même si le coût marginal de la fabrication de chaque unité est minime, le laboratoire pharmaceutique doit fixer un prix assez élevé pour son comprimé – notamment si son marché n'est pas énorme. Le revenu généré par le patient moyen doit couvrir une part suffisante des dépenses de la recherche et dégager un profit suffisant pour que les investisseurs n'aient pas à regretter les risques financiers qu'ils ont pris. Que se passe-t-il si un pays pauvre réclame ce médicament ? Le fabricant se retrouve devant un dilemme moral. Il peut fabriquer ce médicament au moindre coût, il le sait. Ceux qui le réclament n'ont pas les moyens de se l'offrir, il le sait aussi. Il peut renoncer ou réduire le prix de son brevet. Mais, s'il veut pouvoir investir dans la recherche, il faut que certains utilisateurs paient plus que le coût marginal. Le prix des médicaments varie considérablement d'un pays à un autre. Il fait figure de mesure discriminatoire contre les plus démunis, sauf dans les pays où les gouvernements prennent en charge les dépenses de santé.

Il y aurait une solution : faire payer plus cher aux riches un nouveau médicament, un billet de cinéma ou un livre. Est-ce équitable ? Le système d'imposition que nous connaissons tous n'a pas d'autre fonction. Par le biais des impôts, les plus riches déboursent davantage pour les routes, les écoles, l'armée et tout autre équipement public que les revenus moyens. L'année dernière, j'ai payé ces services plus de 100 millions de dollars, par le biais de l'impôt que j'ai versé sur les gains réalisés en vendant des actions Microsoft. Loin de moi l'idée de me plaindre ! Simplement, cela montre que ces services sont fournis à des prix très différents.

Fixer le prix de l'accès aux autoroutes devrait être une décision politique et non une décision dictée par les coûts. Connecter des habitants de régions isolées coûtera cher. Les entreprises ne seront peut-être pas trop pressées de faire l'investissement nécessaire pour l'installation des câbles, et les communautés en question ne pourront peut-être pas débloquer les fonds nécessaires. Le gouvernement doit-il subventionner les connexions dans les zones rurales ou imposer une réglementation obligeant les utilisateurs urbains à subventionner les utilisateurs ruraux ? Un débat qui risque d'être houleux ! Il y a un précédent en la matière : la notion de « service universel », imaginée pour subventionner les services de la poste, du téléphone et les installations électriques dans les zones rurales américaines. Résultat : un timbre, un coup de téléphone ou un kilowattheure coûtent le même prix où que vous viviez. Même s'il est plus cher de desservir les zones rurales, où les habitations et les entreprises sont plus éloignées les unes des autres que dans des zones à forte densité de population.

Il n'y a pas eu d'équivalent pour la livraison des journaux, ou la réception de la radio ou de la télévision. Et pourtant, ces services sont disponibles partout, ou presque. Conclusion : dans certaines circonstances, l'intervention de l'État n'est pas nécessaire pour garantir l'égalité devant l'accès. Le US Postal Service a été créé comme un service d'État parce qu'on pensait que c'était le seul moyen de fournir un service vraiment universel. UPS et Federal Express ne seraient peut-être pas d'accord sur ce point puisqu'ils ont réussi à assurer une couverture globale tout en ne perdant pas d'argent, au contraire. L'État doit-il s'impliquer afin de garantir un accès global aux autoroutes de l'information ? Et si oui, dans quelle mesure ? Nul doute que le débat fera encore rage pendant de nombreuses années !

Le réseau va permettre à ceux qui vivent dans des endroits isolés de consulter, de collaborer et de s'impliquer avec le reste du monde. Vivre à la campagne tout en bénéficiant de services d'information urbains est une idée attrayante pour beaucoup... les compagnies du réseau auront donc toutes les raisons d'installer des câbles de fibre optique dans les zones isolées à hauts revenus. Certains États, ou communautés, voire des investisseurs immobiliers privés, assureront la promotion de leur région en favorisant la connexion. Cela va mener à ce que l'on pourrait appeler l' « aspenisation » de parties du pays : les communautés rurales susceptibles d'offrir une qualité de vie élevée chercheront à attirer une classe de citoyens urbains évolués. Globalement, les villes seront connectées avant les zones rurales.

Le réseau traversera les frontières. Les pays en voie de développement auront donc accès à l'information et profiteront des mêmes possibilités. Si les communications mondiales sont bon marché, n'importe quel peuple peut faire partie du courant dominant de l'économie. Un Chinois anglophone et titulaire d'un doctorat de troisième cycle proposera les mêmes services que ses confrères londoniens. Les travailleurs du savoir des pays industrialisés seront confrontés à une nouvelle concurrence – tout comme certains ouvriers des pays industrialisés ont vu arriver la concurrence de pays en voie de développement au cours des dix dernières années. Le réseau sera un vecteur puissant pour le commerce international des biens et services intellectuels, tout comme les transports par air et par mer ont donné un élan au commerce international des biens physiques.

Le résultat net ? Un monde plus riche, ce qui devrait être un facteur de stabilisation. Les pays développés et leur main-d'œuvre conserveront probablement une avance économique. Mais l'écart entre les nations riches et pauvres se résorbera : se lancer dans la course avec du retard est parfois un avantage. Cela permet de griller des étapes et d'éviter les erreurs de ceux qui ont ouvert la voie. Certains pays ne connaîtront jamais l'industrialisation : ils entreront directement dans l'âge de l'information. L'Europe n'a adopté la télévision que plusieurs années après les États-Unis. Résultat : elle a offert d'emblée une qualité d'image supérieure. En effet, le jour où elle a fixé sa norme, l'éventail des options était meilleur, et cela fait des dizaines d'années que les Européens reçoivent des images télévisées de meilleure qualité.

Le téléphone est un autre exemple. En Afrique, en

Chine, en Amérique latine et dans d'autres parties du monde en voie de développement, de nombreux citoyens ont des téléphones cellulaires. Ce type de téléphonie se répand rapidement, parce qu'elle ne nécessite pas d'infrastructure. Grâce aux progrès technologiques, ces pays ne connaîtront peut-être jamais l'étape du système téléphonique traditionnel à base de fils de cuivre. Il ne sera pas nécessaire d'y abattre un million d'arbres pour faire des poteaux téléphoniques ou d'installer des centaines de milliers de kilomètres de lignes... pour, un jour, les supprimer. Le téléphone sans fil sera leur premier système téléphonique. Et chaque fois qu'une connexion à large bande ne sera pas à portée de leurs bourses, ils bénéficieront du système cellulaire dont la qualité ne cesse de s'améliorer.

Les nations se ressembleront davantage. Les frontières nationales perdront de leur importance. Le fax, la caméra vidéo portable et CNN sont parmi les forces qui ont provoqué la fin des régimes communistes et de la guerre froide : ils ont permis à l'information de traverser le rideau de fer. La plupart des sites sur le Web sont en anglais – un avantage pour les anglophones. Aux utilisateurs non anglophones de fournir des données en quantité suffisante ou d'établir une traduction de qualité.

Ce nouvel accès à l'information peut rapprocher les peuples en améliorant leur compréhension des autres cultures. Aujourd'hui, la retransmission commerciale par satellite vers des nations comme la Chine et l'Iran permet à leurs citoyens d'avoir des aperçus du monde extérieur qui échappent au contrôle de leurs gouvernements. Les peuples défavorisés pourront comparer leur existence à celle de leurs riches voisins. Cela va-t-il provoquer du mécontentement, une révolution ? Dans chaque société, l'équilibre entre les expériences traditionnelles et modernes se modifiera à mesure que le réseau interactif ouvrira de nouveaux horizons. Il se peut que certaines nations se sentent agressées si leurs peuples s'intéressent davantage aux cultures ou aux problèmes mondiaux qu'aux questions traditionnelles locales.

« Que la même publicité puisse plaire à un habitant de New York, à un fermier de l'Iowa et à un villageois africain ne démontre pas qu'ils se trouvent tous dans la même situation », a déclaré Bill McKibben, hostile à ce qu'il perçoit comme la tendance de la télévision à bafouer les diversités locales par l'homogénéisation des expériences. « Cela prouve simplement que ces gens partagent certaines émotions, et ce sont ces communautés minimales qui forment le village mondial. »

Pourtant, si nous choisissons de regarder une pub ou un programme financé par elle, pourquoi nous refuserait-on ce privilège ? C'est une question politique à laquelle il appartiendra à chaque pays de répondre individuellement.

La culture populaire américaine est tellement puissante que certains pays s'efforcent de la rationner : pour protéger les producteurs de contenu local, ils imposent un quota hebdomadaire d'heures de diffusion d'émissions étrangères. En Europe, les programmes par satellite et par câble ont réduit la mainmise gouvernementale. Le réseau favorisera le développement d'une culture mondiale, ou du moins un partage d'activités et de valeurs culturelles. Il permettra à des ressortissants, voire des expatriés, attentifs aux problèmes de leurs communautés ethniques, de tendre la main à ceux qui partagent leurs intérêts, où qu'ils soient. Cela peut renforcer la diversité culturelle et inverser la tendance à une mondialisation de la culture.

Mais que se passera-t-il si chacun se concentre sur ses propres centres d'intérêt et se tient à l'écart du reste du monde ? Par exemple, des haltérophiles qui ne communiqueraient qu'avec leurs homologues et des Lettons qui ne liraient que des journaux lettons. On risque de voir disparaître la communauté des expériences et des valeurs – remplacée par une fragmentation des sociétés. Je doute que cela se produise : nous avons tous envie d'appartenir à de nombreuses communautés, dont la communauté mondiale. Quand nous partageons des expériences nationales aux États-Unis, c'est généralement parce que nous sommes témoins, tous en même temps, des mêmes événements à la télévision – qu'il s'agisse de l'explosion de Challenger après le décollage, du SuperBowl, de l'entrée en fonctions d'un président, de la couverture de la guerre du Golfe ou de la course-poursuite d'O.J. Simpson. Nous sommes « ensemble » en ces moments-là.

Le loisir multimédia sera facile à obtenir. Saurons-nous lui résister ? Cela pourrait devenir un problème grave.

Un jour, vous pourrez entrer dans un bar virtuel où vous croiserez le regard d'un être « exceptionnel ». Remarquant votre intérêt, il viendra engager la conversation avec vous. Vous le charmerez par votre vivacité d'esprit. Vous décidez tous les deux d'aller sur-le-champ à Paris ? Vous vous retrouvez devant les vitraux de Notre-Dame. Vous voulez prendre le Star Ferry à Hong-kong ? Vous y êtes. La réalité virtuelle sera plus fascinante et plus dangereuse que les jeux vidéo ! Et si on ne pouvait plus s'en passer ?

Vous vous surprenez à vous échapper trop souvent dans ces mondes pleins de séduction... et cela vous inquiète. Que faire ? Vous pourriez dire au système : « Quel que soit le mot de passe que je donne, ne me laisse jamais m'évader dans la réalité virtuelle plus d'une demi-heure par jour. » Cela jouerait le rôle d'un petit ralentisseur vous empêchant de trop céder à la tentation. Un peu comme ces photos d'obèses qu'on colle sur son réfrigérateur pour s'enlever l'envie de grignoter.

Les ralentisseurs sont très utiles... ils permettent d'éviter les petits matins bourrés de regrets. Si vous choisissez de passer votre temps libre à étudier des vitraux dans une simulation de Notre-Dame, ou à bavarder dans un faux bar avec un ami synthétique, vous ne faites qu'exercer votre liberté. Aujourd'hui, des tas de gens passent plusieurs heures par jour devant leur télévision. Si on peut remplacer le divertissement passif par un divertissement interactif, ils s'en porteront peut-être mieux. Franchement, je ne redoute pas la consommation à outrance d'Internet – pas plus que celle des jeux vidéo ou du jeu tout court.

Et si c'était la société tout entière qui devenait dépendante du réseau interactif ?

Le réseau sera le nouveau terrain de jeux, le nouveau lieu de travail, la nouvelle salle de classe, de la société. Il remplacera le papier-monnaie. Il supplantera la plupart des formes de communications existantes. Il sera notre album photo, notre journal, notre radiocassette. Cette diversité : une force et un risque.

La dépendance peut être dangereuse. Pendant les coupures de courant à New York en 1965 et 1977, des millions de gens se sont trouvés démunis – du moins pendant quelques heures – à cause de leur dépendance vis-à-vis de l'électricité. Ils comptaient sur elle pour s'éclairer, se chauffer, se rendre d'un point à un autre et se protéger. La coupure de courant a coincé des gens dans des ascenseurs, éteint les feux aux carrefours et stoppé les pompes à eau. C'est fou ce qu'une chose utile vous manque quand elle cesse de fonctionner.

Que se passera-t-il si le réseau est victime d'une panne totale ? Le système sera entièrement décentralisé : toute panne isolée ne risquera guère d'avoir un effet étendu. Qu'un serveur individuel rende l'âme, on le remplacera et on reconstituera ses données. Mais si le système succombe à une agression ? Plus le système prendra de l'importance, plus il faudra y intégrer de redondance. Le point faible du système : sa dépendance à la cryptographie – ces verrous mathématiques qui protègent l'information.

Aucun des systèmes de protection actuels – volants de sécurité ou coffres blindés – n'est à l'abri d'une défaillance. Au mieux, nous pouvons compliquer la tâche de qui cherche à les violer. Contrairement à ce qu'on prétend, l'ordinateur a plutôt fait ses preuves en matière de sécurité. Il est parfaitement capable de protéger l'information. Pour que les pirates puissent y accéder, il faut qu'une personne à qui on a confié l'information commette une erreur. C'est l'introduction de données « en désordre » qui est la principale cause de la vulnérabilité des ordinateurs. Sur le réseau, il y aura des erreurs, et on fera circuler bien trop d'informations. Il y aura bien un petit futé pour produire des billets de concert numériques faciles à contrefaire, si bien qu'à l'arrivée il y aura plus de spectateurs que de places disponibles. Chaque fois que ce genre de chose se produira, le système devra être retravaillé et les lois révisées.

La monnaie numérique est falsifiable. On a pu en mesurer les conséquences désastreuses en 1996, quand une société japonaise partiellement contrôlée par Mitsubishi, a déclaré une perte de 55 millards de yens (588 millions de dollars) à cause de la contrefaçon de cartes magnétiques pachinko. Le pachinko passionne tous les Japonais : ils pratiquent ce jeu, proche du flipper, dans plus de 18 000 établissements enfumés. Il semble que les syndicats du crime aient contrefait ces cartes. Les joueurs les achètent à l'avance pour jouer au pachinko et elles peuvent être remboursées indirectement contre du liquide.

Comme la confidentialité du système et la sécurité de la monnaie numérique dépendent du codage des données, une trouvaille en mathématique ou en informatique qui viendrait à bout du système de codage serait une catastrophe. Découvrir un moyen facile de décomposer en facteurs premiers les gros nombres entiers, par exemple. Dès lors, on pourrait falsifier de l'argent, entrer dans n'importe quel fichier personnel, d'entreprise ou gouvernemental, et peut-être même saboter la sécurité de certains pays. À nous de faire preuve de prudence en concevant le système ! À nous de faire preuve d'imagination pour inventer des techniques de rechange immédiatement efficaces. Il est particulièrement difficile de garantir la sécurité d'une information que l'on veut garder confidentielle pendant dix ans ou plus.

Et la vie privée ? Des entreprises du secteur privé et des administrations possèdent déjà une masse d'informations sur notre compte. Nous n'avons souvent aucune idée de la manière dont elle l'utilisent et si elle est exacte. Vos dossiers médicaux, vos infractions au code de la route, votre abonnement à la bibliothèque, votre dossier scolaire, vos démêlés avec la justice, vos demandes de crédits bancaires, votre dossier à l'administration des impôts, vos dossiers comptables, votre bilan professionnel, vos relevés de carte bancaire... permettent d'établir votre profil. Vous appelez souvent des magasins de motos ? La publicité sur les motos vous intéresse certainement. Voilà une information commerciale qu'une compagnie du téléphone pourrait théoriquement vendre. L'information glanée sur notre compte alimente les mailings et notre dossier de solvabilité bancaire. Les erreus et les abus commis ont incité certains gouvernements à réglementer l'usage de ces bases de données. Aux États-Unis, vous êtes en droit de voir certains types d'informations vous concernant et vous pouvez exiger d'être prévenu si quelqu'un s'y intéresse. L'éparpillement de l'information protège de fait votre vie privée. Mais que se passera-t-il le jour où tous les gisements seront connectés au réseau ? Il sera possible de se servir d'ordinateurs pour réunir les divers éléments – on pourra, par exemple, relier des données sur vos demandes de crédits à votre profil professionnel pour construire un tableau insidieusement exact de vos activités personnelles.

Plus les transactions passant par le réseau et la masse d'informations qui y est stockée augmenteront, plus les gouvernements s'emploieront à réglementer l'accès à l'information et à protéger la vie privée. Le réseau lui-même fera respecter ces mesures. Par exemple, un médecin ne pourra avoir accès au dossier d'imposition d'un patient, et un professeur ne pourra pas feuilleter le dossier médical d'un élève. Le problème potentiel est l'abus, non l'existence de l'information en soi.

Aujourd'hui, nous autorisons une compagnie vendant des assurances-vie à examiner notre dossier médical avant de décider si elle veut bien nous assurer. Ces compagnies ne seraient pas mécontentes de savoir si nous pratiquons le deltaplane ou si nous fumons ! Sur le réseau, l'ordinateur de l'assureur sera-t-il autorisé à consulter vos dossiers d'achat pour détecter un comportement à risques ? L'ordinateur d'un employeur sera-t-il autorisé à étudier nos dossiers de communications ou de loisir pour dresser un profil psychologique ? Quelles informations une administration d'État ou municipale sera-t-elle autorisée à consulter ? Qu'est-ce qu'un propriétaire potentiel pourra apprendre sur votre compte ? À quelles informations sur vous un époux potentiel aura-t-il accès ? Il va falloir définir les limites légales et pratiques de la vie privée.

Le réseau nous permettra également de garder la trace de nos propres faits et gestes – mener ce que l'on pourrait appeler une « vie documentée ».

Votre portable sera capable de garder en mémoire toute votre vie : l'environnement sonore, le lieu, la date, l'heure et, un jour, la vidéo de n'importe quel événement. Il pourra enregistrer tout ce que vous dites et tout ce que l'on vous dit, et même plus : votre température, votre tension, la pression barométrique, et diverses autres données vous concernant, vous ou votre environnement. Il pourra conserver la trace de vos interactions avec les autoroutes : les ordres que vous donnez, les messages que vous envoyez, les gens que vous appelez et qui vous appellent. Réunissez toutes ces informations... et vous aurez une autobiographie ou un journal intime exhaustif ! Vous n'aurez plus de problème pour remplir votre album de famille numérique : l'ordinateur saura où et quand vous avez pris toutes vos photos.

La technologie nécessaire n'a rien d'extraordinaire. Il devrait être rapidement possible de compresser la voix humaine en quelques milliers de bits par seconde d'information numérique. Cela signifie qu'une heure de conversation sera convertie en environ 1 million d'octets de données numériques. Les petites bandes utilisées pour la sauvegarde des disques durs peuvent déjà stocker 10 gigaoctets d'information – cela suffit amplement pour enregistrer environ 10 000 heures d'audio compressée. Les bandes des prochaines générations de magnétoscopes numériques contiendront plus de 100 gigaoctets. Cela veut dire que, pour quelques dollars ou francs, vous aurez une bande pouvant contenir dix ans, voire une vie entière d'enregistrements de vos conversations – tout dépend si vous êtes bavard ou non. Ces chiffres se fondent sur les capacités actuelles – à l'avenir, le stockage reviendra bien moins cher. Voilà pour les données audio. Mais, d'ici deux ans, vous pourrez aussi garder un enregistrement vidéo complet.

Cette perspective me donne des frissons dans le dos, mais l'idée va plaire à certains. Par exemple, on entassera des informations pour construire des alibis. Des signatures numériques codées garantiront un alibi impossible à falsifier. Qu'on essaie donc de vous accuser d'un quelconque méfait dont vous êtes innocent ! Vous pourrez rétorquer : « Une seconde, mec. J'ai une vie documentée. Ces bits sont stockés. Je peux te repasser tout ce que j'ai dit. T'avise pas de faire le malin avec moi ! » En revanche, si vous êtes coupable, il y en aura une trace. Comme il y aura une trace de toute tentative de falsification ! Richard Nixon a été démis de ses fonctions parce qu'il avait enregistré toutes les conversations à la Maison-Blanche et qu'en plus on le soupçonnait d'avoir tenté de maquiller les bandes ! Voilà ce que c'est que de choisir d'avoir une vie politique documentée ! Il a eu tout le loisir de s'en mordre les doigts !

L'affaire Rodney King a montré que la bande vidéo peut constituer une preuve recevable. Avant longtemps, il est bien possible que toutes les voitures de police, voire chaque agent de police, soient équipées d'une caméra vidéo numérique, avec des vignettes infalsifiables indiquant l'heure et le lieu de toute intervention. L'opinion insistera peut-être pour que la police enregistre son travail. Et la police abondera peut-être dans ce sens, pour se protéger de toute accusation de violence ou d'abus, ou pour recueillir de meilleures preuves. Certaines forces de police font déjà des enregistrements vidéo de toutes leurs arrestations.

Ce type d'archives ne touchera pas seulement la police. Il est possible que l'assurance contre les erreurs médicales soit moins chère ou réservée aux médecins qui enregistreront leurs opérations chirurgicales. Les compagnies de bus, de taxis et de transport s'intéressent de près aux performances de leurs chauffeurs. Certaines entreprises de transport ont déjà installé un équipement permettant d'enregistrer le kilométrage et la vitesse moyenne. Cela ne m'étonnerait pas qu'on lance l'idée d'équiper nos voitures non seulement d'un enregistreur mais aussi d'un émetteur qui identifie le véhicule et son emplacement – la plaque minéralogique de l'avenir. Après tout, les avions ont des boîtes noires et, une fois que leur coût baissera, il n'y a pas de raison qu'on n'en installe pas dans nos voitures. On saurait immédiatement où se trouve une voiture volée. Après un accident avec délit de fuite ou une fusillade, le parquet pourrait autoriser une enquête et demander qu'on repère tous les véhicules qui se trouvaient dans le quartier pendant les faits. Avec une boîte noire pour enregistrer notre vitesse et notre situation, il ne serait plus possible d'ignorer les limitations de vitesse. (Je voterais contre.)

Et pourquoi pas des caméras enregistrant pratiquement tout ce qui se passe en public ? Les caméras vidéo dissimulées dans les endroits publics sont déjà relativement courantes : les banques, les aéroports, les distributeurs de billets, les hôpitaux, les autoroutes, les magasins, les halls, les ascenseurs d'hôtels.

La perspective d'être observé par autant de caméras nous aurait déprimés il y a cinquante ans, comme George Orwell. Mais, aujourd'hui, nous ne les remarquons même plus ! Dans certains quartiers aux États-Unis et en Europe, les habitants réclament ces caméras balayant continuellement rues et parkings. Monaco a pratiquement réussi à éliminer la criminalité dans la rue en installant des centaines de caméras vidéo partout. Il faut dire que la principauté est tellement petite, cent cinquante hectares, que quelques centaines de caméras permettent de la couvrir en totalité. Quel parent ne serait pas ravi de voir des caméras autour des écoles pour décourager ou aider à appréhender des revendeurs de drogue ou des agresseurs ? Avec chaque lampadaire, la communauté fait un investissement important pour la sécurité publique. Dans quelques années, il suffira de payer un tout petit peu plus pour équiper ces lampadaires de caméras connectées au réseau. Dans moins de dix ans, des ordinateurs pourront explorer des archives vidéo pour rechercher un individu ou retrouver la trace d'un incident, sans que cela coûte très cher. Je vois très bien des gens proposer que chaque lampadaire, ou presque, soit muni d'une ou plusieurs caméras. Ces images ne seraient accessibles qu'en cas de délit, et seulement sur ordre du parquet. Certains exigeront que ces images soient accessibles à n'importe qui et à n'importe quel moment. Selon moi, ce serait une atteinte à la vie privée. Mais les défenseurs de cette idée pourraient dire que cela se justifie si les caméras sont seulement placées dans des lieux publics.

Tout le monde, ou presque, est prêt à accepter certaines restrictions en échange d'un sentiment de sécurité. Les peuples des démocraties occidentales bénéficient déjà d'un degré de vie privée et de liberté individuelle sans précédent. Si des caméras omniprésentes reliées aux autoroutes de l'information se révélaient capables de réduire la criminalité grave d'une manière spectaculaire dans des communautés-tests, cela donnerait lieu à un vrai débat : craint-on plus la surveillance ou la criminalité ? Il est difficile d'imaginer le gouvernement américain autorisant une telle expérience. Ce serait considéré comme une atteinte à la vie privée, contraire à la Constitution. Mais l'opinion peut changer. Des incidents du genre de la bombe d'Oklahoma City pourraient bien modifier les attitudes. Ce qui nous apparaît aujourd'hui comme une sorte de Big Brother numérique pourrait devenir la norme si l'alternative est laissée à la merci de terroristes et de criminels. Je ne défends ni l'une ni l'autre de ces positions – je dis simplement qu'il s'agit d'une décision politique.

La technologie facilite non seulement la création de fichiers vidéo mais permet aussi de conserver la confidentialité de tous vos documents et messages personnels. Le logiciel de codage que n'importe qui peut charger à partir d'Internet peut transformer un PC en une machine codée pratiquement inviolable. À l'heure du réseau, on appliquera des services de sécurité à toutes les formes d'information numérique – appels téléphoniques, dossiers, bases de données, tout ce que vous voulez. Tant qu'on protège le mot de passe, l'information stockée dans votre ordinateur peut être enfermée derrière le verrou le plus puissant qui ait jamais existé. Cela permet un degré de confidentialité de l'information dont jamais personne n'a bénéficié.

De nombreux dirigeants s'opposent à cette puissance de codage : cela réduit leurs capacités de recueillir de l'information. Malheureusement, rien n'arrête la technologie. La NSA (National Security Agency) est un bureau du renseignement dépendant du ministère de la Défense qui protège les communications secrètes du pays et décode les communications étrangères pour récolter des renseignements. Ils ne tiennent pas du tout à ce qu'un logiciel doté d'excellentes capacités de codage sorte des États-Unis. Manque de chance, ce logiciel est déjà disponible partout dans le monde ! Et n'importe quel ordinateur peut le charger !

La législation qui empêche actuellement l'exportation de logiciel de codage fait du tort aux éditeurs de logiciels et aux fabricants de matériel américains. Ces restrictions donnent un avantage à leurs concurrents étrangers ; en outre, elles ne sont pas efficaces.

Les progrès des médias ont toujours un retentissement important sur les rapports entre les peuples et leurs gouvernements. La presse à imprimer et plus tard les journaux à grand tirage ont modifié la nature du débat politique. La radio puis la télévision ont permis aux dirigeants politiques de s'adresser directement aux gens, chez eux. Le réseau interactif aura sa propre influence sur la politique. Pour la première fois, les politiciens prendront immédiatement connaissance des sondages d'opinion. Les électeurs pourront transmettre un message à leur député et connaître leur position sur tel ou tel sujet. Les électeurs voteront de chez eux ou de leur portable – on assistera à une diminution des erreurs de décompte et de la fraude. Les implications pour le gouvernement seront peut-être aussi grandes que pour l'industrie.

Le réseau donnera du pouvoir à des groupes de citoyens désireux de s'organiser pour défendre des causes ou des candidats. Cela pourrait mener à une multiplication des groupes d'intérêt spéciaux, voire des partis politiques. Aujourd'hui, il faut un énorme effort de coordination pour rassembler un mouvement politique autour d'un problème. Comment trouver les gens qui partagent vos vues ? Comment les motiver et communiquer avec eux ? Les téléphones et les fax sont très pratiques pour établir des connexions entre deux personnes – à condition de savoir qui appeler ! La télévision permet à un individu de toucher des millions d'autres, mais cela revient cher, et c'est de l'argent jeté par les fenêtres si la plupart des téléspectateurs préfèrent changer de chaîne à ce moment-là.

Toute organisation politique fait appel à des volontaires dont le travail se chiffre en milliers d'heures. Il faut remplir des enveloppes pour les mailings, contacter les électeurs par tous les moyens possibles. Seules quelques causes, comme la protection de l'environnement, rallient naturellement suffisamment de gens pour éliminer les contraintes de la mise sur pied d'un mouvement politique efficace.

Le réseau interactif facilite toutes les communications. Les babillards et autres forums en ligne permettent d'entrer en contact avec une ou plusieurs personnes, et ce, très aisément. Vous allez pouvoir rencontrer tous ceux qui partagent vos centres d'intérêt sans être obligé de vous déplacer. Mettre sur pied un mouvement politique même si la cause ne rassemble que peu de gens éparpillés dans le monde. Le Web est devenu un point de rencontre de tous les candidats et groupes d'action politique pendant les élections nationales américaines de 1996. Une première ! Le réseau par référendum : un important vecteur du discours politique.

On recourt déjà au vote par référendum aux États-Unis pour des problèmes spécifiques. Pour des raisons de logistique, ces scrutins ne peuvent avoir lieu que si une élection majeure est en cours. Internet permettra de programmer ces votes beaucoup plus fréquemment, sans que cela coûte très cher.

Il ne fait pas de doute qu'il se trouvera quelqu'un pour proposer une « démocratie directe » totale, soumettant tous les problèmes à un vote. Je ne crois pas que le vote direct soit un bon moyen de gouverner. Il faut des intermédiaires, des représentants dont le travail est justement de prendre le temps de comprendre toutes les nuances de problèmes compliqués. La politique implique des compromis – ce qui est presque impossible sans un nombre relativement petit de représentants susceptibles de prendre des décisions au nom de ceux qui les ont élus. Pour bien diriger une société ou une entreprise, il faut savoir faire des choix judicieux. C'est le travail d'un législateur à plein temps d'acquérir un savoir-faire d'expert et de proposer des solutions qu'une démocratie directe ne permettrait pas forcément, parce que les électeurs peuvent ne pas comprendre les compromis nécessaires à un succès durable.

Comme tous les intermédiaires, les représentants politiques devront se justifier : le réseau les placera comme jamais sous le feu des projecteurs. Au lieu de se voir distribuer des photos et des discours, les électeurs se tiendront au courant de ce que font leurs représentants et comment ils votent. Demain, un sénateur pourra recevoir un million de messages sur le courrier électronique ou demander à son *beeper* de lui annoncer en temps réel les résultats d'un sondage d'opinion auprès de ses électeurs.

La popularité d'Internet s'accroît dans tous les pays, et la liberté qu'il donne à chacun de distribuer n'importe quel type d'information, pratiquement n'importe où, inquiète. Les écrits diffamatoires, la pornographie et les violations du copyright sont monnaie courante. L'information sur certaines technologies dangereuses se trouve à la portée de tous. Des conceptions politiques inadmissibles y sont librement exprimées.

D'un côté, certains pensent qu'Internet échappe à tout contrôle et a besoin d'être mis au pas. Réaction excessive et dangereuse. Internet nous est précieux. Il s'agit du premier moyen de communication qui permette de publier une information dans le monde entier pour un coût marginal infime. Si les gouvernements exercent trop de pressions sur lui, il étouffera.

De l'autre, certains considèrent que les réseaux interactifs devraient être totalement ouverts – que le cyberespace devrait constituer un monde absolument libre, autogéré et à part, dans lequel les lois sur le copyright, la diffamation, la pornographie et la confidentialité ne seraient pas appliquées. Cette conception pèche par sa naïveté. L'adolescence marginale et anarchique du Web est terminée. Il doit passer à l'âge adulte, trouver un équilibre.

Nous devons conserver l'ouverture d'Internet, tout en protégeant de ses abus nos enfants – et les personnes qui le souhaitent. Les textes légalement publiés et que l'on trouve dans les bibliothèques et les librairies doivent être autorisés en ligne. De même, les écrits diffamatoires ne devraient pas avoir un statut différent dans le cyberespace. Nous ne voulons ni handicaper Internet, ni permettre à nos enfants d'avoir librement accès à la pornographie ou aux manuels de terrorisme.

Le Congrès américain n'a pas réussi à prendre une position équilibrée en 1996, quand il a voté la « loi sur la décence des communications ». Le texte en est si restrictif que la diffusion sur Internet d'informations détaillées concernant le contrôle des naissances, la prévention contre le sida ou l'avortement peut passer pour un délit. Trois juges de Philadelphie ont rejeté la loi comme inconstitutionnelle : selon eux, elle viole la liberté d'expression. « Internet peut être considéré comme une conversation planétaire ininterrompue, a écrit le juge Stewart Dalzell. Le gouvernement n'a absolument pas le droit (...) d'interrompre un tel échange d'idées. Internet est la forme de discussion collective la plus étendue et la plus démocratique inventée jusqu'à ce jour. À ce titre, il mérite d'être protégé contre toute intrusion étatique. » Le gouvernement a fait appel de la décision du juge Dalzell devant la Cour Suprême au moment où ce livre est paru aux États-Unis.

Le Congrès américain n'est certainement pas le seul à vouloir imposer des restrictions. Le gouvernement chinois exige que les utilisateurs d'Internet et du courrier électronique communiquent leurs noms aux autorités. Il essaye de restreindre la liberté d'expression politique au nom de la sécurité et de la stabilité sociale. Je n'approuve pas la position extrême de la Chine, mais je dois reconnaître que la plupart des pays sont sensibles à la diffusion de telles ou telles informations. Le Royaume-Uni tient absolument à réglementer Internet pour tout ce qui concerne les secrets d'État et les atteintes à la vie privée. La France est fière de sa tradition de liberté de la presse, mais un tribunal de ce pays a récemment interdit un livre sur la maladie de l'ancien président de la République. Cependant, ce même livre a pu être publié en toute légalité sur le World Wide Web ! Si une telle action avait été jugée illégale en France, le contenu de cet ouvrage aurait pu être publié sur un serveur Web situé à l'étranger et échappant donc à la juridiction française – mais pas aux lecteurs de ce pays qui voudraient le consulter sur le réseau. C'est précisément le dilemme devant lequel se trouvent les Allemands. L'Allemagne a des lois très strictes contre la propagande néo-nazie, mais les citoyens allemands qui furètent sur le Web ont facilement accès aux idées d'Hitler : il leur suffit de consulter un serveur Web situé au Canada, pays à partir duquel cette propagande est diffusée le plus légalement du monde.

À l'ère du câble, il devient aussi difficile d'empêcher une information de pénétrer dans un pays que de l'empêcher d'en sortir. Autrefois la situation était différente. Les gouvernements ont longtemps eu intérêt à ce que cela se perpétue, pour des raisons économiques, militaires et politiques. Au XVII<sup>e</sup> siècle, en Italie, le secret du tissage de la soie était soigneusement protégé. Celui qui le révélait ou essayait de le découvrir était puni de mort. À l'époque d'Ivan le Terrible, on décapitait les contrebandiers qui tentaient de faire sortir des martres de Russie. Le tsar voulait maintenir son monopole international sur leurs fourrures. Le secret de leur « fabrication » était (et demeure) enfermé dans le code génétique de ces animaux. La seule façon d'exporter cette information était d'exporter des martres vivantes. Aujourd'hui, une telle action constitue encore un délit – mais, rassurez-vous, si vous êtes pris sur le fait demain, on ne vous coupera pas la tête.

Comment empêcher des programmes choquants de parvenir jusqu'aux foyers ? Le cyberespace n'a ni gardiens ni garde-fous. Les commerçants savent qu'ils ne doivent pas vendre des publications pornographiques, des cigarettes ou de l'alcool aux mineurs. Les pharmaciens ne donnent pas certains médicaments sans ordonnance. Le World Wide Web échappe à tout contrôle. Il ressemble à un distributeur automatique, que personne ne surveille, et qui offre presque tout à tout le monde – et le plus souvent gratuitement. Que trouve-t-on comme garde-fou sur le Web, pour un site érotique, par exemple ? Au mieux, un avertissement du genre : « Attention ! Vous devez être âgé de plus de 21 ans pour consulter ce site. Pour continuer, cliquez sur “ Je suis un adulte ”. » Pas très dissuasif...

Les entreprises de communication doivent-elles se transformer en gardiens de la morale et exercer une censure sur les données qu'elles transportent ? Le volume des informations est bien trop important. Personne n'exigerait qu'une compagnie du téléphone supervise et accepte la responsabilité de tout ce qui se dit ou est transmis sur ses câbles téléphoniques. Une telle mesure n'est ni applicable ni souhaitable.

Les hommes politiques se débattent avec le problème suivant : quand doit-on traiter un service en ligne comme une entreprise de transports traditionnelle et quand doit-on le traiter comme un éditeur ? Les compagnies du téléphone sont juridiquement considérées comme des transporteurs. Ils transportent des messages sans assumer la moindre responsabilité quant à leur contenu. Si vous recevez des appels obscènes, la compagnie du téléphone collaborera avec la police, mais personne ne la rendra responsable de ce harcèlement. Les magazines et les journaux, d'un autre côté, sont des éditeurs. Ils sont légalement responsables des textes qu'ils publient, et on peut les poursuivre pour diffamation. S'il tient à conserver sa réputation d'intégrité un journal vérifie soigneusement ses informations avant de les publier.

Les services en ligne tendent à fonctionner à la fois comme des transporteurs et des éditeurs, ce qui est le nœud du problème. Quand un service agit comme un éditeur et offre un contenu qu'il a acheté, créé ou supervisé, il doit être responsable de ce qu'il publie. Les règles de la diffamation et le souci de la réputation éditoriale devraient alors s'appliquer. Mais le même service, quand il achemine notre courrier électronique, n'est qu'un simple transporteur. Il ne doit ni examiner son contenu ni en être responsable. De même, les babillards et les forums qui encouragent les usagers à interagir sans supervision éditoriale sont un moyen de communication. Ils ne devraient donc pas être traités de la même façon que le matériel publié par ce même service. Les enjeux sont élevés. Si les fournisseurs de réseaux sont traités seulement comme des éditeurs, ils devront contrôler et approuver préalablement le contenu de toutes les informations qu'ils transmettent. Cela créerait une atmosphère néfaste de censure et limiterait la spontanéité des échanges, si importante dans le monde électronique.

L'idéal serait que les professionnels élaborent certaines normes. Ainsi, lorsque vous tomberiez sur un site Web, ou un groupe de discussion, vous sauriez si l'« éditeur » a examiné ou supervisé le contenu, et s'il le soutient – ou pas. Quels seraient ces critères ? Et qui déciderait de leur validité ? Vaste problème. Un babillard destiné aux lesbiennes ne devrait pas être obligé d'accepter des commentaires hostiles à l'homosexualité féminine. De même un service télématique consacré à un produit donné ne devrait pas être envahi par les messages d'un concurrent. Il serait regrettable d'empêcher les enfants de visiter absolument tous les sites Web ou tous les groupes de discussion. Mais ce serait irréaliste, et cela violerait sans doute nos droits à la liberté d'expression, de forcer tels sites à être censurés par un responsable du contenu.

N'existe-t-il pas une solution plus réaliste ? On pourrait exiger que les pages du Web et d'autres contenus en ligne soient systématiquement classés. Les logiciels de navigation sur le Web et d'autres applications pourraient ainsi refuser d'être connectés à certains sites en raison de leur classement par des organismes habilités. L'usager d'Internet déterminerait à quel service d'évaluation il ferait appel et les critères que celui-ci devrait appliquer. Les parents et autres utilisateurs pourraient consulter plusieurs services d'évaluation ayant des approches différentes. PICS, par exemple, qui signifie « Plate-forme pour la sélection des contenus sur Internet », permet à des groupes et des entreprises de tous les pays de décider de leurs propres critères d'acceptabilité. PICS n'est pas un service d'évaluation, mais plutôt un cadre qui aide à créer son propre système de classement.

Une telle mesure n'instaurera pas des garde-fous parfaits, mais permettra de trouver un équilibre entre la liberté totale et la censure. Les films sont déjà classés dans de nombreux pays et selon des critères très différents. Les caissiers et les ouvreuses surveillent les cinémas et n'admettent pas que des mineurs assistent à des séances réservées aux adultes. Aux États-Unis, une loi exigera bientôt que les nouveaux téléviseurs soient équipés d'une puce pour permettre aux parents d'empêcher leurs enfants de regarder des spectacles inconvenants. Les chaînes américaines sont en train de mettre au point leur propre système de classement. L'industrie du logiciel commence à classer le contenu des jeux vidéo sur CD-ROM en le signalant par une étiquette.

Après une période de rodage, les classements pour les sites Web permettront d'éviter la menace réelle qui se profite à l'horizon : l'intrusion de l'État.

Malgré les problèmes posés, Internet continue de susciter en moi un enthousiasme sans limites. La technologie de l'information touche déjà profondément nos existences, comme le prouve un message électronique que j'ai reçu d'un lecteur de ma rubrique, en juin 1995 : « Monsieur Gates, je suis un poète atteint de dyslexie, ce qui signifie, en résumé, que je multiplie les fautes d'orthographe, et je n'aurais aucun espoir de voir ma poésie ou mes romans publiés sans le correcteur d'orthographe de mon ordinateur. Je ne serai peut-être jamais un écrivain connu, mais grâce à vous mon succès ou mon échec s'expliquera par mon talent ou mon absence de talent et non par mon handicap. »

Nous assistons à un événement historique. Il provoquera une secousse sismique dans le monde, aussi forte que la découverte de la méthode scientifique, l'invention de l'imprimerie et l'industrialisation. Si Internet peut accroître la compréhension des citoyens d'un pays pour leurs voisins et ainsi réduire les tensions internationales... cela devrait suffire à justifier le coût de sa mise en place. Si il n'était utilisé que par des savants, en leur permettant de collaborer plus efficacement pour trouver des remèdes à des maladies encore incurables, sa valeur serait déjà incalculable. Si le système était seulement destiné aux enfants, pour les aider à se documenter sur leurs centres d'intérêt dans et hors de la classe... il transformerait la condition humaine. Le réseau interactif ne va pas tout résoudre... mais il va être une force positive dans bien des domaines.

Les changements ne vont pas se dérouler devant nous selon un plan préordonné. Il y aura des contretemps et des pépins. Certains prendront ce prétexte pour clamer haut et fort qu'Internet n'a jamais été que du battage publicitaire. Mais les premières erreurs ont été riches en enseignements.

Avant, les grands changements prenaient des générations ou des siècles. Celui-ci ne se produira pas du jour au lendemain, mais il sera beaucoup plus rapide. On en verra les premières manifestations avant la fin de notre siècle. Avant vingt ans, pratiquement tout ce dont je parle dans ce livre sera accessible à tous dans les pays développés et dans des entreprises et des écoles des pays en voie de développement. Le matériel existera. Il faudra simplement voir l'usage qu'on en fera.

Vous saurez que le réseau sera entré dans votre vie le jour où vous serez furieux de ne pas pouvoir accéder à une information par son biais. Un beau matin, vous n'arriverez pas à mettre la main sur le manuel d'entretien de votre bicyclette et vous regretterez qu'il ne s'agisse pas d'un document électronique interactif, avec des illustrations animées et un guide d'initiation vidéo, toujours disponible sur le réseau.

Le réseau nous rapprochera, si c'est ce que nous souhaitons, ou nous dispersera en un million de communautés médiatisées. Avant tout et d'innombrables manières, les autoroutes de l'information nous offriront des occasions de nous divertir, de nous informer, d'entrer en contact avec nos semblables.

Je pense que Saint-Exupéry, qui a si bien expliqué comment les gens en sont venus à considérer les locomotives et autres formes de technologie comme des amis, applaudirait à l'arrivée d'Internet et jugerait réactionnaires tous ceux qui y résistent. Voici ce qu'il écrivait, il y a un demi-siècle : « Le transport du courrier, le transport de la voix humaine, le transport d'images tremblantes – en ce siècle comme en d'autres nos plus belles réussites ont encore pour seul objectif de rassembler les hommes. Nos rêveurs pensent-ils que l'invention de l'écriture, de l'imprimerie, du bateau à voile a dégradé l'esprit de l'homme ? »

Le réseau interactif nous ouvrira de nouveaux horizons. Certaines de mes prédictions sont stupides, à coup sûr. Mais j'espère ne pas m'être trop souvent trompé. Quoi qu'il en soit, je suis heureux de participer au voyage.

# UN DERNIER MOT

Nous avons tendance à surestimer ce qui va arriver au cours des deux prochaines années et à sous-estimer ce qui se produira dans dix ans.

Je plaide coupable. En 1983, j'ai montré le fonctionnement d'un prototype de Windows. En 1986, Microsoft a accueilli sa première conférence sur les CD-ROM. Dans les deux cas, j'ai affirmé que ces technologies allaient s'imposer dans les deux ou trois années suivantes. J'avais tort. Par excès d'optimisme. Si j'ai sous-estimé une donnée, c'est l'importance à long terme de ces innovations. En 1993, Windows tournait sur des dizaines de millions d'ordinateurs. En 1996, le lecteur de CD-ROM est devenu un équipement standard sur les nouveaux PC.

En 1994, j'ai cru que des millions d'Américains seraient connectés sur des réseaux interactifs à large bande dès 1997. Je n'étais pas le seul à y croire. Beaucoup d'entreprises escomptaient que les réseaux à large bande transmettent de la vidéo à la carte et d'autres programmes de loisirs à domicile dans les mêmes délais. Les compagnies de téléphone et les câblo-opérateurs s'étaient engagés à réaliser des investissements massifs. Les grands magazines faisaient leurs couvertures sur l'arrivée imminente de la télévision interactive. Les réseaux à bande large ne sont pas encore une réalité. Pourtant, des millions de personnes sont connectées. Sur Internet. Cela n'invalide pas la perspective des autoroutes de l'information. Nous y arrivons, par un autre cheminement. Quand nous fêterons le dixième anniversaire du grand rêve des autoroutes de l'information, Internet fonctionnera avec les services et les capacités que nous leur avions imaginés.

Le réseau interactif changera notre vie. C'est l'éducation – classique ou ludique – qui en tirera le plus grand profit. J'ai d'ailleurs l'intention de consacrer une partie de mes droits d'auteur à l'aide aux professeurs qui souhaitent équiper leurs salles de classe d'ordinateurs. Grâce à la National Foundation for the Improvement of Education in the United States et autres associations du même genre dans le monde entier, ces fonds permettent à des enseignants d'élargir le champ d'activité de leurs élèves, comme le Club des mères de Lakeside m'a donné la chance de découvrir l'ordinateur.

J'aime mon travail. Je ne suis pas un drogué du travail, j'ai des tonnes d'autres activités, mais j'ai la chance d'avoir un travail passionnant. Mon ami Warren Buffet, parfois surnommé le plus grand investisseur du monde, aime à répéter à quel point il est heureux de vivre à une époque où ses talents peuvent être mis en valeur. S'il était né voilà quelques milliers d'années, son destin aurait sûrement été de nourrir un grand fauve. Mais il est né à une époque qui connaît la Bourse et qui récompense son extraordinaire compréhension du marché. Je suis, moi aussi, né au bon moment et au bon endroit.

Mais comme le répètent les publicités pour les placements financiers : « Les succès d'hier ne garantissent pas les résultats de demain. » Ma seule préoccupation est de maintenir Microsoft en tête grâce à des innovations constantes. Je n'ai aucune garantie d'y parvenir.

Ne jamais cesser de donner du sang neuf à Microsoft, voilà ce que je cherche à faire. Pour que notre entreprise reste en première ligne. Quand on sait que, chaque fois que la technologie de l'ordinateur a fait un bond en avant, le leader de la génération précédente a été supplanté par un autre, on ne peut s'empêcher de trembler un peu. Si l'on en croit cette tendance, Microsoft est condamné à être disqualifié dans la course à la construction des autoroutes de l'information. Mais j'entends bien faire mentir cette tradition. Nous sommes à quelques mètres du seuil qui sépare l'âge du PC de l'âge des autoroutes. Je veux être parmi les premiers à le franchir le moment venu. Il faut innover, toujours innover, voilà la clé de la réussite !

Les défis nous fouettent le sang. Entre 1976 et 1979, quand personne ne prêtait la moindre attention à notre minuscule entreprise, nous avons dû démontrer que l'ordinateur personnel était autre chose qu'un joujou. En 1981, on s'est soudain intéressé à nous : nous venions de signer un accord avec IBM pour le système d'exploitation MS-DOS. Quelques gloseurs jugèrent bon de nous remettre à notre place : c'était pur coup de chance si IBM avait fait appel à nos services. Ils prédisaient que notre associé géant nous mettrait à la rue. Pendant les années 1980, IBM a entrepris nombre de projets afin de rompre sa dépendance à l'égard de Microsoft. Si notre relation s'est poursuivie, c'est uniquement parce que nous avons conservé notre avance technique.

Au début des années 1980, de nombreux éditeurs de logiciels se sont attaqués à MS-DOS. Elles ont essayé d'en produire des clones ou de l'améliorer. Digital Research, le leader des systèmes d'exploitation dans l'univers du PC avant que Microsoft n'apparaisse sur ce marché, a riposté avec des versions successives de son propre système. AT&T s'est convaincu que son système d'exploitation UNIX offrait une alternative. La spéculation allait bon train : IBM, annonçait-on, allait acheter la licence. « Les étoiles déclinantes – Digital Research et Microsoft – condamnées à jouer les seconds couteaux, alors qu'AT&T et IBM occupent le devant de la scène » annonçait *Computerworld* au début 1984. Un autre magazine, *Datamation*, voyait également notre avenir en noir : « L'Unix d'AT&T provoque une “ vague irrésistible ” selon les termes d'un spécialiste du secteur, qui menace d'engloutir MS-DOS, le système d'exploitation en vigueur sur les micro-ordinateurs. »

En 1983, Microsoft a commencé à travailler à Windows pour améliorer MS-DOS. De nombreuses entreprises possédaient des stratégies alternatives. Les concepteurs du tableur novateur VisiCalc annonçaient l'interface graphique VisiOn. L'année suivante, Digital Research annonçait l'arrivée de GEM (Graphics Environment Manager). En 1984, Apple lançait le Macintosh, dont l'interface – tout comme celles de Windows, VisiOn ou GEM – puisait son inspiration dans les travaux de Xerox PARC, pionniers de l'interface graphique. Peu après, IBM annonçait la naissance de

TopView, qui, surajouté à MS-DOS, allait permettre aux utilisateurs de faire tourner différents programmes dans différentes fenêtres. Top View n'offrait pas de convivialité et avait ses faiblesses, mais il menaçait Windows parce qu'il venait d'IBM. *PC Magazine* demanda à Esther Dyson, un bon connaisseur du secteur, quels seraient les résultats de la compétition entre Windows de Microsoft et Top View : « La réponse ne fait pas de doutes : IBM ! »

D'autres menaces sont apparues à la fin des années 1980. Next, la société fondée par Steve Jobs après son départ d'Apple, développa des logiciels graphiques capables de concurrencer Windows. Par ailleurs, plusieurs tentatives visèrent à unifier Unix en un seul standard, afin qu'il puisse constituer une alternative à Windows. J'ai mentionné la plus notable d'entre elles, Open Software Foundation, formée par plusieurs grandes sociétés, dont Hewlett-Packard, DEC, ainsi que notre associé ambivalent IBM.

Cette ambivalence, maintenue pendant des années, entamait ma patience. Nous étions toujours disposés à avancer avec IBM, mais notre partenaire rompit l'alliance quand il décida d'écrire ses sytèmes d'exploitation sans l'aide de Microsoft. Le contrat de séparation abandonnait à IBM le nom OS/2 et les résultats du travail accompli en commun sur OS/2. Jamais menace plus sérieuse n'avait pesé sur l'avenir de Microsoft. Nous devions affronter la plus grosse entreprise du secteur informatique, et elle nous opposait les programmes pour système d'exploitation que nous avons contribué à créer.

En réaction au succès de Windows, Apple et IBM joignirent leurs forces en 1991. Il en résulta Taligent et Kaleida Labs. La mission de Taligent : mettre sur pied un système d'exploitation pour éclipser Windows. Kaleida devait conquérir une place de leader sur le marché de la technologie multimédia. La presse ne prit pas ces initiatives à la légère : « L'alliance entre International Business Machines Co et Apple Computer Inc, qui vise à contester à Microsoft Corp. sa place de leader en matière de systèmes d'exploitation pour ordinateurs lance une offensive précoce. La bataille fait rage pour contraindre à l'allégeance les grandes applications », écrivait le *Wall Street Journal*, début 1993. Mais Taligent et Kaleida devaient atteindre de médiocres résultats et, en 1995, IBM et Apple mettaient fin à ces deux projets.

Lorsque j'ai commencé à croire fortement dans la reconnaissance d'écriture, en 1991, ma stratégie a consisté à améliorer Windows pour satisfaire la demande d'utilisateurs qui préfèrent le stylo au clavier. Mon point de vue était loin de susciter l'unanimité. La société Go, pionnière en la matière, convainquit plusieurs entreprises de développer des applications fondée sur un système d'exploitation entièrement nouveau, tourné vers la reconnaissance d'écriture. La différence d'approche entre Microsoft et Go se résume à une simple phrase : quand une mutation radicale se produit dans l'utilisation des ordinateurs, faut-il adapter les programmes existants ou repartir de zéro ? Tout aussi pertinente en ce qui concerne Internet, la question, cette fois n'a pas trouvé de réponse. Les logiciels de reconnaissance d'écriture ne sont pas au point.

Microsoft a affronté bien d'autres défis. À plusieurs reprises, ses concurrents se sont alliés pour promouvoir des standards alternatifs aux nôtres. Sun Microsystems a essayé de convaincre les fabricants de PC de produire des machines qui tourneraient avec un système d'exploitation Sun. Des observateurs ont pensé que le langage de General Magic détournerait les utilisateurs de Windows. IBM a racheté Lotus en 1995 – il en a résulté IBM Lotus Notes.

Microsoft a été impliquée dans des défis qui ont fait couler beaucoup d'encre. D'autres ont été simplement ignorés. Mais ils se succèdent sans répit et mon travail perdrait beaucoup de sa saveur s'ils venaient à manquer. L'enthousiasme qui électrise toute l'entreprise quand sonne l'heure d'une nouvelle offensive est impressionnant. Il est rare qu'on s'ennuie.

Certains se demandent aujourd'hui si Microsoft peut trouver chassure à son pied sur Internet.

Internet confère plus de valeur encore aux bons logiciels. Dans notre version d'un monde idéal, les PC et les communications seraient à peu près gratuits. Et sur une largeur de bande illimitée. Toute la valeur commerciale s'orienterait alors sur les programmes et en particulier les contenus. L'informatique et les communications se dirigent – lentement – dans cette direction. Internet représente une chance pour nous.

Laisserons-nous passer cette chance ? L'avenir n'est jamais sûr. Mais nous allons de l'avant, rapprochant le monde informatique et celui des communications, nous efforçant d'innover. Une mutation radicale dans l'utilisation des ordinateurs est devant nous. Pour répondre à cette demande, nous adaptons aussi vite que possible les programmes que des dizaines de millions de gens utilisent déjà, quand quelques-uns de nos concurrents reprennent le problème à la base. Une nouvelle fois, je parie sur Windows.

J'ai toujours aimé m'entourer de collaborateurs intelligents. Cela fait partie des joies de mon travail. Ils ont toujours quelque chose à m'apprendre. Ceux que nous recrutons à présent sont beaucoup plus jeunes que moi. Ils ont eu la chance de grandir au milieu d'ordinateurs plus performants. Ils sont bourrés de talent, ils arrivent avec des idées complètement neuves. Si nous savons tenir compte de leurs idées tout en restant à l'écoute des clients, nous avons une chance de continuer à être les premiers. Nous allons pouvoir continuer à concevoir des logiciels toujours plus perfectionnés pour faire du PC un outil universel. J'ai le meilleur job du monde ! Je le dis tout le temps, et je le pense vraiment.

Nous vivons une époque fantastique. Aujourd'hui, nous avons les moyens de faire des choses encore inimaginables il y a peu. C'est le moment de créer des entreprises, de contribuer aux progrès de sciences comme la médecine pour améliorer notre qualité de vie, de garder le contact avec nos amis et notre famille. Il est temps d'élargir le débat sur les avantages et les inconvénients des progrès de la technologie : il appartient maintenant à la société dans son ensemble, à vous et moi, et non plus seulement aux techniciens, de décider de son orientation.

À vous de jouer ! J'ai écrit ce livre dans l'epsoir d'ouvrir le dialogue. J'ai évoqué les problèmes et les chances à saisir qui se présentent devant nous tous, citoyens, entreprises et nations. J'espère vous avoir communiqué un peu de mon enthousiasme. Joignez-vous au débat. Notre avenir est notre affaire à tous ! Construisons-le ensemble.

*Cet ouvrage a été réalisé par la*
*SOCIÉTÉ NOUVELLE FIRMIN-DIDOT*
*Mesnil-sur-l'Estrée*
*pour le compte des Éditions Pocket*
*en février 1997*

POCKET - 12, avenue d'Italie - 75627 Paris Cedex 13
Tél. : 44-16-05-00

*Imprimé en France*
Dépôt légal : février 1997
N° d'impression : 37202